多源位置数据的
融合、挖掘与应用

蔡　莉　著

本书的研究工作由国家自然科学基金项目（编号：61663047）、云南省软件工程重点实验室项目（编号：2023SE314）、云南大学人才科研启动支持项目（编号：250）及 2021 年度软件学院科研创新团队立项培养项目（编号：2021RI01，2021RI03）资助。

科学出版社

北　京

内 容 简 介

基于位置的服务是指利用地理数据和信息向用户提供服务的软件服务。LBS 可用于多种场景，如健康、娱乐、室内对象搜索、工作和个人生活等。为了提供更好的 LBS 服务，政府部门和各类机构需要集成各种来源的位置数据和其他关联数据，但是这些数据存在明显的混杂性、复杂性和稀疏性，给数据融合带来巨大的挑战。本书以位置大数据为研究对象，综述多源位置数据的融合及挖掘的理论、技术和方法，并以 POI 数据、GPS 轨迹数据、签到数据和地图数据为例，阐述多源位置数据融合时，如何解决数据不一致、数据稀疏性和数据不平衡等问题；同时，详细描述了它们在城市功能区域识别、城市热点区域挖掘、城市热点区域量化分析、居民出行热点路径挖掘和居民出行频繁模式挖掘等研究领域的协同挖掘和价值提取。

本书可作为高等院校数据挖掘、大数据分析等课程的教材，也可供从事相关领域研究和应用的科技工作者参考。

审图号：昆明 S（2024）004 号

图书在版编目（CIP）数据

多源位置数据的融合、挖掘与应用/蔡莉著. —北京：科学出版社，2024.11
ISBN 978-7-03-078014-0

Ⅰ. ①多… Ⅱ. ①蔡… Ⅲ. ①数据融合-研究 ②数据采掘-研究
Ⅳ. ①TP274 ②TP311.131

中国国家版本馆 CIP 数据核字（2024）第 007693 号

责任编辑：张振华 刘建山 / 责任校对：王万红
责任印制：吕春珉 / 封面设计：东方人华平面设计部

科 学 出 版 社 出版
北京东黄城根北街 16 号
邮政编码：100717
http://www.sciencep.com

北京中科印刷有限公司印刷
科学出版社发行 各地新华书店经销
*

2024 年 11 月第 一 版 开本：787×1092 1/16
2024 年 11 月第一次印刷 印张：10 3/4
字数：240 000

定价：**158.00 元**
（如有印装质量问题，我社负责调换）
销售部电话 010-62136230 编辑部电话 010-62135120-2005

前　言

近年来，随着感知技术和计算技术的不断成熟，由基于位置的服务数据、车辆 GPS 轨迹和用户"签到"记录等所构成的位置大数据已成为感知人类社群活动规律、分析城市发展的重要资源。单一来源的位置数据只能从某一方面刻画居民的出行特征和偏好，其挖掘结果往往存在一定的局限性和偏差。因此，采用融合后的多源位置数据进行挖掘已经成为建设智慧城市的重要工作。

由于多源位置数据在数据质量、数据格式、存储方式和语义方面存在诸多差异，从多个数据源获取结构复杂的数据并有效地对其进行整合是一项异常艰巨的任务，需要面对融合后出现的数据不一致、数据稀疏性和数据不平衡等挑战。如何有效地应对这些挑战并从融合后的位置数据中挖掘出面向不同应用的有价值的潜在模式，是位置大数据管理和挖掘领域的一项重要研究课题。本书围绕多源位置数据的融合与挖掘，针对城市功能区域识别、稀疏签到数据补全、城市热点区域挖掘、城市热点区域量化分析、居民出行热点路径挖掘、居民出行频繁模式挖掘等若干关键技术问题展开研究，给出了具体的方法、模型和算法，相关研究成果可应用于城市规划、交通运营管理、公共设施部署、土地价值评估等领域。

本书内容共 8 章。第 1 章为位置大数据概述，列举位置大数据的应用领域和多源位置数据的融合理论及面临的挑战；第 2 章介绍多源异构 POI 数据融合，叙述 POI 数据模型和数据融合技术，提出一种新的融合框架和融合算法；第 3 章讨论城市功能区域识别，解释城市功能区域的形成机制、城市功能分区域所用数据源和常用的识别方法，并提出一种基于图嵌入模型的城市功能区域发现方法；第 4 章阐述稀疏签到数据补全，分析稀疏数据的成因和常用的数据补全方法，并利用耦合矩阵和张量分解模型构建一个新的模型来高效地补全签到数据；第 5 章叙述城市热点区域挖掘，分析多源不平衡数据融合下进行城市热点挖掘所带来的挑战，并针对这一挑战，从数据、算法和评估指标 3 个方面提出相应的解决方案；第 6 章描述城市热点区域量化分析，提出用热点区域吸引力指数来量化不同热点区域的差异性；第 7 章描述居民出行热点路径挖掘，利用地图匹配技术给轨迹数据添加语义信息，进而利用新的聚类算法实现热点路径的挖掘；第 8 章描述居民出行频繁模式挖掘，给出行之有效的挖掘方法。

特别感谢我的博士同学高龙文和许卫霞，学生王浩宇、江芳、张兰秋月、栾桂凯、李思锦、吴成凤、邓雅心等，他们给予我很大的支持和帮助，让我能够顺利完成本书的撰写。此外，还要特别感谢学校里一起奋斗的好同事——周维教授。

最后，感谢我的爱人多年以来对我的包容和理解，感谢双方父母悉心照顾我的女儿，让她能够茁壮成长，让我能安心于工作，安心于科研和写作。

由于水平有限，书中难免有疏漏之处，恳请读者不吝指教。请将意见和建议发至 caili@ynu.edu.cn。对此，作者将深表感激。

蔡 莉

2022 年 8 月 2 日

目　　录

第1章　位置大数据概述 ……………………………………………………… 1

1.1　位置大数据简介 …………………………………………………… 1

1.2　位置大数据的应用领域 …………………………………………… 2

1.3　多源位置数据融合理论及面临的挑战 …………………………… 4

    1.3.1　数据融合的基本理论 ……………………………………… 4

    1.3.2　多源位置数据融合的相关方法 …………………………… 6

    1.3.3　多源位置数据融合面临的挑战 …………………………… 9

  参考文献 ………………………………………………………………… 10

第2章　多源异构 POI 数据融合 …………………………………………… 12

2.1　POI 数据模型和数据融合技术 …………………………………… 12

    2.1.1　POI 数据模型 ……………………………………………… 12

    2.1.2　POI 数据融合技术 ………………………………………… 13

2.2　问题描述 …………………………………………………………… 14

2.3　多源异构 POI 数据的融合方法 …………………………………… 16

    2.3.1　改进的 POI 数据模型 ……………………………………… 17

    2.3.2　基于本体的 POI 分类系统 ………………………………… 18

2.4　多源异构 POI 数据的融合算法 …………………………………… 19

    2.4.1　融合算法 MDFC-POI ……………………………………… 19

    2.4.2　MDFC-POI 算法描述 ……………………………………… 22

    2.4.3　一致性数据融合方法的实现 ……………………………… 23

2.5　实验和结果分析 …………………………………………………… 24

    2.5.1　数据来源及评估指标 ……………………………………… 24

    2.5.2　实验结果 …………………………………………………… 26

    2.5.3　小结 ………………………………………………………… 31

  参考文献 ………………………………………………………………… 32

第3章　城市功能区域识别 ………………………………………………… 34

3.1　城市功能区域概述 ………………………………………………… 34

    3.1.1　城市功能区域的形成机制 ………………………………… 34

    3.1.2　城市功能分区域所用数据源 ……………………………… 35

    3.1.3　地图分割 …………………………………………………… 37

3.1.4 城市功能区域的识别方法 ………………………………………… 39

3.2 问题描述 ………………………………………………………………… 41

3.3 图嵌入模型 ……………………………………………………………… 43

    3.3.1 图嵌入概述 ………………………………………………………… 44

    3.3.2 图嵌入方法 node2vec …………………………………………… 45

3.4 基于 node2vec 图嵌入的城市功能区域发现 ……………………… 46

    3.4.1 基于形态学图像的地图分割 …………………………………… 47

    3.4.2 城市功能区域图嵌入表示 ……………………………………… 49

    3.4.3 城市功能区域语义识别 ………………………………………… 50

3.5 实验和结果分析 ………………………………………………………… 52

    3.5.1 数据集及评估方法 ……………………………………………… 52

    3.5.2 实验结果分析 ……………………………………………………… 53

    3.5.3 小结 …………………………………………………………………… 56

参考文献 ……………………………………………………………………… 56

第4章 稀疏签到数据补全 ………………………………………………… 58

4.1 数据稀疏性概述 ………………………………………………………… 58

    4.1.1 稀疏数据的成因 ………………………………………………… 58

    4.1.2 签到数据的稀疏性 ……………………………………………… 59

    4.1.3 问题描述 …………………………………………………………… 60

4.2 张量分解概述 …………………………………………………………… 61

    4.2.1 张量简介 …………………………………………………………… 61

    4.2.2 张量分解 …………………………………………………………… 63

4.3 稀疏签到数据补全方法 ………………………………………………… 66

    4.3.1 耦合矩阵和张量分解简介 ……………………………………… 66

    4.3.2 时空相关性分析 ………………………………………………… 68

    4.3.3 签到数据补全模型 ……………………………………………… 70

    4.3.4 模型分解及算法 ………………………………………………… 72

4.4 实验和结果分析 ………………………………………………………… 76

    4.4.1 数据集及评估指标 ……………………………………………… 76

    4.4.2 结果分析 …………………………………………………………… 76

    4.4.3 小结 …………………………………………………………………… 79

参考文献 ……………………………………………………………………… 79

第5章 城市热点区域挖掘 ………………………………………………… 81

5.1 热点区域发现 …………………………………………………………… 81

    5.1.1 城市热点区域挖掘方法 ………………………………………… 81

    5.1.2 问题描述 …………………………………………………………… 82

5.2　相关研究现状···83
　　5.2.1　不平衡数据的研究···83
　　5.2.2　聚类算法研究···84
5.3　多源不平衡数据融合下的聚类挖掘方法··84
　　5.3.1　相对熵与决策图···85
　　5.3.2　多源不平衡数据的聚类算法···87
　　5.3.3　算法实现··90
5.4　实验和结果分析··91
　　5.4.1　数据集···91
　　5.4.2　评估指标··92
　　5.4.3　实验方法··94
　　5.4.4　结果分析··97
　　5.4.5　小结··100
参考文献··100

第6章　城市热点区域量化分析···102
6.1　热点区域量化方法··102
6.2　问题描述···103
6.3　热点区域相似性分析方法··103
　　6.3.1　聚类簇的几何形状描述··104
　　6.3.2　平面点集的凸包算法···106
　　6.3.3　凸包相交的判断算法···107
6.4　热点区域吸引力指数···109
　　6.4.1　热点区域吸引力指数概念··109
　　6.4.2　热点区域吸引力指数模型··110
6.5　热点区域吸引力指数计算··111
　　6.5.1　热点区域相似性匹配算法··111
　　6.5.2　热点区域吸引力指数算法··113
6.6　实验和结果分析··114
　　6.6.1　相似性判断实验··114
　　6.6.2　吸引力指数实验··117
　　6.6.3　吸引力指数评估··119
　　6.6.4　热点区域吸引力可视化··121
　　6.6.5　小结··123
参考文献··123

第7章　居民出行热点路径挖掘···125
7.1　热点路径发现···125

    7.1.1 居民出行热点路径 ··· 125
    7.1.2 居民出行热点路径的挖掘方法 ··· 126
    7.1.3 问题描述 ··· 126
  7.2 轨迹数据建模和相似度度量 ··· 127
    7.2.1 轨迹数据建模 ·· 127
    7.2.2 轨迹相似度度量 ·· 128
  7.3 基于轨迹数据的热点路径挖掘 ··· 130
    7.3.1 地图匹配及 GPS 轨迹数据建模 ··· 131
    7.3.2 基于全局特征和局部特征的轨迹聚类算法 ································ 133
  7.4 实验和结果分析 ·· 137
    7.4.1 参数确定及评估指标 ·· 137
    7.4.2 结果分析 ··· 140
  7.5 热点路径可视化分析 ·· 142
    7.5.1 轨迹聚类结果可视化 ·· 142
    7.5.2 热点路径的时空规律 ·· 142
    7.5.3 小结 ·· 146
  参考文献 ·· 146

第 8 章 居民出行频繁模式挖掘 ··· 148
  8.1 频繁模式挖掘 ··· 148
    8.1.1 居民出行频繁模式 ··· 148
    8.1.2 居民出行频繁模式的挖掘研究 ·· 149
  8.2 问题描述 ·· 149
  8.3 居民出行频繁模式的挖掘方法 ··· 150
    8.3.1 居民出行频繁模式挖掘方法的框架 ··· 150
    8.3.2 居民出行模式图的构建 ·· 151
    8.3.3 数据结构的改进 ·· 152
  8.4 频繁关联模式挖掘 ··· 154
    8.4.1 基于频繁子图挖掘算法的频繁关联模式挖掘 ······························ 154
    8.4.2 基于 MulEdge 算法的频繁关联模式挖掘 ·································· 155
  8.5 实验和结果分析 ·· 157
    8.5.1 数据集及运行时间 ··· 157
    8.5.2 实验结果 ··· 158
    8.5.3 小结 ·· 160
  参考文献 ·· 161

第1章　位置大数据概述

基于位置的服务（location-based service，LBS）是指利用地理数据和信息向用户提供服务或信息的软件服务。LBS可用于多种场景，如健康、娱乐、室内对象搜索、工作和个人生活等。为了提供更好的LBS服务，政府部门和各类机构需要集成各种来源的位置数据和其他关联数据，但是这些数据存在明显的混杂性、复杂性和稀疏性，给数据融合带来巨大的挑战。因此，全面了解位置数据的来源、应用领域及数据融合的理论和方法，是后续价值提取和协同挖掘的基础。

1.1　位置大数据简介

城市化进程是一个城市发展壮大的必由之路，而由此带来的交通拥堵、环境污染、规划落后、资源配置不合理和土地资源紧缺等一系列问题已经成为城市规划者和管理者不得不面对的难题[1-2]。近年来，随着物联网和大数据技术的日趋成熟，各行各业纷纷开放了数据共享服务，这使运用多种来源的大数据来提升管理水平和改善服务质量成为可能，智慧城市的概念应运而生[3]。构建智慧城市的一个重要任务是为市民提供优质服务，如城市交通服务、餐饮服务、教育医疗服务等。为了实现这一目标，需要获得反映居民位置变化和出行偏好的各类数据，这些数据可以统称为"位置大数据"。如果能合理地分析与应用这些位置大数据，那么就能为城市问题提供一种新的治理方式[4]。

目前，位置大数据主要分为轨迹数据、地理数据和空间媒体数据[5]。轨迹数据是指含有经纬度坐标和时间的数据，可以用三元组（X, Y, T）来为轨迹数据建模，X、Y和T分别表示轨迹数据采样的经度、纬度和时间。地理数据是指直接或间接关联着相对于地球上某个地点的数据，包括电子地图、兴趣点（points of interest，POI）数据、植被数据和水文数据等。空间媒体数据表示包含位置因素的数字化的文字、图形、图像、声音、视频影像和动画等媒体数据，如城市监控捕获的摄像头数据。

在许多关于智慧城市的研究和应用中，轨迹数据是重要的数据来源之一，主要包括4种类型[6]：①浮动车（floating car）的轨迹数据。国内许多大中城市通过浮动车项目，在公交车、出租车或者一些重点监控车辆上安装车载全球定位系统（global positioning system，GPS）设备，大量的车辆轨迹数据被收集以反映交通流和交通拥堵等实时路况。②移动通信数据。移动通信数据是指用户在移动通信网络中产生的数据，目前可供研究使用的是话单数据和信令数据。由于这两类数据能够记录通信用户所连接的基站小区的位置信息，因此在交通领域有着较为广泛的应用。③用户上传的签到（check-in）记录。用户利用智能移动终端上的定位技术，将自己的位置轨迹发送给签到应用网站（如街旁网、Foursquare），或者社交平台（如新浪微博、腾讯 QQ 和微信），这些海量的用户位置轨迹数据也得到保存和应用。④公共交通智能卡数据（smart card data，SCD）。公共交通卡可以记录乘坐地铁或者公交车的用户的上下车位置，其刷卡记录可以反映乘坐者的活动情况，并能较全面地覆盖各个年龄阶段的城市人群。

每一个位置数据反映了一个空间位置及时间上的一个事件、一个过程或者一种状态。借助位置数据，不但能分析个人用户的出行习惯和偏好，还能洞察大规模人群的整体移动趋势，识别人们感兴趣的热点区域（hotspots）和路径。但是，单源位置数据只能从某一方面刻画用户的行为特征，其研究结果往往存在一定的局限性。而融合后的多源位置数据能从不同层面、不同角度揭示用户的行为模式和移动规律，克服单源数据研究中存在的缺点，因此成为智慧城市研究中的一项关键技术。

多源位置数据在数据质量、数据格式、存储方式和语义方面具有诸多差异，当它们融合后被分析时，可能会出现数据不一致、数据稀疏性和数据不平衡等问题，导致研究结果的不准确和不可靠，影响最终的决策分析。为此，本书获取了来自不同领域的位置数据，研究它们在数据融合、特征提取和协同挖掘中的关键技术，在此基础上发现位置数据在城市功能区域识别、热点区域发现和热点路径挖掘中的价值。本书的研究成果可为城市交通管理、道路规划、公共设施选址和土地价值评估、事故突发应急等部门提供针对人群流动性研究的新技术和新方法。

1.2 位置大数据的应用领域

位置大数据具有来源丰富、数据类型多样、实时性强、采集较为方便等特征，并且广泛应用于如下领域。

1. 智能交通

基于海量的出租车历史轨迹数据，微软亚洲研究院开发了 3 个系统，即 T-Drive、T-Finder 和 T-Share 系统[7-9]。其中，T-Drive 系统提取蕴含其中的司机驾驶时的智能行驶路线，并根据个人驾车习惯、技能和道路熟悉程度等因素，向个人用户推荐个性化的最快线路规划。打车难是很多大城市面临的一个普遍问题。通过分析出租车乘客的上下车记录，T-Finder 系统提供了一种面向司机和乘客的双向推荐服务，并且利用该系统，司机可以发现最容易接载到乘客的位置，而乘客能够找到所在位置附近有更高概率出现空车的路段。T-Share 系统则是通过出租车实时动态拼车方案来解决打车难的问题。根据仿真结果，T-Share 系统一年可以为北京市节约汽油 8 亿 L，使乘客能打到车的概率提高 3 倍，费用降低 7%，出租车司机的收入能增加 10%①。

2. 城市规划

城市空间结构研究是当前城市地理学比较热门的研究领域之一。Lu 等[10]以中国西

---

① 郑宇. 城市计算概述[J]. 武汉大学学报（信息科学版），2015，40（1）：1-13.

北部的重要城市——兰州为例，利用 POI 数据的行业分类，采用最近邻指数、核密度估计和位置熵分析了城市中心总体经济地理要素的空间聚集-离散分布特征、不同行业的空间分布特征及城市的整体空间结构特征，这些特征都可以为城市空间的可持续优化提供科学的参考。城市建成环境与个人时空行为之间具有密切的互动关系。王德等[11]利用手机信令数据，从职住关系、通勤行为和居民消费休闲出行行为的微观个体行为视角构建城市建成环境的评价框架，以上海市宝山区为例进行城市建成环境的综合评价。根据研究结果：宝山区整体建成环境的发展呈现出南北不同的格局，具有明显的近中心城、新城和近轨道交通轴线的发展特征；同时，上海市绕城高速公路北环段以北区域以宝山工业区和宝钢为核心，整体活动强度较低，急需产业升级，提高土地利用率。

3. 社交和娱乐

社交网络的盛行，尤其是基于位置的社交网络的风靡，带来了丰富的媒体数据，如用户关系图、位置信息（签到和轨迹）、照片和视频等。这些数据不仅体现出个人的喜好和习惯，也反映出整个城市居民的生活方式和移动规律[12]。基于这些数据，人们可以开发出朋友推荐、社区推荐、地点推荐、旅行线路推荐和行为活动推荐等推荐系统[13]。

4. 环境监测

城市化进程会带来很多噪声源，如建筑施工、汽车鸣笛、酒吧音响和广场舞音乐等。这些噪声不仅会影响人的睡眠质量、降低工作效率，还会对人体的精神和健康产生危害。CityNoise 系统[14]利用美国政府的 311 服务（噪声投诉）数据，结合路网数据、POI 数据和社交媒体中的签到数据来协同分析各个区域在不同时间段和噪声类别上的污染指数，为政府治理噪声提供有效的依据。Zheng 等[15]利用地面监测站有限的空气质量数据，基于 GPS 轨迹数据分析居民流动的规律性，并结合交通流道路结构、POI 分布、气象条件等大数据，推断出整个城市细粒度的空气质量。

5. 土地价值评估

城市经济是一个相对成熟的研究领域，如分析决定土地价格的因素、土地使用限制对经济的影响，公司选址和人们选择的住宅位置对未来经济将产生的影响。Wang 等[16]通过分析众包地理标记数据（如签到数据、城市地理数据和人口流动性数据），揭示了城市地理和居民流动性对住宅社区活力的影响。其研究结果表明，结构多样化的社区通常表现出更高的社会互动和更好的经营业绩，不兼容的土地利用可能会降低社区的活力。为了更好地评估房地产的价值，Zhang 等[17]通过获取和整合多源城市数据，从中提取了丰富的特征，并在提出的一个多任务分层图表示学习框架中分析这些特征，最终给出了不同区域房地产的准确价值。

6. 能源消耗

城市车辆排放预测可以帮助调节车辆污染和交通管制。然而，由于不同路段之间存在空间相互作用和时间相关性，同时车辆排放变化表现出高度非线性和复杂性，因此很难预测车辆排放的时空变化。Xu 等[18]提出了一种时空图卷积多融合网络，利用图结构属性作为道路网络的固有连通性进行城市车辆排放预测，该网络可以捕捉车辆排放的时空变化模式并学习复杂的环境因素。研究结果可以有效地预测区域内机动车的尾气排放，从而为政府决策提供参考建议，如通过限制交通流量来减缓空气污染情况。

7. 城市安全和应急响应

城市中总是会有一些突发事件，如交通事故、自然灾害（暴雨和地震），以及一些群体性事件，如大型体育赛事、商业促销活动。如果能及时感知，甚至提前预警这些事情，就能极大地提升城市管理水平，提高政府对突发事件和群体性事件的处理能力，保障城市安全，减少事故的发生。

飓风"哈维"于美国当地时间 2017 年 8 月 25 日晚在得克萨斯州南部沿海地区登陆。此次飓风被认为是自 2005 年以来 12 年内全美遭遇的最强飓风，导致 60 多人死亡，并带来了约 1 800 亿美元的财产损失。Deng 等[19]研究了飓风"哈维"给城市居民带来的灾害和影响，他们使用来自休斯敦地区超过 15 万人的 3 000 万匿名 GPS 记录来量化飓风发生之前、期间和之后灾难造成的搬迁活动模式。研究发现，种族和财富都会对疏散模式产生强烈影响，处境较差的少数民族人口疏散的可能性低于富裕的白人居民；同时，来自高收入社区的撤离者在选择目的地时具有更统一的目标。这些研究结果为人口流动和疏散带来了新的见解，也为居民、决策者和灾难管理者提供了较好的政策建议。

8. 地理测绘

地理信息是位置大数据的一个重要组成部分，而地理位置服务也成为当前研究领域的一个热门话题。如何利用互联网资源让地理位置服务得到更好的发展，让 LBS 数据有更好的现势性已成为行业发展趋势。POI 作为当前 LBS 的底层基础，其现势性是 LBS 服务质量的重要保障。传统的 POI 数据采集主要由专业测绘人员完成，但其现势性得不到有效的保障。因此，利用互联网的海量信息对 POI 数据进行更新是保持其数据现势性的有效方法。相较于传统的野外数据采集形式，其采集成本大大降低，在城市与区域规划中具有广阔的应用前景[20]。

1.3 多源位置数据融合理论及面临的挑战

多源异构是大数据的基本特征之一，多源数据融合不仅是大数据分析和处理的关键环节，也是大数据领域的热点研究方向。在大数据时代，通过多源数据融合，有利于进一步挖掘位置数据的价值，降低单源数据使用时的不精确性，并且通过多源位置数据交叉印证，可以减少数据错误与疏漏，防止决策失误[21]。

1.3.1 数据融合的基本理论

作为数据挖掘的一个重要组成部分，数据融合产生于 20 世纪 70 年代，最初广泛应用于军事领域，随后又拓展到资源调度、故障诊断、工业过程控制等多个领域[22]。数据融合是利用数学方法与技术工具将多个不同来源的数据综合在一起处理和分析，从中获得高质量的有用信息[23]。与独自使用单源数据的处理结果相比，数据融合改善了数据处理的广度和深度，能够消除数据之间的冗余性和矛盾性，提高它们的互补性和可靠性，使决策结果更加可靠[24]。20 世纪 80 年代中期，美国国防部成立的数据融合联合指挥实验室提出了 JDL（Joint Directors of Laboratories，实验室主任联席会议）模型，该模型涉及数据、传感器和信息融合，并被划分为 5 个等级，如图 1.1 所示[25]。

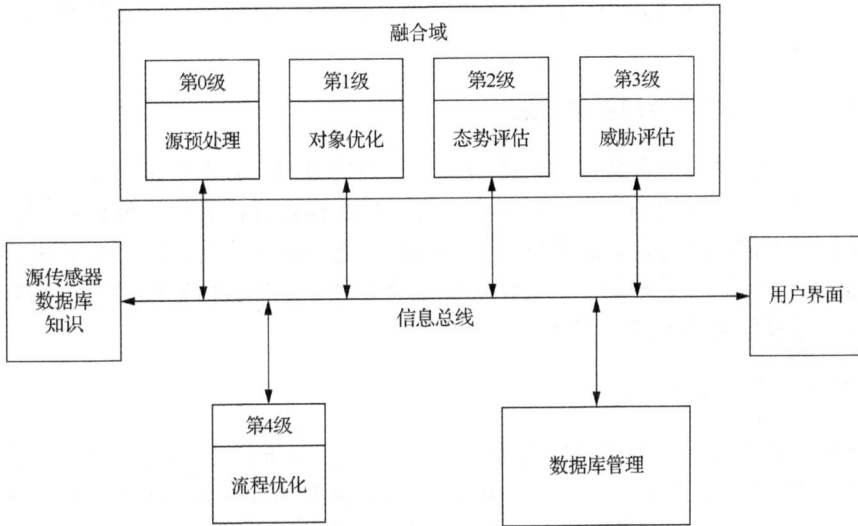

图 1.1　JDL 数据融合框架

1）第 0 级——源预处理。源预处理是数据融合过程的最低层次，包括信号和像素级的融合。如果是文本来源的融合，那么这个级别还包括信息提取过程。该级别减少了数据量，并且为高级流程维护有用的信息。

2）第 1 级——对象优化。对象优化采用上一级处理后的数据。该级别的常见流程包括时空对齐、关联、相关性处理、聚类或分组、状态估计、消除错误、识别融合及从图像中提取的特征的组合。这一阶段的输出结果是对象鉴别（分类和识别）和对象追踪（对象的状态和方向），并将输入信息转换为一致的数据结构。

3）第 2 级——态势评估。该级别关注比第 1 级更高的推理。态势评估的目标在于识别观察到的事件和所获得数据的可能性，它建立起对象之间的关系。在特定环境下，关系（如邻近性、通信）对于确定实体或对象的重要性方面具有较高的价值。该级别的目标包括执行高级推理和识别重要的活动和事件，输出是一组高级推理。

4）第 3 级——威胁评估。该级别评估在第 2 级检测到的活动的影响，以获得正确的视角。当前态势将被评估且进行未来预测，以确定可能的风险、漏洞和操作机会。该级别包括对风险或威胁的评估和对逻辑结果的预测。

5）第 4 级——流程优化。该级别将流程从第 0 级改进到第 3 级，并提供资源和传感器管理。其目的是在考虑任务优先级、调度和可用资源控制的同时实现有效的资源管理。

融合方法的研究是数据融合的一项重要研究内容，主要包括数据关联、态势估计和决策融合方法。数据关联的目标是建立由同一目标随时间产生的一组观测值或测量值。常用的数据关联方法主要有最近邻和 k-means 方法、概率数据关联法、联合概率数据关联法、多重假设检验和图模型方法等。态势估计的目的是确定在给定观测值或测量值下的运动目标的状态（通常是位置），对应的技术也称为追踪技术。常见态势估计方法包括最大似然和最大后验概率、卡尔曼滤波、粒子滤波、分布式卡尔曼滤波、分布式粒子滤波和协方差一致性方法。决策是指基于感知到的态势制定的策略或办法，这是由数据融合领域中许多来源提供的数据所推断出的结果。融合过程中需要在考虑不确定性和约束的同时进行推理。决策融合方法包括贝叶斯（Bayes）方法、D-S 证据推理法、诱因推理和语义方法等[25]。

1.3.2 多源位置数据融合的相关方法

近年来，多源异构位置数据融合的方法有了新的发展，其主要研究成果包括 3 种类型：第一类是基于阶段的融合方法，即先分析一种数据再分析另外一种数据[26]；第二类是基于特征层面的融合方法，深度学习、直接特征连接和正则化方法都属于这类方法下的相关技术[27-28]；第三类是基于语义信息的融合方法，主要有概率模型法、基于相似度的方法以及迁移学习的方法等[29-30]。

1. 基于阶段的数据融合方法

在这种融合方法下，不同数据集（data set）之间形成较为松散的耦合，对于它们模式中的一致性没有任何要求。例如，城市功能区域识别研究中所使用的数据集就属于此类方法。首先，采用某种地图分割方法将城市的电子地图划分为不同的区域；其次，基于图论或者主题模型等方法将 GPS 轨迹数据映射到这些区域后，完成功能区域的识别[31]。

2. 基于特征层面的数据融合方法

（1）直接特征连接

在这一类方法中，研究者可以先从不同的数据集中提取特征，并将它们顺序连接成一个特征向量；随后，特征向量被用来实现分类或者聚类任务[32]。直接特征连接方法简单、容易实现，但是也存在过度拟合、较难发现低层次特征之间的非线性关系及特征之间存在冗余和依赖性等问题。因此，可以在目标函数中添加稀疏正则化，以处理特征冗余的问题。

例如，Fu 等[33]提出了一种基于投资价值的房地产排名方法，该方法从在线用户评论和离线移动行为（如出租车轨迹、智能交通卡轨迹、签到行为）中挖掘用户对房地产的意见。当从上述数据中提取各种特征时，研究者发现这些特征之间存在相互关联和冗余的问题。为了解决这些问题，研究者先从在线用户评论中提取明确的特征，这些评论反映了用户对于某个房地产附近的 POI 的看法；接着，从多个角度（如方向、容量、速度、异质性、主题、流行度等）挖掘离线移动行为的隐含特征；然后，在一个统一的概率框架下，提出用一种概率稀疏成对的排序方法来预测房地产的排名。

（2）基于 DNN 的数据融合

深度神经网络（deep neural network，DNN）是一种包含大量参数的多层神经网络，如图 1.2 所示。当神经网络有许多隐藏层时，反向传播算法不能很好地工作。而当深度学习的技术出现后，就可以使用自动编码器和受限玻尔兹曼机器（restricted Boltzmann machines，RBM）来逐层学习 DNN 的参数。除作为一个预测器外，DNN 还用于学习新的特征表示[34]，可以将其输入其他类别、筛选器或预测器中。事实证明，在图像识别和语音翻译中，新的特征表示比手工制作的特征更有用。DNN 不仅可以用来处理单一模态的数据，还可以从多模态数据中学习特征表示。

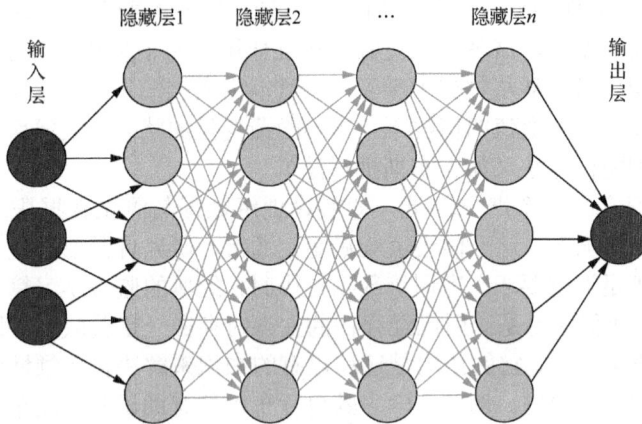

图 1.2　DNN

　　例如，文献[35]采用深度极限学习机自动编码器［deep ELM（extreme learning machine）based autoencoder］来生成"中间视图"特征，即将社交媒体数据（社交媒体文本、用户评论文本等）和物理传感数据（出租车轨迹数据、公交车刷卡记录、交通拥堵指数、房价信息、道路路网状况信息等）的特征进行融合，在此基础上研究城市选址问题。应用深度极限学习机自动编码器不仅可以学习到基于其他视图数据更加完善的单一视图数据描述，还能共享跨越多个视图的数据相关性。此外，它采用极限学习的思想进行学习，由于采用最小化近似误差并正则化求解其他层的参数，因此它的网络训练速度要比一般的人工神经快得多。

3. 基于语义信息的数据融合方法

　　基于特征的数据融合方法并不关心每个特征的含义，只将特征视为实数或分类值。而基于语义信息的数据融合方法需要理解每个数据集的语义以及不同数据集的特征之间的关系。目前，相关方法可以划分为[26]基于多视图、基于相似性、基于概率依赖和基于迁移学习这 4 种。

　　一个对象的不同数据集或不同特征子集可以视为对象的不同视图。例如，可以通过人脸、指纹或签名来识别个人身份，也可以使用颜色、纹理或者材质来表示图像的特征。这些数据集描述的是同一个对象，它们之间存在潜在的共识，又相互补充，因此组合多个视图可以全面、准确地描述一个对象。

　　不同的对象之间存在相似性或者相异性，而相似性度量是数据挖掘中一些常用算法的基础。假设有两个对象 A 和 B，它们在某些方面是相似的，那么当 B 缺少数据时，B 可以利用 A 的信息。利用相似性可以增强两个对象之间的相互关联，如从稠密数据集中获得的相似性可以加强从其他稀疏数据集中获得的相似性，从而帮助填补后者的缺失值。因此，可以根据相似性将不同的数据集融合在一起使用。耦合矩阵分解和流形对齐是这类融合方法中的两种经典方法。

概率图模型是用图作为数据结构来存储概率分布模型的。图中的节点表示概率分布中的随机变量，边则表示它连接的两个随机变量之间存在的某种关系。概率图模型可以表示复杂的概率分布，还能使用图论中的算法来求解概率分布中的某些特性（如条件独立性和边际概率），因而得到了广泛应用。基于概率依赖的融合方法通过概率依赖弥补了不同数据集之间的差距，这种方法更强调相互作用，而不是两个对象之间的相似性。概率图模型的结构可以自动从数据中学习，也可以由人类知识预先定义。其学习过程是在给定观测变量和学习参数值的情况下，预测隐藏变量的状态。推理算法包括确定性算法（如变分法）和随机算法（如吉布斯抽样法）。

传统机器学习存在一个严重弊端，即假设训练数据与测试数据服从相同的数据分布，但是，在许多情况下，这一假设很难满足。通常，研究者需要通过众包形式来重新标注大量数据以满足训练要求，当训练数据过少时，经典的监督学习算法就会出现严重的过拟合问题[36]。迁移学习是运用已经存在的知识对存在一定关联的不同领域问题进行求解的一种机器学习方法，它的作用是迁移已有的知识来解决目标领域中仅有少量训练样本，甚至没有的学习问题。例如，学习骑自行车可能有助于骑电动车，学习五子棋也可以轻松地将知识迁移到学习围棋中。

图 1.3 展示了处理多个数据集时迁移学习的 4 种情况，其中不同的形状表示不同的数据集（也称为视图）[36]。图 1.3（a）中，目标域和源域具有各种数据集，而且每个数据集都具有足够的观测值，目标域与源域具有相同且足够的对象空间。这种情况可以通过多视角迁移学习来处理。图 1.3（b）中，一些数据集不存在于目标域中，而其他数据集与源域一样充足。这时，可以采用多视图多任务的迁移学习方法。图 1.3（c）所示目标域中包括各种数据集，但在一些数据集中只有稀疏的观测值；图 1.3（d）所示目标域中缺少一些数据集，而且出现在数据集中的观测值稀疏。对于后面两种情况，学术界尚未提出有效的基于迁移学习的融合方法。

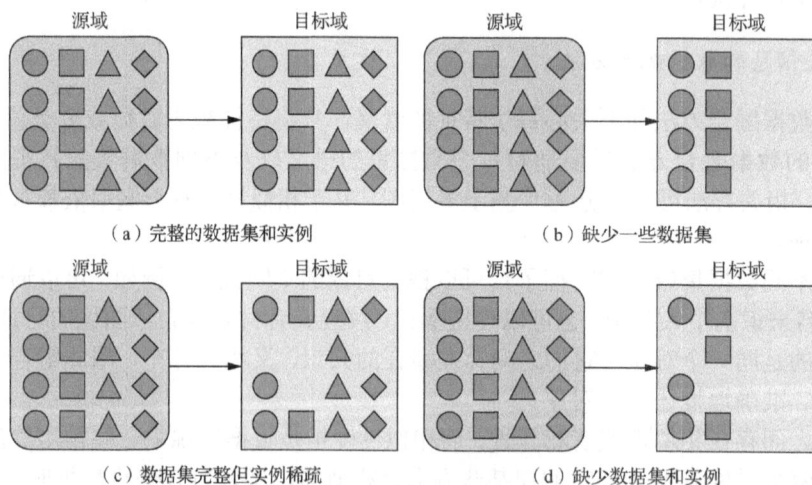

（a）完整的数据集和实例

（b）缺少一些数据集

（c）数据集完整但实例稀疏

（d）缺少数据集和实例

彩图 1.3

图 1.3 从多个数据集迁移知识的方法

（图中不同形状图例代表数据集中的某个实例）

1.3.3　多源位置数据融合面临的挑战

多源位置数据的融合是分析和挖掘其潜在价值并构建实际应用的基础。随着数据来源的不断增加和数据规模的逐渐扩大，位置信息越来越丰富，分析结果也越来越准确。然而，海量的位置数据在应用过程中也存在很多挑战。

1. 挑战 1：数据稀疏性问题

尽管一些组织和机构能提供海量的位置数据，但是对于时间或空间维度，在很大程度上存在数据的稀疏性问题。在时间维度上，很多类型的位置数据都出现过在某些时间段样本多，而在另一些时间段几乎没有多少样本的情形，即时间维度上的数据稀疏。在空间维度上，由于受到基础设施、人口分布和数据采集等因素的影响和制约，不同区域所获得数据样本和标记数据的数量不尽相同。例如，在一些人口密集的大城市（如上海），可以获得足够多的位置标记数据和训练样本；反之，在一些人口较少的小城市（如云南普洱），则缺乏足够数量的位置数据集，从而导致标记数据的缺失和数据样本的缺乏，即空间维度上的数据稀疏。

2. 挑战 2：数据不一致问题

大数据时代，海量的位置数据中充斥着大量的无效、错误、过时的数据，导致数据质量低劣，极大地降低了大数据的应用价值。事实表明，数据不一致引起的数据无效是一种非常普遍的现象。位置数据分布在各种数据源中，数据之间的跨领域迁移及不同数据源数据的相互交叉、相互影响，但又缺乏有效的管理机制，使跨源数据的不一致问题非常突出。以地理空间数据为例，在进行空间数据生产、更新和应用时，需要从不同的机构或者组织搜集各种最新的数字地图数据、纸质地图资料、遥感影像、相关专题数据，以及各种文字资料等[37]。这些数据的来源既有军用的，也有民用的；既有国内的，也有国外的，从而造成同一个地理实体会出现在不同的数据源中。另外，在数据分析和可视化等方面有需求时，同一地理实体会以不同的数据格式和描述方式存在，这必然会产生数据的不一致。而由此所导致的知识和决策错误已经在全球范围内造成了恶劣后果，严重困扰着信息社会[38]。

3. 挑战 3：数据不平衡问题

位置数据来源的多样化趋势使得数据的预处理过程异常复杂，而不同来源的数据通常拥有不同的数据结构和分布。例如，浮动车的 GPS 轨迹数据通常是时间和经纬度坐标的序列，而空气质量数据是由一个个基站记录下的某时刻的数值，移动社交媒体数据则是在某个位置和某个时刻发布的一段短文本。不同类的数据导致了数据的异构性，并衍生出多源数据之间的不平衡现象。又如，某一城市某天上午 11:00～12:00 采集到了上万条出租车的 GPS 轨迹数据，而同一天的微博数据仅有几千条。如果将一天划分为 24 个时间段，那么 GPS 轨迹数据和微博数据的数据量差距可以达到几十倍，巨大的数量差距导致微博数据成为少数类数据。在进行数据挖掘时，如果选择的算法无法处理数据不平衡问题，那么少数类数据的特征将会被多数类数据（GPS 轨迹数据）的特征掩盖，但少数类数据的特征往往蕴涵着很大的价值。

4. 挑战 4: 数据处理的时效性

位置数据的海量性使数据挖掘阶段中建模和训练预测的时间大大增加，事实上，在一些人流量巨大或者交通密集的区域，每小时可以采集到数万辆的机动车流量样本或者数万条的微博等社交媒体样本。扩展到整个城市后，位置数据的规模极其庞大。但是，很多与位置服务有关的应用通常有时效性的要求，如城市主干道的实时交通流量分析、智能警务中的犯罪嫌疑人追踪、疫情预警等，如果达不到要求，则会导致高昂的时间成本和设备成本。时效性要求模型的训练时间尽可能短，长时间的训练时间则不可容忍。因此，如何缩短海量位置数据的处理时间成为一项极具挑战的任务。

参 考 文 献

[1] 郑宇. 城市计算概述[J]. 武汉大学学报（信息科学版），2015，40（1）：1-13.

[2] 何玉宏. 生态文明建设视域下的汽车消费：影响，根源及应对[J]. 生态经济，2016，32（11）：210-214.

[3] 潘纲，李石坚，齐观德，等. 移动轨迹数据分析与智慧城市[J]. 中国计算机学会通讯，2012，8（5）：31-37.

[4] ZHENG Y. Trajectory data mining: an overview[J]. ACM transactions on intelligent systems and technology, 2015, 6(3): 1-41.

[5] 郭迟，刘经南，方媛，等. 位置大数据的价值提取与协同挖掘方法[J]. 软件学报，2014，25（4）：713-730.

[6] 蔡莉，朱扬勇. 大数据质量[M]. 上海：上海科学技术出版社，2017.

[7] YUAN J, ZHENG Y, ZHANG C Y, et al. T-Drive: driving directions based on taxi trajectories[C]//Proceedings of the 18th SIGSPATIAL International Conference on Advances in Geagraphic Information Systems. San Jose California, 2010: 99-108.

[8] YUAN J, ZHENG Y, ZHANG L H, et al. T-Finder: a recommender system for finding passengers and vacant taxis[J]. IEEE transactions on knowledge and data engineering, 2013, 25(10): 2390-2403.

[9] MA S, ZHENG Y, WOLFSON O. T-Share: a large scale dynamic taxi ridesharing service[C]//Proceedings of the 29th International Conference on Data Engineering, Brisbane, 2013: 410-421.

[10] LU C, PANG M, ZHANG Y, et al. Mapping urban spatial structure based on POI (point of interest) data: a case study of the central city of Lanzhou, China[J]. ISPRS international journal of geo-information, 2020, 9(92): 1-26.

[11] 王德，钟炜菁，谢栋灿，等. 手机信令数据在城市建成环境评价中的应用——以上海市宝山区为例[J]. 城市规划学刊，2015 (5): 82-90.

[12] COMITO C. Where are you going? Next place prediction from twitter[C]//2017 IEEE International Conference on Data Science and Advanced Analytics, Tokyo, 2017: 696-705.

[13] HSUEH Y L, HUANG H M. Personalized itinerary recommendation with time constraints using GPS datasets[J]. Knowledge and information systems, 2019, 60(1): 523-544.

[14] ZHENG L, LIU T, WANG Y L, et al. Diagnosing New York city's noises with ubiquitous data[C]//Proceedings of the 2014 ACM International Joint Conference on Pervasive and Ubiquitous Computing, Seattle, 2014: 715-725.

[15] ZHENG Y, LIU F, HSIE H P. U-air: when urban air quality inference meets big data[C]//Proceedings of the 19th ACM SIGKDD International Conference on Knowledge Discovery and Data Mining, Chicago, 2013: 1436-1444.

[16] WANG P, LIU K, WANG D. Measuring urban vibrancy of residential communities using big crowdsourced geotagged data[J]. Frontiers in big data, 2021, 4(690970): 1-17.

[17] ZHANG W, LIU H, ZHA L, et al. Mugrep: a multi-task hierarchical graph representation learning framework for real estate appraisal[C]//Proceedings of the 27th ACM SIGKDD Conference on Knowledge Discovery and Data Mining, Virtual Event, 2021: 3937-3947.

[18] XU Z, KANG Y, CAO Y, et al. Spatiotemporal graph convolution multifusion network for urban vehicle emission prediction[J]. IEEE transactions on neural networks and learning systems, 2021, 32(8): 3342-3354.

[19] DENG H, ALDRICH D P, DANZIGER M M, et al. High-resolution human mobility data reveal race and wealth disparities in

disaster evacuation patterns[J]. Humanities & social sciences communications, 2021, 8(144): 1-17.

[20] 李鹏飞. 基于互联网地理信息的公共服务平台 POI 数据增量更新研究[D]. 兰州：兰州交通大学，2020.

[21] 化柏林，李广建. 大数据环境下多源信息融合的理论与应用探讨[J]. 图书情报工作，2015，59（16）：5-10.

[22] KLEIN L A. Sensor and data fusion: a tool for information assessment and decision making[M]. Bellingham: SPIE Press, 2004.

[23] MITCHELL H B. Multi-sensor data fusion: an introduction[M]. Berlin: Springer-Verlag, 2007.

[24] 潘泉，王增福，梁彦，等. 信息融合理论的基本方法与进展（Ⅱ）[J]. 控制理论与应用，2012，29（10）：1233-1244.

[25] CASTANEDO F. A review of data fusion techniques[J]. The scientific world journal, 2013, 2013: 1-19.

[26] ZHENG Y. Methodologies for cross-domain data fusion: an overview[J]. IEEE transactions on big data, 2015, 1(1): 16-34.

[27] FICEK M, POP T, KENCL L. Active tracking in mobile networks: an in-depth view[J]. Journal: computer networks, 2013, 57(9): 1936-1954.

[28] YANG D, ZHANG D, YU Z. Fine-grained preference-aware location search leveraging crowdsourced digital footprints from LBSNs[C]//Proceedings of ACM International Joint Conference on Pervasive and Ubiquitous Computing, Iurich, 2013: 479-488.

[29] ZHENG V W, CAO B, ZHANG Y, et al. Collaborative filtering meets mobile recommendation: a user centered approach[C]// Proceedings of the Twenty-Fourth AAAI Conference on Artificial Intelligence, Atlanta Georgia, 2010: 236-241.

[30] SHANG J, ZHENG Y, TONG W, et al. Inferring gas consumption and pollution emission of vehicles throughout a city[C]//Proceedings of the 20th ACM SIGKDD International Conference. Knowledge Discovery and Data Mining, New York, 2014: 1027-1036.

[31] ZHENG Y, LIU Y, YUAN J, et al. Urban computing with taxicabs[C]//Proceedings of the 13th lnternational Conference on Ubiquitous Computing, Beijing, 2011: 89-98.

[32] WANG Z, ZHANG D, ZHOU X, et al. Discovering and profiling overlapping communities in location-based social networks[J]. IEEE transactions on systems, man and cybernetics, 2014, 44(4): 499-509.

[33] FU Y, GE Y, ZHENG Y, et al. Sparse real estate ranking with online user reviews and offline moving behaviors[C]// Proceedings of 2014 IEEE International Conference on Data Mining, Shenzhen, 2014: 120-129.

[34] BENGIO Y, COURVILLE A, VINCENT P. Representation learning: a review and new perspectives[J]. IEEE transactions on pattern analysis and machine intelligence, 2013, 35(8): 1798-1828.

[35] 张宁豫. 海量稀疏时空数据分析方法及应用研究[D]. 杭州：浙江大学，2017.

[36] 刘鑫鹏，栾悉道，谢毓湘，等. 迁移学习研究和算法综述[J]. 长沙大学学报，2018，32（5）：28-31，36.

[37] 朱蕊，胡英男，周滨，等. 空间数据更新中多源数据不一致的表现与成因分析[J]. 测绘通报，2014（3）：107-110.

[38] 杨莎. 多源环境下实体一致性建模与真值发现[D]. 武汉：武汉大学，2017.

第 2 章　多源异构 POI 数据融合

POI 数据是一类表示真实地理实体的地理空间数据，随着位置服务的快速发展，它逐渐成为地图服务重要的矢量化形式表达方式，也是地图鲜活的"血液"[1]。POI 数据最早是由专业的测绘机构采集并附属在电子地图中发布的。之后，谷歌、百度、高德、新浪等互联网公司和地图服务商也纷纷推出自己定义格式的 POI 数据，这在一定程度上丰富了 POI 的数量，也是对传统采集方式的有益补充。但是，不同来源的 POI 数据存在数据模型不规范、分类系统不统一和语义冲突等问题，给后续的数据融合带来了较大的阻碍。

2.1　POI 数据模型和数据融合技术

本书从 POI 数据模型和 POI 数据融合技术两方面介绍相关的理论和方法。

2.1.1　POI 数据模型

POI 数据来源众多，数据格式存在较大差异，因此，如何有效地消除不同数据之间的不一致性，并把它们组织成一套内容准确、可供用户使用的数据成为当前研究的热点[2]。2005 年，国际标准 ISO 19112：2005《地理信息：基于地理标识符的空间参考》发布。ISO 19112 定义了一个标准的信息模型，以表示位于地球上的某个特定地点的位置。地球上的地点可以用多种方式来描述，如用一个粗糙的边界框、一个精确的多边形边界或一个位于该地点中心的点来表示。此外，它还描述了一系列可以与这个地点相关联的元数据，如负责数据管理的是哪个机构、数据应该在世界的哪个地区使用、在什么时间段内有效等。2012 年，另外一个与地点有关的国际标准 ISO 19155：2012《地理信息：位置标识符（PI）体系结构》发布。在 ISO 19155 中，地点标识符（place identifier，PI）是用于唯一标识一个地点的核心概念。一个单独的"地点"可以使用几个独立的 PI 来标识，这些 PI 可以是不同标准、系统或组织使用的标识符。地点描述为地点提供附加的背景信息，有助于信息的检索。实际上，这些 PI 通常指同一个地方，但由于它们之间的关系很难被机器正确识别，因此阻碍了地理信息的发现和检索，ISO 19155 中定义的概念架构和参考模型为解决这些问题提供了一种机制，可以规范化 PI 的管理和使用，确保不同系统能够兼容和互操作。

2011 年，万维网联盟（World Wide Web Consortium，W3C）下属的 POI 标准工作组提出了一个草案，用来规范 POI 数据模型，该模型由 8 个部分组成，每个部分的具体含义如表 2.1 所示[3]。2014 年，W3C 的 POI 数据标准化工作已经转移到开放式地理信息系统协会（Open GIS Consortium，OGC）下设的 POI 标准工作组（Standards Working Group，SWG），原有的草案规范不再使用。SWG 在 W3C 提出的草案基础上生成了一个可执行的 1.0 标准，该标准包括抽象数据模型，以及该数据模型的 JSON 和 XML 模式实现。在这个标准中，POI 可以用一组坐标、一个名称和一个唯一标识符来简单描述，也可以采用更复杂的形式描述，如采用具有多种语言名称的建筑物的三维模型、关于开放和关闭时间的信息及公民地址来描述。尽管 POI 信息的需求非常普遍，但是到目前为止，国际标准化工作还很少，SWG POI 1.0 标准并没有被广泛采用。

表 2.1　W3C 指定的 POI 数据模型

序号	名称	含义
1	定位点	可以用 POI 的中心位置、(x,y)/(x,y,z)位置、标记或图形及建筑物等来描述
2	扩展	描述 POI 是一个向量集还是多尺度残差块（multi-scale residual block，MRB）
3	URI	统一资源标识符（uniform resource identifier）
4	分类	参考一个位置本体或者地名词典
5	地址	实际的位置
6	终点	权威来源
7	联系信息	联系该 POI 的方式，如电话、电子邮箱、通信地址等
8	时间信息	POI 的创建时间或者更新时间等

除 ISO、W3C 和 OGC 这 3 个国际组织外，开放街道地图（open street map，OSM）[4] 和 Google Earth 等提供地图服务的机构或者公司也纷纷推出了针对 POI 的数据模型。Linked Geo Data 项目[5]将空间维度添加到 Web 数据/语义 Web 中，它使用 OSM 项目收集的数据，并根据连接数据原则将这些数据作为资源描述框架（resource description framework，RDF）知识库的基础，同时将这些数据与"连接开放数据倡议"计划中的其他 RDF 数据集相连接。此外，Heikkinen 等[6]提出了一个分布式的 POI 数据模型，该模型根据应用于虚拟世界和在线游戏中的实体组件（entity-component，EC）模型导出。根据 EC 模型，每个模型被视为可以拥有一个或多个组件的实体。这种分布式 POI 数据模型能很好地支持三维（three dimensional，3D）数据或者传感器数据。

2.1.2　POI 数据融合技术

为了将不同来源的 POI 数据融合在一起，研究者提出了基于本体（ontology）、基于空间属性、基于非空间属性及基于空间属性与非空间属性结合的 4 种技术[7]，下面简要介绍这 4 种技术的特点和实现方法。

本体是哲学领域的基本概念，其定义如下：对世界上客观存在物的系统描述[8]。本体形式化地描述了领域知识中的概念、属性、过程及其相互关系，使计算机能够清晰地理解各种知识[9]。POI 数据是一种点状的地理数据，地理本体是一种领域本体，属于信息本体中的一种，是对地理信息领域中的概念及其关系的系统化描述[10]。不同学者对地理本体概念都有自己的理解，并未形成统一的认知。将 POI 数据转换为对应的本体结构的方法包括[11] GDAL+XML+XSLT+OWL(文件)的方法、GDAL+Jena+OWL(文件)的方法和 GDAL+ Jena+RDF(TDB)的方法。

基于空间属性的 POI 数据融合技术是利用 POI 在空间上的相似性实现数据融合的，采用这种技术时需要解决不同来源 POI 的坐标系不统一问题[7]。基于空间属性的 POI 数据融合算法有片面最近邻合并（one-sided nearest neighbor join，Osn）法、相互最近邻合并（mutually-nearest join，Mnn）法、概率方法（probabilistic method，Prn）、标准化权重方法（normalized-weights method，NM）等[2,12-14]。

除可以使用空间距离的相似性来融合 POI 数据外，还可以使用名称、地址等非空间属性的相似性来实现融合。常见的文本相似性计算方法有基于字符串的方法、基于统计的方法和基于语义的方法等。Levenshtein distance 算法是一种经典的字符串编辑距离算法，编辑距离越小，表示两个或多个文本越相似[15]。此外，海明距离、LCS、Jaro-Winklerd、余弦相似度、Jaccard 等距离也可以用来计算文本相似度。

每一个 POI 数据的空间属性和非空间属性都有其特定含义，能从不同层面刻画 POI 数据的特征。将这两类属性结合起来共同实现 POI 数据的融合，不但能提高融合的准确性和精度，还能改善只使用某一类属性融合时所带来的不足[16]。在 POI 的各类属性中，经纬度坐标、POI 名称、POI 数据所属类别是重要的 3 个属性，因此，可以分别计算它们的相似性，然后采用集成方式综合这些相似性并设定一个相似性阈值 θ_s。若对于任意两个 POI 数据，其 p_i 和 p_j 的相似性满足 $Sim(p_i, p_j) \geqslant \theta_s$，则表明这两个点可以融合；否则，这两个点不相似，不需要融合。

在上述 4 种融合技术中，基于空间属性与非空间属性结合的技术能够充分利用 POI 数据的空间特征和文本特征[17-18]，因此得到了广泛使用。Zhong 等[19]提出了一种在空间位置属性的基础上利用非空间属性相似度来提高融合集的准确性的算法。徐爽等[20]提出了一种结合空间与非空间属性的距离类别的 POI 融合算法（mutually-nearest method considering distance and category，MNMDC）。该算法首先通过标准化权重算法得到空间相似度融合集，其次利用 Jaro-Winklerd 算法对融合集数据进行过滤，最后使用距离约束、类别一致约束得到最终的融合结果集。此外，Li 等[21]提出了一种具有多个确定约束的 POI 匹配方法（POI matching method considering multiple constraints，MMCMC-POI），约束包括空间拓扑、名称和类别。Piech 等[22]定义了一个统一的 POI 模型，并提出了一种有效的自动 POI 匹配算法（automatic points of interest matching-POI，APIM-POI）。APIM-POI 算法是基于分类思想来确定两个 POI 是否匹配的。

在处理小规模数据集时，现有方法的融合效果较好，但是在处理较大规模数据集时，现有方法的缺陷会逐渐显露出来。概率法、标准化权重法等都需要使用集合矩阵，一旦集合元素过多，矩阵规模就会变得很大，造成计算时间较长，而且空间复杂度较高。此外，不同来源的 POI 数据的分类系统差别很大或者不够准确，即便把位置相近和名称相似的 POI 融合在一起，也会因为分类系统的差异而无法被正确使用。

2.2　问题描述

为了更好地描述 POI 数据融合问题，本书给出对应的形式化描述。假设 P_i（$i=1,\cdots,m$）代表不同来源的 POI 数据集，$A = \{a_1, a_2, \cdots, a_j\}$（$j=1,\cdots,n$）表示 POI 数据的属性集。属性可以划分为基本属性 BA（如名称、地址、电话）、空间属性 SA（如经度、纬度）、时间属性 TA（如创建时间）和类别属性 CA 等。假定 s 是 P_i 中的一个样本，并且 $s[a]$ 是属性 a 在样本 s 中的取值；$F(B) = \{P_1 \odot P_2 \odot \cdots \odot P_m\}$ 表示多个 P_i 融合后形成的新的数据集，

$B=\{b_1,b_2,\cdots,b_k\}$ $(k=1,\cdots,t)$表示融合后的属性集，$\odot$表示融合操作；$\mathrm{sim}(s_{i,j}, s_{i+1,j})$表示相似性函数，用来计算分别来自第 i 个来源和第$(i+1)$个来源的样本 s_j 的相似性。多个 $P_i(A)$ 在数据融合时会面临如下问题[23]。

问题 2.1：给定 $P_1(A_1)$、$P_2(A_2)$ 和 $P_3(A_3)$，但 $A_1\neq A_2\neq A_3$，属性不能直接匹配。

不同来源的 POI 数据在结构和数据分类上存在较大差异，表 2.2 显示了 3 种不同来源的 POI 数据格式。可以看出，不同来源的 POI 数据在格式上不尽相同。

表 2.2　3 种不同来源的 POI 数据格式

类型	来源名称	属性集
P_1	电子地图	FID, Name, Mapid, Kind, Zipcode, Telephone, Display_X, Display_Y, Poiid, Address
P_2	新浪微博	PoiID, Poiname, Longitude, Latitude, Typeid, Address, Telephone, Chknum, Chkusernum
P_3	楼盘网站	ID, Building_name, house_count, Hpopulation, districts, region, Blongitude, Blatitude, Area, Building_date, plot_Ratio, Green_coverage, Building_type

问题 2.2：某个组织提出的 POI 数据集的子类别不合理，或者不同 POI 数据集在分类系统上存在数量不匹配、语义重叠或冲突等问题。

给定来自不同来源的两个 POI 数据集，即 P_1 和 P_2，其类别和子类别分别为(CA1，SCB11)和(CA2，SCB21)，并且 SCB21 更适合于 CA1。此外，CN(CA1)=CN (CA2)或 M(CA1)= M(CA2)，但 M(SCB1) = M(SCB2)，其中符号 CN(x)和 M(y)分别是 x 的数量和 y 的语义。因此，有必要使 POI 类别形成统一的 POI 元数据。

电子测绘地图的 POI 分类系统由两级分类构成，一级分类有 7 个大类，每一个大类下面又有若干个二级分类，如表 2.3 所示。可以发现，现有测绘地图的分类系统本身就存在概念不清晰、分类错误等问题[24]，而且也缺少住宅小区的基本信息，分类不够全面，急需建立一个规范的 POI 分类系统来支持数据融合。

表 2.3　电子测绘地图的 POI 分类

编号	一级分类	二级分类
1	餐饮服务	酒店、餐馆、小吃店、农家乐……
2	购物服务	商场、购物中心、超市、批发市场……
3	汽车服务、加油站、停车场	修理厂、停车场、加油站
4	住宿服务	宾馆、酒店、招待所、青年旅社……
5	政府机关、公安交警、医疗服务	地税局、广电局、派出所、刑警大队、执行总队、药店、医院、门诊部……
6	交通服务	机场、汽车站、火车站、各道路出入口、收费站……
7	旅游	公园、清真寺、商贸城……

问题 2.3：寻找融合数据对集的算法效率不高。

不同来源的 POI 数据可能代表同一个空间对象，为了寻找融合数据对集，我们需要通过相似性函数来比较任意两点是否相似，是否属于同一个实体。假设有两个 POI 数据对集，即 $S_i(\mathrm{lon}_i,\mathrm{lat}_i,n_i)$ 和 $S_j(\mathrm{lon}_j,\mathrm{lat}_j,n_j)$，$\mathrm{lon}_i$、$\mathrm{lat}_i$ 和 n_i 分别代表点 S_i 的经度、纬度和名称属性。它们的空间相似性 $\mathrm{sim}^{\mathrm{spatial}}_{s_is_j}$ 和其他属性（如名称）的相似性可以表示为

$$\mathrm{sim}_{s_i s_j}^{\mathrm{spatial}} = \frac{1}{\sqrt{(x_i - x_j)^2 + (y_i - y_j)^2}} \tag{2.1}$$

$$\mathrm{sim}_{s_i s_j}^{\mathrm{name}} = 1 - \frac{\mathrm{ED}(\mathrm{NA}_i, \mathrm{NA}_j)}{\mathrm{Max}\{L_{\mathrm{NA}_i}, L_{\mathrm{NA}_j}\}} \tag{2.2}$$

其中，空间相似性采用欧几里得距离（Euclidean distance）计算，名称相似性采用编辑距离（levenshtein distance）计算，ED(NA$_i$, NA$_j$)表示(NA$_i$, NA$_j$)之间的编辑距离，NA$_i$ 和 NA$_j$ 表示目标名称。

通常，在小规模数据集中寻找待融合对集时，不同的相似性计算方法的效率差别不大。但是，当在大规模数据集中寻找待融合对集时，不同的相似性计算方法的效率差别就非常大。因此，如何采用一种高效的算法来提高发现相似对象的效率是一个值得研究的方向。

2.3　多源异构 POI 数据的融合方法

为了解决上述问题，本书提出了一种新颖的多源 POI 数据融合方法，即基于聚类分析的多源数据融合（multi-source data fusion based on clustering analysis，MDFCA），如图 2.1 所示。MDFCA 方法的基本原理如下[23]：①采集不同来源的 POI 数据；②将不同来源的 POI 数据模型映射为一个新的模型；③对 POI 数据集的一级分类和二级分类进行规范化操作，得到一个多源的标准化 POI 数据集 DS；④采用聚类算法对 DS 执行聚类操作，获得空间位置上相似的 POI 数据集，形成粗粒度的聚类簇 DS$_C$；⑤采用文本聚类的思想来处理 POI 的名称，并继续使用聚类算法来判断 DS$_C$ 中的 POI 数据集是否相似，获得细粒度的聚类结果 DS$_F$；⑥DS$_F$ 即要融合的数据对集，必须进行融合检查以生成唯一的 POI 数据集，剩余的噪声数据形成新的数据集；⑦融合检查涉及的操作包括 POI 数据属性值的合并、一致性处理和冲突处理。

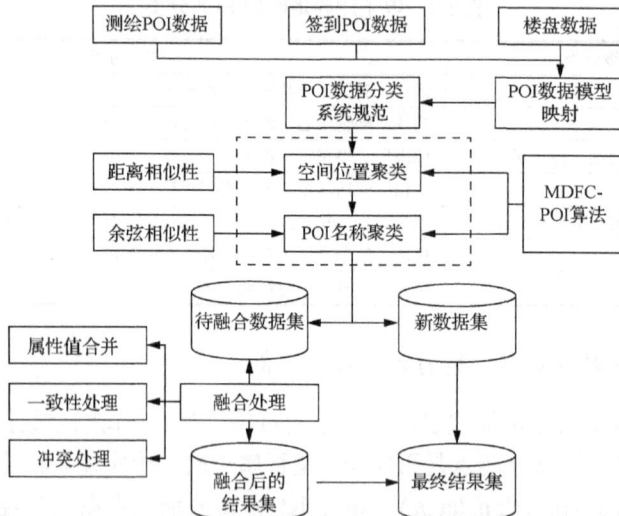

图 2.1　多源异构 POI 数据的融合方法 MDFCA

2.3.1　改进的 POI 数据模型

为了统一不同来源的 POI 数据，本书借鉴 W3C 和 OGC 发布的 POI 数据模型，并从 POI 数据的特点和实际的融合需求出发，提出了一种新颖的 POI 数据模型，如图 2.2 所示。该数据模型不仅继承了已有草案中 POI 数据的一部分基本特性，还通过添加一些新的属性来体现不同来源 POI 数据的私有特征，以便为后续的数据分析和挖掘提供更好的支持。例如，通过增加 Area 属性来表示多边形（楼盘）的面积特征，添加 District 属性来描述 POI 数据所属的行政区，添加 CheckNum 属性来表示某一个 POI 数据所得到的签到次数，以及添加 Source 属性来区分不同的数据来源。POI 数据模型中的术语描述如表 2.4 所示。

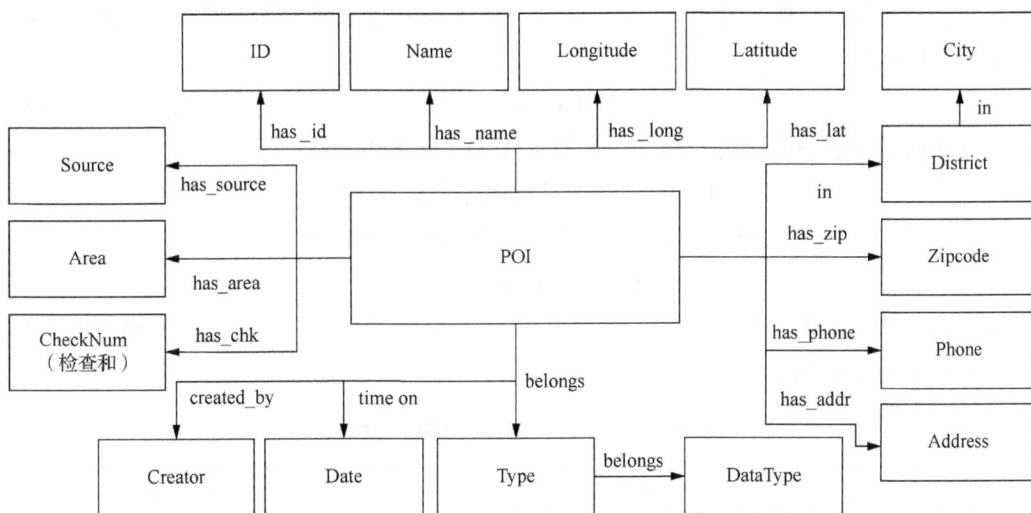

图 2.2　规范的 POI 数据模型

表 2.4　POI 数据模型中的术语描述

术语	描述	类型	术语	描述	类型
Name	名称	字符型	Area	POI 的面积	数字型
Longitude	中心点的经度	数字型	Zipcode	POI 的邮编	字符型
Latitude	中心点的纬度	数字型	Type	POI 所属子类型	字符型
Phone	电话	字符型	DataType	POI 所属数据类型	字符型
Address	地址	字符型	Date	POI 创建日期	日期型
District	所在行政区	字符型	Creator	POI 的创建人	字符型
City	所在城市	字符型	Source	POI 的来源	字符型

2.3.2　基于本体的 POI 分类系统

为了解决问题 2.2，本书基于形式本体理论从语义层面融合相似的概念，提出了一个新的 POI 分类系统，方便对 POI 数据进行融合、管理和检索。形式本体的含义[24]是：用系统的、形式的和公理的方法对事物存在形式和方式的逻辑进行开发的方式[24]。形式本体的概念化可定义为如下三元组：

$$\text{Con} = <\text{Dom, TS, RC}> \qquad (2.3)$$

其中，Con 表示概念化的对象；Dom 表示域；TS 表示数据集 D 所在域中的一组最大事务状态的集合；RC 表示在域空间<Dom,TS>上的概念内涵关系的集合。

举例来说，Dom 代表一个操场上的多个班级，TS 表示这些班级在空间位置上的所有可能排列的集合。概念内涵关系 P 表示从 TS 到 Dom 上的所有外延关系的映射（或函数），可以定义为

$$P: \text{TS} \longrightarrow 2^{\text{Dom}} \qquad (2.4)$$

以交通设施服务为例进行说明，其概念化定义如下所示：

$$\text{Dom} = \{交通设施服务的对象域\}$$
$$\text{TS} = \{交通设施服务对象所有可能状态\}$$
$$\text{RC} = \{\text{POI 本体概念}\}$$

其中，TS= {机场, 汽车站, 火车站, 各道路出入口, 收费站, …}，则交通设施服务概念的形式本体如表 2.5 所示。

表 2.5　交通设施服务概念的形式本体

词汇概念	文字描述	概念化	概念的本体属性
机场	搭乘空中交通工具及供飞机起降的设施	$P_{机场}$	飞机出行+住宿+餐饮+购物
汽车站	所在地发送旅客、货物的汽车聚散点	$P_{汽车站}$	汽车出行+餐饮+购物
火车站	供铁路列车停靠的地方，用以搬运货物或让乘客乘车	$P_{火车站}$	火车出行+住宿+餐饮+购物
地铁站	地铁系统沿线设置的车站	$P_{地铁站}$	地铁出行
公交站	公交系统沿线的停靠车站	$P_{公交站}$	公交出行
各道路出入口	提供行人或车辆通行的路口	$P_{出入口}$	车辆出行
收费站	用来对通行车辆收取通行费用的设施	$P_{收费站}$	车辆出行+缴费
停车场	供车辆停放的场所	$P_{停车场}$	车辆停放+缴费

本书定义的新的 POI 分类体系一共有 15 个大的类别，每个类别又划分为若干小的类别，如图 2.3 所示。根据图 2.3 所示的 POI 分类体系，本书对不同来源的 POI 数据进行分类属性规范化操作，为后续的数据融合打下基础。

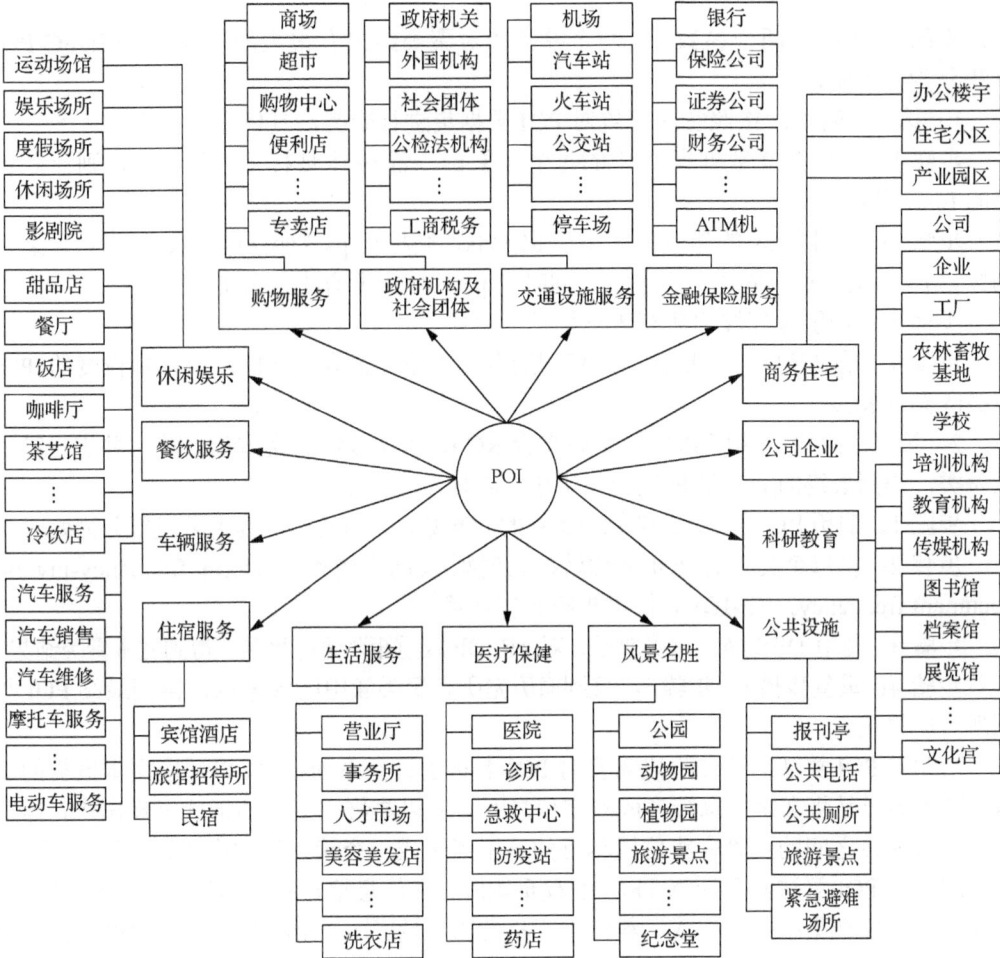

图 2.3　基于本体的 POI 分类体系

2.4　多源异构 POI 数据的融合算法

本书对基于密度和噪声的空间聚类（density-based spatial clustering of applications with noise, DBSCAN）算法进行改进，提出了用于多源 POI 数据融合的新算法，即基于聚类的多源数据融合 POI 算法（multi- source data fusion based on clustering for POI algorithm, MDFC-POI）。

2.4.1　融合算法 MDFC-POI

DBSCAN 算法是一种经典的基于密度的聚类算法[25]，用来挖掘多源的 POI 数据集，以便发现相似的 POI 数据对，同时剔除噪声点。与其他聚类算法[如 k 均值（k-means）聚类算法] 相比，它可以对任意形状的稠密数据集进行聚类，聚类结果没有偏倚，也无须提前指定聚类簇的个数。DBSCAN 算法在聚类过程中需要人为提供邻域半径 Eps

和密度阈值 MinPts 两个参数，这两个参数值对聚类结果有很大的影响[26]。MDFC-POI 算法分为两个阶段。

1）第一个阶段：按照空间位置对 POI 数据集进行聚类，具体步骤如下。

步骤 1：遍历 POI 数据集 D 中的每个对象 ps，若 ps 未被标记为已访问，则计算 ps 点的 Eps 邻域。

步骤 2：若对象 ps 的邻域密度小于 MinPts，则标记 ps 为噪声点或边界点；反之，则标记 ps 为核心点，并建立新簇 C，同时将 ps 邻域内所有点加入 C 中。

步骤 3：遍历 ps 邻域内所有未被标记的对象。

步骤 4：重复步骤 1～步骤 3，直到所有对象被标记为已访问，得到粗粒度的 POI 聚类簇集合 RC。

2）第二个阶段：计算 POI 聚类簇集合 RC 中 POI 数据的文本相似性，并进行第二次聚类，得到最终的 POI 数据融合结果集，具体步骤如下。

步骤 1：遍历 RC 结果集合中每个类簇的 POI 数据，将每个 POI 名称进行分词处理。

步骤 2：将每个类簇的 POI 名称转换为词频-反向文档频率（term frequency-inverse document frequency，TF-IDF）权重矩阵进行计算。

步骤 3：利用 DBSCAN 聚类算法，对 TF-IDF 权重矩阵进行聚类，得到文本聚类结果。

步骤 4：重复步骤 1～步骤 3，直到遍历完所有聚类簇中的数据点，得到最终 POI 数据融合结果集。

MDFC-POI 算法的第二阶段需要对 POI 名称进行一系列处理，以适应文本聚类的需求。文本聚类是将文字信息转换成数字信息[27]，并以高维空间点的形式展现出来，通过计算任意两点之间的距离来将位置相近的若干点聚成一个簇，簇的中心称为簇心。

MDFC-POI 算法需要计算 TF-IDF 权重矩阵。在信息检索和数据挖掘中，TF-IDF 通常用于分析文档集中的单词或语料库中文档的重要性[28]。术语 TF 表示给定单词在文档中出现的频率，而术语 IDF 是用于评估单词重要性的统计方法。一个词的重要性与它在文本中出现的次数成正比，但与它在语料库中出现的频率成反比。MDFC-POI 算法利用 TF-IDF 权重矩阵，将文本数据集转换为易于数学处理的向量空间模型（vector space model，VSM）[29]。以下示例说明了 TF-IDF 技术的使用。假设文档集 D={D1，D2，D3}，D1: "New York times"，D2: "New York post"，D3: "Los Angeles times"。为了比较它们的相似性，可以执行以下操作。

1）根据式（2.5）计算 3 个文档中每个单词出现的频率（TF），计算结果如表 2.6 所示。

$$\text{TF}_{i,j} = \frac{n_{i,j}}{\sum_k n_{k,j}}, \tag{2.5}$$

其中，$n_{i,j}$ 是该词在文件 d_j 中的出现次数。

表 2.6　各单词在 D 中出现的频率

文档	Angeles	Los	New	post	times	York
D1	0	0	1	0	1	1
D2	0	0	1	1	0	1
D3	1	1	0	0	1	0

2）采用式（2.6）计算它们的 IDF。在式（2.5）中，n 表示所有文档集合中文档的数目（这里为 3），TF 是词条在所有文件中出现的次数。可得 IDF(Angeles, Los, New, post, times, York)=(1.584, 1.584, 0.584, 1.584, 0.584, 0.584)。

$$\text{IDF}_i = \lg \frac{|D|}{\left|\{j : t_i \in d_j\}\right|} \tag{2.6}$$

其中，$|D|$ 为数据集的大小；$\left|\{j : t_i \in d_j\}\right|$ 表示包含词语 t_i 的文件数目。如果词语不在资料中，则使用 $1 + \left|\{j : t_i \in d_j\}\right|$。

3）采用式（2.7）计算它们的 TF-IDF，以便过滤掉常见的词语，保留重要的词语，并获得文档集合 D 的向量空间，如表 2.7 所示。

$$\text{TF}-\text{IDF}_{i,j} = \text{TF}_{i,j} \times \text{IDF}_i \tag{2.7}$$

表 2.7　3 个文档的向量空间

文档	Angeles	Los	New	post	times	York
D1	0	0	0.584	0	0.584	0.584
D2	0	0	0.584	1.584	0	0.584
D3	1.584	1.584	0	0	0.584	0

4）采用余弦相似性函数来验证 3 个向量空间的相似性。可知，文档 D1 与 D2 的相似度更高。

这里举例说明 MDFC-POI 算法的计算过程。有 6 个 POI 数据来自签到数据集（P1 和 P2）和地图数据集（P3、P4、P5 和 P6），它们的散点图和属性取值如图 2.4 和表 2.8 所示。

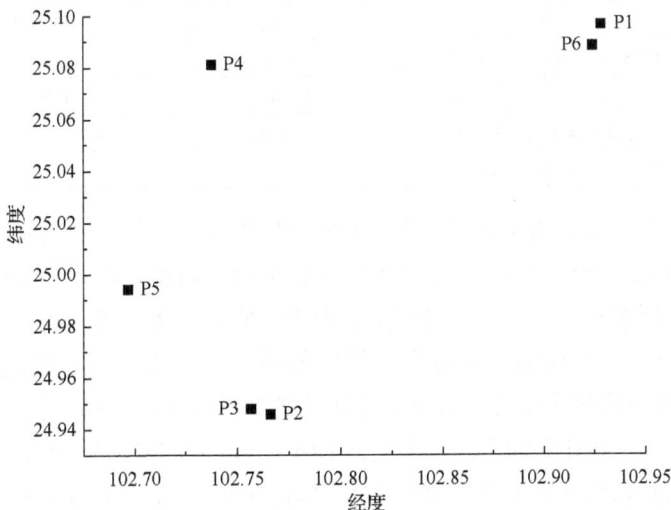

图 2.4　POI 数据的散点图

表 2.8　POI 的各个属性取值

ID	POI_name	Longitude	Latitude	Date	Phone	…
P1	International Airport Freight Company	102.9282	25.0961	2018-01-02	None	…
P2	KM International Airport	102.7667	24.9470	2018-02-22	None	…
P3	International Airport	102.5662	24.9468	2018-05-13	65321122	…
P4	No.1 gate of Airport	102.7378	25.0808	2018-01-02		…
P5	No.2 gate of Airport	102.6968	24.9941	2018-09-24		…
P6	Airport Hotel	102.9240	25.0879	2018-08-12		…

注：表中 P1～P6 的名称分别为国际机场货运公司、昆明国际机场、国际机场、机场 1 号门、机场 2 号门和机场酒店。

从图 2.4 中可以看出：两对点（P1、P6）和（P2、P3）的空间位置非常接近，而点 P4 和 P5 相对分散。首先，根据空间距离，使用 MDFC-POI 算法对 6 个点进行聚类，得到两个聚类 [C1（P2、P3），C2（P1、P6）]。因为点 P4 和 P5 是噪声点，所以它们不参与第二次聚类。然后，对簇 C1 和 C2 执行文本聚类，以查找具有相似 POI 名称的点。根据表 2.8，点 P2 和 P3 具有非常高的名称相似性，因此它们将成为要融合的数据对，并将执行后续融合检查，以获得实体。点 P1 和点 P6 的名称相似性不高，因此，它们不是同一实体，不需要融合。

2.4.2　MDFC-POI 算法描述

本小节介绍 MDFC-POI 算法的实现过程，为了更好地描述本算法，对算法中涉及的变量进行说明，如表 2.9 所示，其伪代码描述如算法 2.1 所示。

表 2.9　MDFC-POI 算法中使用的变量

变量	含义	变量	含义
D	数据集	T.minpts	文本聚类时的聚类密度
DC	距离聚类结果，DC= { DC$_1$, DC$_2$,···,DC$_n$}	corpus	文本集合
D.eps	距离聚类时的聚类半径	TF Weights	TF-IDF 权重矩阵
D.minpts	距离聚类时的聚类密度	T.eps	文本聚类时的聚类半径
FC	融合结果集合，FC = {FC$_1$,FC$_2$,···,FC$_m$}		

MDFC-POI 算法分为两个阶段：第一个阶段是执行 POI 数据的空间距离类。假设变量 N 表示待融合数据集的数量，则其空间复杂度为 $O(N)$，时间复杂度最坏情况为 $O(N^2)$。第二个阶段则遍历所有距离类簇并进行文本聚类。假设距离类簇个数为 k，每个类簇包含点数并不相同，该阶段需要对每个类簇中的所有 POI 名称进行分词处理，并利用 TF-IDF 算法计算得到权重矩阵。权重矩阵对应的算法复杂度依赖于其特征词个数 h 和每个类簇的点数 m，其计算的空间复杂度为 $O(mh)$，其时间复杂度为 $O(kmh)$。因此，第二个阶段的时间复杂度和空间复杂度分别为 $O(kmh)$ 和 $O(km)+O(mh)$。最后，整个算法的时间复杂度为 $O(N^2)+O(kmh)$，空间复杂度为 $O(N)+O(km)+O(mh)$。

算法 2.1：MDFC-POI 算法

输入：D, D.eps, D.minpts, T.eps, T.minpts
输出：FC

```
//第一阶段：距离聚类
1. for each unvisited point ps in D do   //检查数据集中尚未分配的对象 ps
2.   N = getNeigPoints(ps, D.eps);        //计算 ps 的邻域对象集合
3.   if N.size() >= D.minpts;             //判断集合对象数是否不小于 D.minpts
4.     DC =new cluster                    //建立新簇
5.     expandCluster(ps, N, DC, D.eps, D.minpts)  //加入候选集
//第二阶段：文本聚类
6. for each dc in DC                      //遍历距离聚类结果集合中的每一个聚类簇
7.   corpus = getCorpusData(dc);          //分词处理聚类簇中每个 POI 名称
8.   tfWeights= getTfidfMatrix(corpus);   //计算返回权重矩阵
9.   result = TextDB(tfWeights, T.eps, T.minpts)  //DBSCAN 文本聚类
10.  add result in FC                     //将聚类簇加入文本聚类集合
11. return FC;
```

2.4.3　一致性数据融合方法的实现

在执行完 MDFC-POI 算法后，得到待融合数据集 FDS 和新数据集 NDS。FDS 需要进行一致性融合检查，以获得最新的融合 POI 数据集。假设 FDS 中的点对 PA 和 PB 来自不同的源，PA 是基础数据集的实体，其中 PA.attr 和 PB.attr 分别表示 PA 和 PB 值的属性集。基础数据集是指具有多个数据实体或来自权威组织的数据集。融合检查的基本思路如下。

1）依次检查 POI 数据中除 ID 和 Name 外的其他属性 $attr_i$（$i = 2,3,\cdots,n$），令 PFD.$attr_i$ = PA.$attr_i$，若 PA.$attr_i$ = Null，则检查 PB.$attr_i$。如果 PB.$attr_i$ = Null，则依次检查剩余数据，若剩余数据属性都为空，则 PFD.$attr_i$ = Null。

2）若 PA.$attr_i$ = Null，PB.$attr_i$ = Null，$\cdots$，PN.$attr_i$ ≠ Null，则 PFD.$attr_i$ = PN.$attr_i$，即 PN 在属性 $attr_i$ 上的取值赋值到 PFD.$attr_i$ 上。

3）若 PA.$attr_i$ ≠ Null，PB.$attr_i$ = Null，$\cdots$，PN.$attr_i$ = Null，则 PFD.$attr_i$ = PA.$attr_i$。

4）若 PA.$attr_i$ ≠ Null，PB.$attr_i$ ≠ Null，$\cdots$，PN.$attr_i$ ≠ Null，则出现属性不一致问题，则根据本书提出的以下原则进行 POI 数据属性一致性处理。

① 若 PA.Date after(PB.Date,$\cdots$PN.Date)，则 PFD.$attr_i$ = PA.$attr_i$，即比较 PA 和 PB$\cdots$PN 的创建时间，并选用最新创建的 POI 数据的属性。

② 若 PA.Date = PB.Date$\cdots$= PN.Date，并且 len(PA.$attr_i$)>= len(PB.$attr_i$)$\cdots$ len(PN.$attr_i$)，则 PFD.$attr_i$ = PA.$attr_i$。其含义是指如果 PA 和 PB$\cdots$PN 的创建时间相同，则比较对应属性的长度，并选用长度较长或者标识性更规范的 POI 数据的属性。

③ 若 PA.Date = PB.Date$\cdots$= PB.Date，并且 len(PA.$attr_i$) = len(PB.$attr_i$)$\cdots$= len(PN.$attr_i$)，则 PFD.$attr_i$ = PA.$attr_i$ 或者由人工确定最后的结果，并将融合数据 PC 加入处理后的融合

结果集。

算法 2.2 中描述了一致性融合检查的伪代码。

算法 2.2：Fusion check 算法

输入：PA, PB, PA.attr, PB.attr

输出：PA.attr

```
1.  PA.attr = PA.removeAttr(ID), PA.attr = PA.removeAttr(Name);
2.  PB.attr = PB.removeAttr(ID), PB.attr = PB.removeAttr(Name);
3.  for i= 1 : Count(PA.attr) do
4.  if (PA.attri = Null)&&(PB.attri = Null)
5.     PA.attri = PB.attri;
6.  if (PA.Date < PB.Date)
7.     PA.attri = PB.attri;
8.  else PA.attri is reserved;
9.  if (PA.Date = PB.Date)&(len(PA.attri) > len(PB.attri))
10.     PA.attri is reserved;
11. else PA.attri = PB.attri;
12. if (PA.Date = PB.Date)&(len(PA.attri) = len(PB.attri))
13.     PA.attri or PB.attri is randomly reserved;
14. else return PA.attri;
15. return PA.attr;
```

2.5　实验和结果分析

本节通过实验来验证 MDFC-POI 算法的有效性，并分析实验结果。

2.5.1　数据来源及评估指标

本书的 POI 实验数据集合包括新浪微博签到数据自带的 POI 数据集、楼盘网站数据集合和测绘电子地图 POI 数据集，它们各自分别包含 4 835、738 和 41 179 个对象。为了避免数据偏差对实验结果产生影响，随机在这些数据集中抽取了实验对象，抽样率分别为 60%、70% 和 100%。实验中的正样本表示来自两个实验数据集可以成为融合对象的 POI 数据，而负样本表示没有相似对象的 POI 数据。在进行数据融合实验时，使用了两个融合数据集 R_W 和 RW_M。R_W 代表包含楼盘和微博的 POI 数据集，RW_M 代表 R_W 的数据集与测绘地图数据集的集合。在多个 POI 数据集的融合实验中，重合度是一个影响结果融合集质量的关键指标[5]。假设有两个待融合的 POI 数据集 A 和 B，用 m 表示它们之间对应对象的个数，那么数据集 A 和 B 的重合度（overlapping degree）计算公式如下：

$$C = 2 \times \frac{m}{|A| + |B|} \tag{2.8}$$

其中，$|A|$和$|B|$分别代表数据集 A 和 B 的数量。

在不同的重合度下，3 种数据源的基本情况如表 2.10～表 2.13 所示（NWS 表示微博样本数量；NPWS 表示微博数据的正样本数；NRS 表示楼盘样本数；NPRS 表示楼盘数据的正样本数；NRWS 表示楼盘和微博样本数；NPRWS 表示楼盘和微博数据的正样本数；NMS 表示测绘样本数；NPMS 表示测绘数据的正样本数）。

表 2.10　RW_M 实验用数据集（60%采样）

ID	重合度	NRWS	NPRWS	NMS	NPMS	总数
数据集 1	0.2	3 002	333	19 502	2 167	25 004
数据集 2	0.4	3 002	750	19 502	4 876	28 130
数据集 3	0.6	3 002	1 287	19 502	8 358	32 149
数据集 4	0.8	3 002	2 001	19 502	13 002	37 507
数据集 5	1.0	3 002	3 002	19 502	19 502	45 008

表 2.11　RW_M 数据集（70%采样）

ID	重合度	NRWS	NPRWS	NMS	NPMS	总数
数据集 1	0.2	3 428	381	22 244	2 471	28 524
数据集 2	0.4	3 428	857	22 244	5 561	32 090
数据集 3	0.6	3 428	1 469	22 244	9 533	36 674
数据集 4	0.8	3 428	2 285	22 244	14 830	42 787
数据集 5	1.0	3 428	3 428	22 244	22 244	51 344

表 2.12　R_W 实验用数据集（100%采样）

ID	重合度	NRS	NPRS	NWS	NPWS	总数
数据集 1	0.2	611	68	4 032	448	5 159
数据集 2	0.4	611	153	4 032	1 008	5 804
数据集 3	0.6	611	262	4 032	1 728	6 633
数据集 4	0.8	611	407	4 032	2 688	7 738
数据集 5	1.0	611	611	4 032	4 032	9 286

表 2.13　RW_M 数据集（100%采样）

ID	重合度	NRWS	NPRWS	NMS	NPMS	总数
数据集 1	0.2	4 363	516	29 789	3 310	38 258
数据集 2	0.4	4 363	1 161	29 789	7 447	43 040
数据集 3	0.6	4 363	1 990	29 789	12 767	49 189
数据集 4	0.8	4 363	3 095	29 789	19 860	57 387
数据集 5	1.0	4 363	4 643	29 789	29 789	68 864

此外，本书用国际上比较权威且通用的精确率（precision）、召回率（recall）和 F1 值（F1-score）作为衡量算法结果质量的评价标准。

2.5.2　实验结果

　　MDFC-POI 算法需要两个参数，即 Eps 和 Minpts。众所周知，数据融合至少需要两个对象。因此，参数 Minpts 的值被设置为 2。在距离聚类阶段，两点之间的距离不应太大。根据相关研究，通过 NM-POI 算法[8]获得的最佳融合距离为 100m。为了与其他算法一致，本实验选择 100m 作为距离半径。此外，为了在文本聚类阶段确定合理的距离参数，本书在 2.5.1 节列出的数据集基础上进行了大量实验，评估结果如表 2.14 和图 2.5 所示。如图 2.5（a）～（c）所示，使用参数 4 的实验结果不仅获得了最大精确率，而且在不同的数据集上获得了最大的召回率和 F1 值；因此，Eps 的最佳值被设置为 0.4。

表 2.14　文本聚类参数

ID	参数 1	参数 2	参数 3	参数 4	参数 5	参数 6
Eps	0.1	0.2	0.3	0.4	0.5	0.6
Minpts	2	2	2	2	2	2

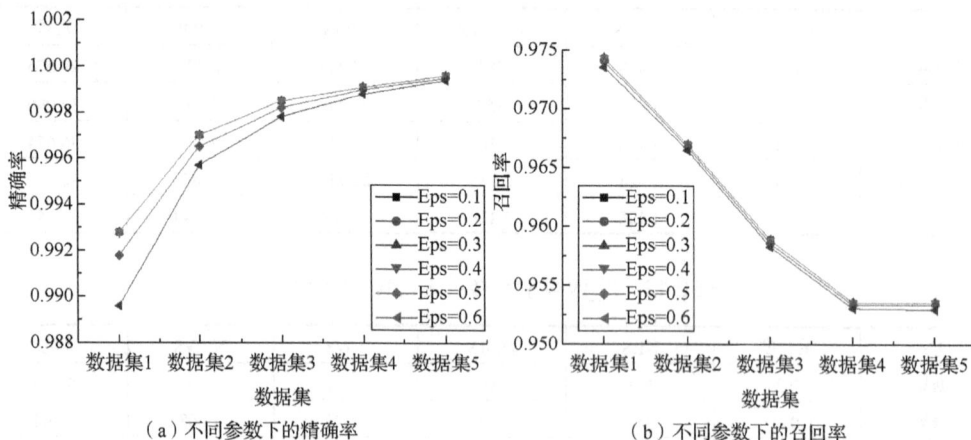

（a）不同参数下的精确率

（b）不同参数下的召回率

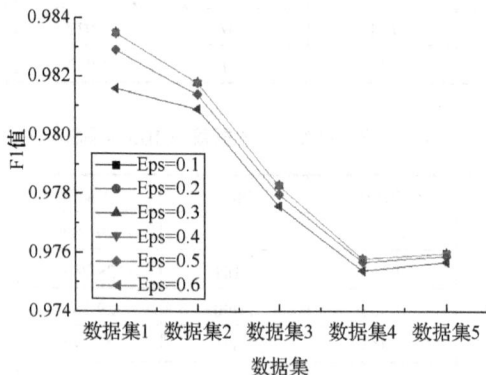

（c）不同参数下的F1值

图 2.5　不同评估指标的实验结果

本书选择基于空间位置与非空间属性相结合的 POI 数据融合技术中的几种常用算法进行对比实验，包括片面最近邻+名称相似性（余弦相似度，Osn-POI）、相互最近邻+名称相似性（余弦相似度，Mnn-POI）、概率法+名称相似性（余弦相似度，Prn-POI）、标准化权重法+名称相似性（NM-POI）。此外，还与最新的 POI 数据融合算法 MMCMC-POI 和 APIM-POI 进行了对比，相关实验结果如图 2.6～图 2.10 所示。从总体上看，所提算法的性能会随着重合度的增加而增强，且优于其他算法。

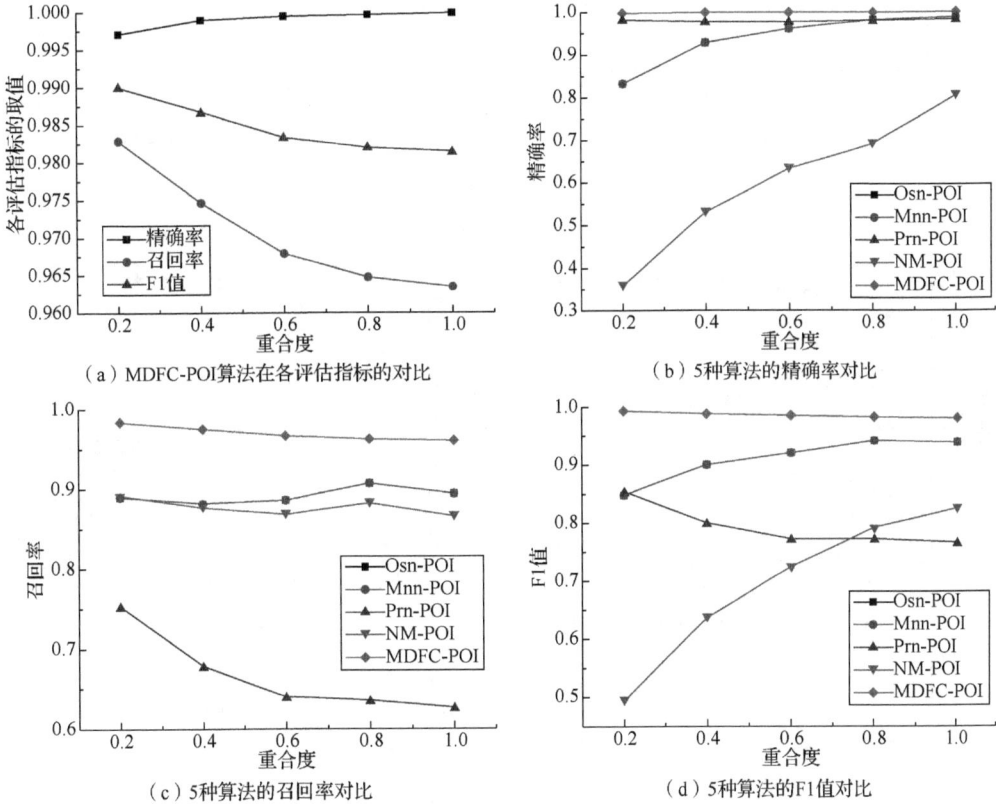

（a）MDFC-POI算法在各评估指标的对比

（b）5种算法的精确率对比

（c）5种算法的召回率对比

（d）5种算法的F1值对比

图 2.6　5 种算法在表 2.10 中数据集上的评估指标对比

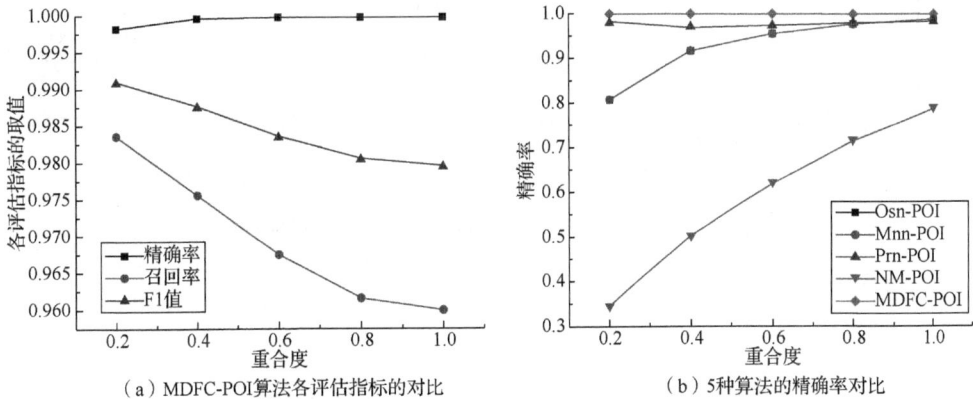

（a）MDFC-POI算法各评估指标的对比

（b）5种算法的精确率对比

图 2.7　5 种算法在表 2.11 中数据集上的评估指标对比

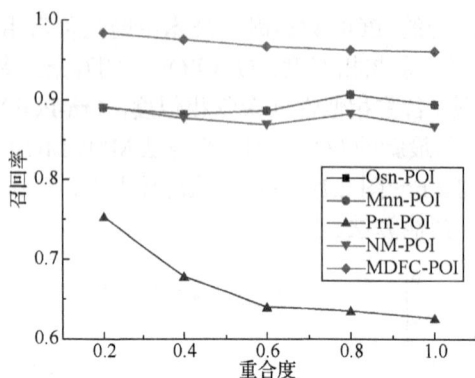

（c）5种算法的召回率对比

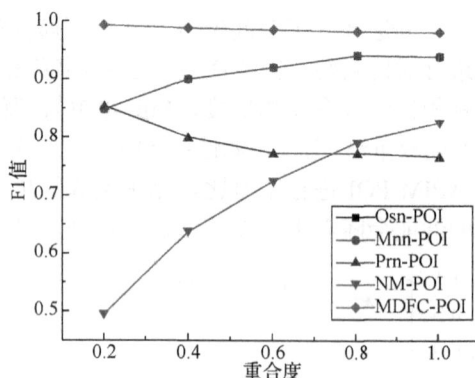

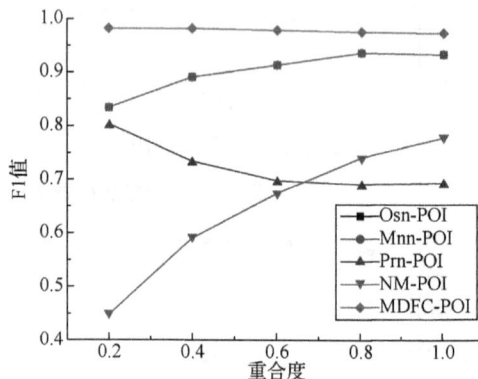

（d）5种算法的F1值对比

图 2.7（续）

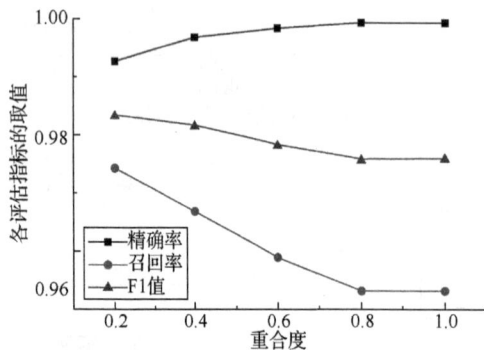

（a）MDFC-POI算法各评估指标的对比

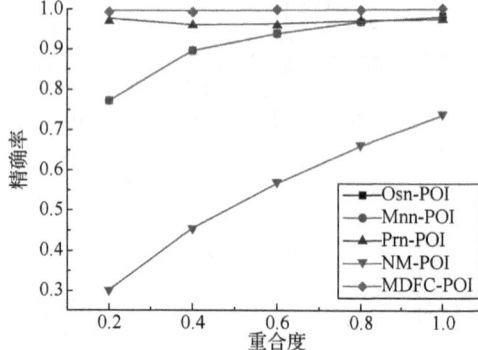

（b）5种算法的精确率对比

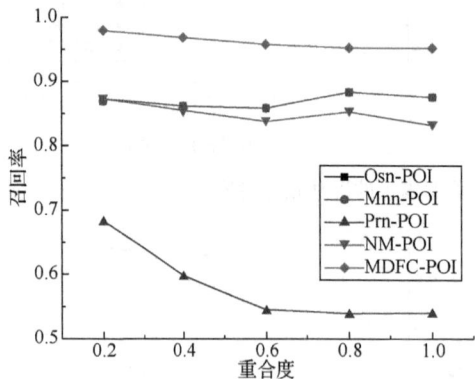

（c）5种算法的召回率对比

（d）5种算法的F1值对比

图 2.8　5 种算法在表 2.13 中数据集上的评估指标对比

（a）3种算法的精确率对比

（b）3种算法的召回率对比

（c）3种算法的F1值对比

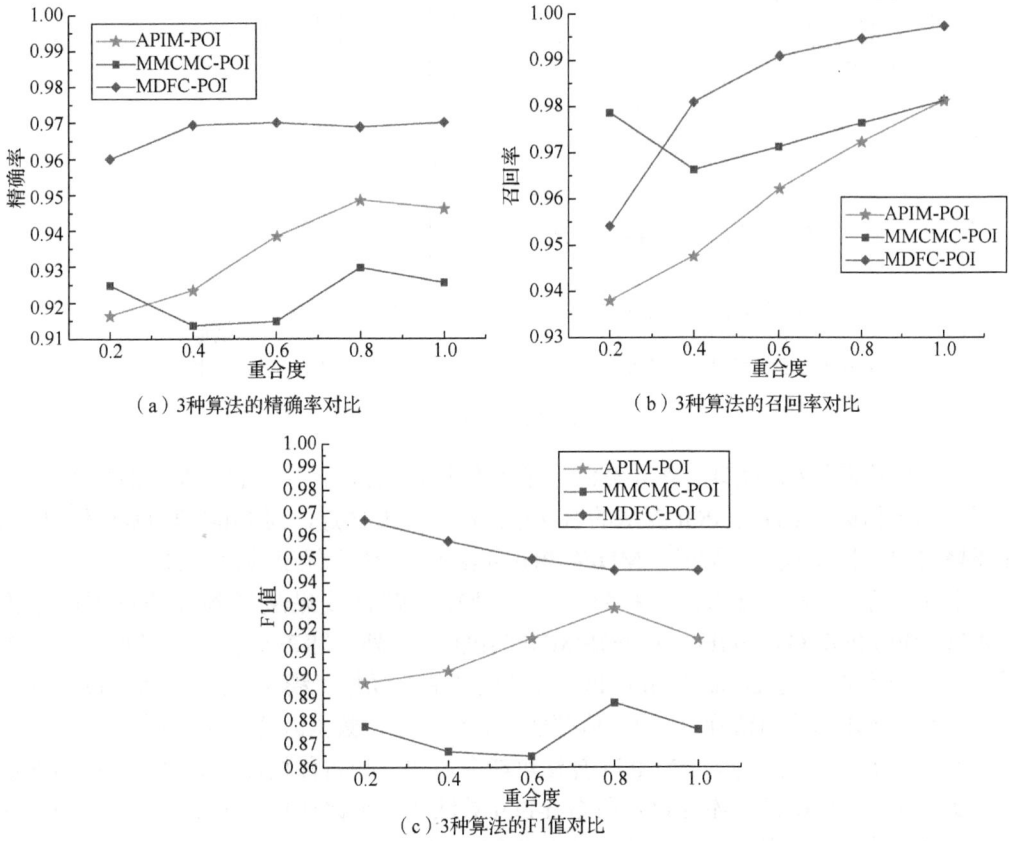

图 2.9　3 种算法在表 2.10 中数据集上的评估指标对比

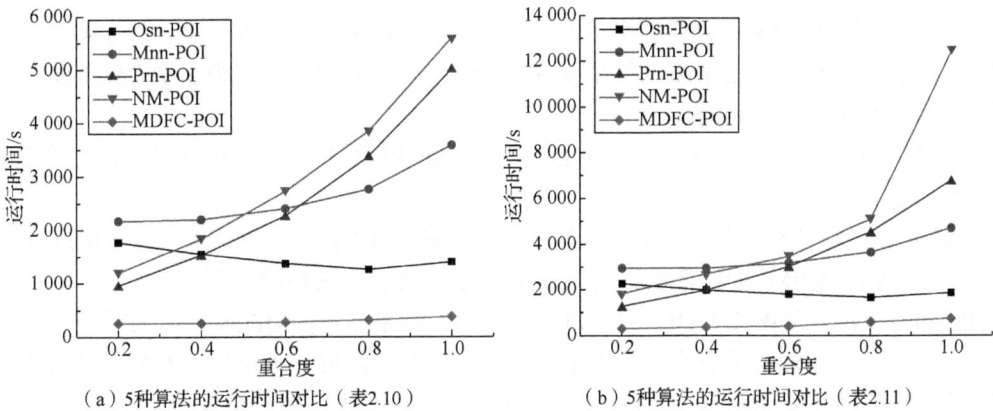

（a）5种算法的运行时间对比（表2.10）

（b）5种算法的运行时间对比（表2.11）

图 2.10　不同大小数据集的运行时间对比

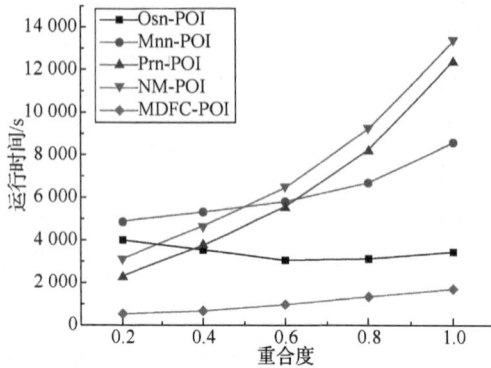

（c）5种算法的运行时间对比（表2.13）　　　　（d）3种算法的运行时间对比（表2.13）

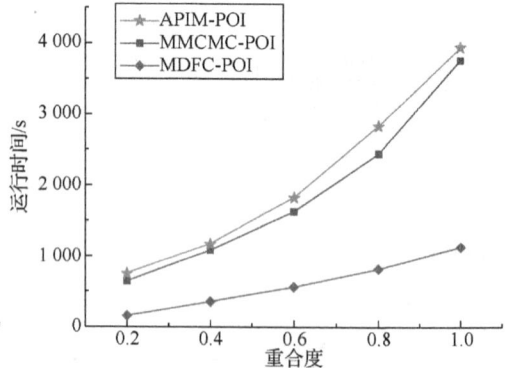

图 2.10（续）

对于精确率指标，MDFC-POI 算法的精确率大于 95%，而 NM-POI 算法的性能较差。对于召回率指标，MDFC-POI 算法的召回率最高，性能稳定，而 Prn-POI 算法的召回率呈下降趋势，性能较差。同时，MDFC-POI 算法的 F1 值也优于其他算法。

总体来看，在不同的评价指标下，各种算法融合效果从低到高的排列顺序为NM-POI<Prn-POI<Osn-POI<Mnn-POI<MDFC-POI。此外，随着重合度的增加，其他算法的评估曲线波动较大，而 MDFC-POI 算法的评估曲线相对稳定。如图 2.8（b）和（d）所示，NM-POI 算法的精确率和 F1 值都低于其他算法，数据融合效果最差。

在计算名称相似性时，NM-POI 算法可能会添加一些名称相似但距离较远的错误数据，从而导致精度降低。Mnn-POI 和 Osn-POI 算法在每个评估指标上都表现出相似的性能，这是因为它们都使用最近邻方法进行空间位置融合。不同之处在于，Osn-POI 使用了片面最近邻融合，而 Mnn-POI 使用的方法包括相互最近邻融合。虽然这两种算法对于空间位置融合相对简单，但它们也结合了非空间属性的融合，因此效果更好。Prn-POI 算法具有良好的精确率，但召回率较低，这是因为它在位置融合过程中计算了融合对的置信值，并通过过滤低置信度的结果来保证融合对的正确率，这减少了融合结果集的数量，从而导致较低的召回率。

将 MDFC-POI 算法与两种主流算法 APIM-POI 和 MMCMC-POI 进行比较，结果如图 2.9 所示。

如图 2.9（a）所示，当重合度为 0.2 时，MMCMC-POI 算法的精确率低于 MDFC-POI 算法，但高于 APIM-POI 算法。但随着重合度的增加，其精确率低于 MDFC-POI 和 APIM-POI 算法。从图 2.9（b）中可以看出，就召回率而言，MDFC-POI 算法仍然是最好的，并且表现出较好的稳定性。由于考虑了多个空间约束，MMCMC-POI 算法减少了融合结果集的数量，从而使召回率最低。从图 2.9（c）中可以看出，就 F1 值而言，3种算法的评估曲线都很稳定，但 MDFC-POI 算法的性能略好于其他两种算法。

此外，本书在不同规模的数据集上比较了 7 种算法的运行时间（running time），如图 2.10 所示。由图可知，MDFC-POI 算法的运行时间最短，而且在每个数据集上的运行时间始终小于 2000s。如图 2.10（c）所示，当将最大数据集（重合度=1.0）用于实验时，其他 4 种算法的最小运行时间约为 58.3min，最大运行时间约为 225min；相比之下，MDFC-POI 算法的运行时间仅为 25min 左右。MDFC-POI 算法首先实现距离聚类，获得粗粒度聚类，这一操作过滤了许多不需要融合的对象，缩短了第二个阶段的计算时间；之后，它将粗粒度聚类中的 POI 名称进行分词，并将单词转换为 TF-IDF 权重矩阵执行文本聚类。

然而，在计算 POI 对象之间的距离时，基于位置的空间算法必须遍历两个数据集。其中，Prn-POI 和 NM-POI 算法计算不同数据集之间的相互选择概率，NM-POI 算法在计算名称相似度时再次遍历剩余的数据集，因而 NM-POI 和 Prn-POI 算法的时间复杂度很高。随着融合数据集数量的增加，这些算法运算所需时间和空间复杂性急剧增加，从而导致结果融合时间延长、精度降低。如图 2.10（d）所示，APIM-POI 和 MMCMC-POI 算法的运行时间比 MDFC-POI 算法的运行时间长。这是因为在计算名称相似度时，MMCMC-POI 算法使用语义角色标记名称，然后将计算出的角色词和角色之间的相似度相加，并且在计算空间相似度时，考虑了多个因素的约束，大幅增加了计算时间。APIM-POI 算法主要使用贪婪策略计算候选集中点的名称相似度，并按降序排序，同时使用随机森林（一种机器学习算法）对空间相似性进行分类（这也增加了时间消耗）。

最后，本书总结现有算法是否为多源 POI 数据融合提供了完整的解决方案，比较因素包括是否提供标准数据模型、是否映射或比较来自不同来源的分类系统、是否创建了自己的分类系统及是否进行一致性检查执行，如表 2.15 所示。

表 2.15　不同融合算法的对比

名称	所用理论	改进的数据模型	分类系统映射或比较	分类系统创建	一致性检查
APIM-POI	分类	简单	有	无	简单
MMCMC-POI	多因素约束	无	有	无	无
MDFC-POI	聚类	复杂	有	有	详细

OSN-POI、MNN-POI、PRN-POI 和 NM-POI 算法主要用于确定 POI 是否匹配，没有提供完整的解决方案。APIM-POI 和 MDFC-POI 两种算法在使用时都会创建标准数据模型，但是，APIM-POI 算法提出的数据模型相对简单，无法为类别为房地产的 POI 数据提供需要的属性。相比之下，MDFC-POI 算法提出的数据模型具有丰富的属性，能够满足多种需求。同时，表 2.15 中的 3 种算法都支持来自不同类别系统的 POI 数据之间的比较和映射。但是，前两种算法没有建立自己的类别体系，它们仅通过计算类别相似度来判断 POI 是否匹配，这将影响后续的一致性检查。MDFC-POI 算法需要在 POI 匹配之前将不同类别映射到自己创建的类别系统，以确保类别的统一性和一致性。此外，当需要匹配的两个点必须合并到一个实体中时，MMCMC-POI 算法不提供一致性检查，而APIM-POI 和 MDFC-POI 算法都提供一致性检查，只是前者功能相对简单，而后者功能更为完善。综上所述，根据多种因素的比较结果，本书提出的 MDFC-POI 算法优于 APIM-POI 和 MMCMC-POI 算法，是一种非常有效的多源 POI 数据融合解决方案。

2.5.3　小结

随着位置服务的兴起，POI 数据在地图导航、位置服务推荐、城市热点挖掘中发挥了重要作用。单一来源的 POI 数据往往不够全面，需要补充其他来源的数据。但是，多源 POI 数据融合会面临一系列的挑战。为此，本书根据 POI 数据的特点和实际需求，构建了一个规范的 POI 数据模型，并基于形式本体理论建立一个规范的 POI 分类系统来支持数据融合。在此基础上，提出了多源异构 POI 数据的融合方法 MDFCA 和融合算法 MDFC-POI。实验表明，在处理较大规模的 POI 数据集上，对比现有算法，MDFC-POI 融合算法的结果更为准确且性能稳定，还具有较好的时间性能。MDFC-POI 融合算法采用两阶段聚类来完成 POI 数据的融合，时间复杂度为 $O(N^2)$，本书将在后续研究中利用一些索引数据结构（如 KD 树或者 Octree）来有效检索特定点给定距离范围内的所有点，使时间复杂度降低至 $O(N\log N)$。

参 考 文 献

[1] 陈瑞. 基于多源 POI 数据的匹配融合方法研究[D]. 兰州：兰州交通大学，2015.

[2] JIANG S, ALVES A O, RODRIGUES F, et al. Mining point-of-interest data from social networks for urban land use classification and disaggregation[J]. Computers, environment and urban systems, 2015, 53: 36-46.

[3] World Wide Web Consortium. Data model[EB/OL]. (2011-12-01) [2019-05-12]. https://www.w3.org/2010/POI/wiki/Data_Model.

[4] 蔡莉，李永轩，王淑婷，等. 基于层次分析法的众源地理数据质量评估研究[J]. 测绘地理信息，2021，46（3）：98-102.

[5] STADLER C, LEHMANN J, HÖFFNER K, et al. LinkedGeoData: a core for a web of spatial open data[J]. Semantic web, 2012, 3(4): 333-354.

[6] HEIKKINEN A, OKKONEN A, KARHU A, et al. A distributed POI data model based on the entity-component approach[C]// 2014 IEEE Symposium on Computers and Communications, Funchal, 2014: 1-6.

[7] 高新院. 基于空间位置信息的多源 POI 数据融合问题的研究[D]. 青岛：中国海洋大学，2013.

[8] 戴维民，等. 语义网信息组织技术与方法[M]. 上海：学林出版社，2008.

[9] LEE J H, KIM M H, LEE Y J. Ranking documents in thesaurus-based Boolean retrieval systems[J]. Information processing& management, 1994, 30(1): 79-91.

[10] 朱乔利. 面向本体的地理信息语义自动分类研究[D]. 武汉：武汉大学，2015.

[11] 张玉敏. 地理本体数据转换及融合方法研究[D]. 武汉：武汉工程大学，2016.

[12] VARSHNEY P K. Multisensor data fusion[J]. Electronics & communication engineering journal, 1997, 9(6): 245-253.

[13] SAFRA E, KANZA Y, SAGIV Y, et al. Location-based algorithms for finding sets of corresponding objects over several geo-spatial data sets[J]. International journal of geographical information science, 2010, 24(1): 69-106.

[14] 李圣文，凌微，龚君芳，等. 一种基于熵的文本相似性计算方法[J]. 计算机应用研究，2016，33（3）：665-668.

[15] LEVENSHTEIN V I. Binary codes capable of correcting deletions, insertions and reversals[J]. Soviet physics doklady, 1966, 10(8): 707-710.

[16] SEHGAL V, GETOOR L, VIECHNICKI P D, et al. Entity resolution in geospatial data integration[C]//Proceedings of the 14th Annual ACM International Symposium on Advances in Geographic Information Systems, New York, 2006: 83-90.

[17] SCHEFFLER T, SCHIRRU R, LEHMANN P. Matching points of interest from different social networking sites[C]//35th Annual German Conference on AI Saarbrücken, Germany, 2012: 245-248.

[18] LI L, XING X Y, XIA H, et al. Entropy-weighted instance matching between different sourcing points of interest[J]. Entropy, 2016, 18(2): 45.

[19] ZHONG S B, FANG Z X, ZHU M, et al. A geo-ontology-based approach to decision-making in emergency management of meteorological disasters[J]. Natural hazards, 2017, 89(2): 531-554.

[20] 徐爽，张谦，李琰，等. 基于距离类别的多源兴趣点融合算法[J]. 计算机应用，2018，38（5）：1334-1338.

[21] LI C M, LIU L, DAI Z, et al. Different sourcing point of interest matching method considering multiple constraints[J]. ISPRS International journal of geo-information, 2020, 9(214): 1-16.

[22] PIECH M, SMYWINSKI-POHL A, MARCJAN R, et al. Towards automatic points of interest matching[J]. ISPRS International journal of geo-information, 2020, 9(291): 1-29.

[23] CAI L, ZHU L H, JIANG F. et al. Correction to: research on multi-source POI data fusion based on ontology and clustering algorithms[J]. Applied intelligence, 2022, 52(5): 4758-4774.

[24] 吴超，任福，杜清运，等. 基于形式本体的 POI 数据分类方法[J]. 地理与地理信息科学，2014，30（6）：13-16.

[25] ESTER M, KRIEGEL H P, SANDER J, et al. A density-based algorithm for discovering clusters in large spatial databases with noise[C]//Proceedings of the 2nd International Conference on Knowledge Discovery and Data Mining, Portland Oregon, 1996: 226-231.

[26] 蔡莉，潘俊，魏宝乐，等. 签到数据的热点区域时空模式与情感变化的可视化分析[J]. 小型微型计算机系统，2018，39（9）：1889-1894.

[27] BEIL F, ESTER M, XU X, et al. Frequent term-based text clustering[C]//Proceedings of the Eighth ACM SIGKDD International Conference on Knowledge Discovery and Data Mining, Edmonton Alberta, 2002: 436-442.

[28] 武永亮，赵书良，李长镜，等. 基于 TF-IDF 和余弦相似度的文本分类方法[J]. 中文信息学报，2017，31（5）：138-145.

[29] 郭庆琳，李艳梅，唐琦. 基于 VSM 的文本相似度计算的研究[J]. 计算机应用研究，2008，25（11）：3256-3258.

第3章　城市功能区域识别

识别城市功能区域是城市计算领域的一个研究热点。挖掘城市的功能区域分布，对于理解城市的经济、文化发展，辅助决策者制定合理的土地规划具有重要意义。居民移动模式和 POI 是体现城市功能区域的两类重要特征，但受限于数据开放和数据采集技术，当前构建移动模式的数据来源比较单一，不能充分刻画居民的出行模式。此外，一些常见的城市功能区域识别方法也存在运行效率偏低、准确性不高的问题，而且很难自动标识功能区域的真实语义。因此，如何在多源位置数据融合下提出城市功能区域发现的新方法、改善功能区域识别的准确率是相关领域的一个重要研究方向。

3.1　城市功能区域概述

城市功能区域是指受自然、经济、历史、社会等众多因素的影响，随着城市的发展或者规划而形成的具备一定功能的地理分布空间。识别城市不同功能区域并研究其空间分布特征对研究城市的合理布局、资源调配和城市管理有着重要的意义[1]。

3.1.1　城市功能区域的形成机制

目前，城市功能区域的形成机制主要有市场自发形成、自发形成与后期政府规划引导、政府主导规划与开发及政府主导规划与企业化运作 4 种方式。

1. 市场自发形成

市场自发形成的功能区域是指某一特定区域由于其位置、人力资源、土地资源等适合某种类型企业的生存和发展，从而吸引相关企业在该区域不断聚集，长时间发展下来形成的具有一定规模的聚集区。美国硅谷高科技园区、纽约华尔街，以及英国伦敦金融城等城市功能区域都是自发形成的典型区域[2]。

市场自发形成的机制具有两个优点：一是功能区域的发展符合市场规律，能够满足市场主体的需要；二是功能区域的产业是基于产业间的相互关联而逐步发展起来的，能够形成良好的产业生态体系。但是，在这种模式下形成的功能区域并没有进行统一规划，开发建设较为分散，需要政府部门引导市场主体有序聚集，完善功能区域周边的配套设施，给市场主体创造良好的外部生存环境。

2. 自发形成与后期政府规划引导

自发形成与后期政府规划引导形成的功能区域是指功能区域的早期发展机制为自

发形成，待发展到一定阶段和水平后，由政府力量逐步介入功能区域的发展和完善中。政府部门通过制定合理的发展规划，助力功能区域实现产业升级、明确功能定位、完善公共配套和服务设施，提高功能区域的规模效益。美国纽约曼哈顿中央商务区（central business district，CBD）、英国谢菲尔德文化产业园等城市功能区域都是按照这种模式发展起来的。

这种机制不仅能够充分体现市场自发形成模式的优点，而且通过市场和政府的有机结合可以更好地实现资源的优化配置。值得注意的是，在后期政府规划引导时，要注重保护原有适合功能区域发展的条件，避免因环境变化导致原有产业向外迁移。

3. 政府主导规划与开发

政府主导规划与开发形成的功能区域是指政府部门划出一块区域进行规划，重点发展某些产业，并集中力量投资建设这些产业赖以生存发展的基础设施，实行招商引资优惠政策，吸引大量区外企业入驻，最终形成的特点产业聚集区。

云南省数字经济开发区（原昆明呈贡信息产业园区）就是这一模式下形成的省级经济开发区，是云南省唯一以大数据、云计算信息产业为特色的专一园区。该开发区位于昆明市呈贡新区雨花东南片区，有记录以来从未发生过重大地质灾害，满足大数据中心建设的条件。开发区距昆明市级行政中心约 4km，距昆明南站约 3km，距昆明长水国际机场约 25km。开发区内有云南大学等 10 所高校，人力资源富集。

这种形成机制的优点如下：①政府规划引导的功能区域的空间布局一般较为合理；②政府能够为产业发展和聚集提供良好的环境；③在政府规划开发下，招商目标较为明确，有利于区域形成若干优势集群。

4. 政府主导规划与企业化运作

政府主导规划与企业化运作形成机制是指在区域规划开发过程中，采取"政府引导、企业运作、整体规划、分步实施"的开发策略，由政府制定该区域的整体规划和产业发展方向，并由开发机构承担起聚集区的具体规划、建设和开发工作。

法国巴黎拉德方斯商务区是这一形成机制下的典型代表。在其规划建设过程中，巴黎政府通过规划引导新城区的开发建设工作；在此基础上，还成立了专业化公司——拉德方斯区域开发公司，并赋予其在土地收购、基础设施建设等方面的自主权[2]。

这一形成机制除了具有空间布局合理、产业环境完善、招商目标明确等优势外，还具有区域建设进度可控、公共基础设施建设比例合理，以及实现功能区、客户和开发公司多赢等特性。

3.1.2　城市功能分区域所用数据源

城市功能分区域通常采用的数据源主要分为遥感影像数据与专题数据，以及位置大数据，下面介绍这些数据的特征。

1. 遥感影像数据与专题数据

在城市规划研究初期，城市功能分区域的主要数据源多为城市土地利用规划图、土地利用现状图等纸质专题图。由于土地利用现状和规划图属于国家涉密数据，获取难度较大，并且矢量化方式费时费力、成本较高，因此限制了该方法的可用性[3]。之后，随着成像技术的飞速发展，影像数据逐渐被用于城市土地利用与功能区域识别的研究。由于工业用地和大范围居民用地在影像上所展现出相应的布局、形态特征及纹理特征与商业用地具有显著的差异，因此遥感影像多用于工业用地和居民用地的提取。然而，小范围的居民用地与商业用地类型多样，并且功能区域之间存在交互和融合现象，加之国内商住、职住混合应用普遍，导致该类用地单纯利用遥感影像难以准确识别。

2. 位置大数据

随着大数据时代的来临，数据来源和数据获取的手段变得更加丰富和多样，一些能体现位置感知的数据，如 GPS 轨迹、手机信令和话单、微博签到、POI 数据等已经成为研究城市功能区域划分新的数据来源。许多研究者利用数据挖掘技术建立城市不同功能用地与数据特征间的联系，形成有效的分析模型和建模方法来表达城市空间结构和功能区域划分。

（1）POI 数据

POI 是指地理空间上的一个实体，其在城市功能区域识别、地图导航、位置服务推荐、城市热点挖掘中发挥了重要作用。一些学者借助合适的工具，获取多个在线地图服务商提供的免费 POI 数据，并将数据按照分类标准进行重分类，通过空间信息和属性信息相结合的方法匹配不同来源的 POI[4]；然后利用电子地图的道路网数据及规划道路网数据将某一城市按照街区网格生成街区单元，作为城市功能区域识别的最小单元；最后，利用分类模型来识别城市功能区域。

尽管多源 POI 数据容易获取、使用方便，但其在功能区域识别中存在两个缺点：一是 POI 数据是一种静态数据，尽管它与功能区域的形成有一定关联，但并非决定因素，POI 数据并不能直接反映城市居民的出行特征和模式；二是从 POI 数据的类型来看，餐饮服务、购物服务和休闲娱乐类型下的 POI 在每一个地块的比例都远远超过其他类型下 POI 的比例，如果权重分配不当，会造成功能用地类型的划分错误。因此，许多研究者是将 POI 作为一种基础数据，通过融合其他类型的位置数据后共同识别城市功能区域的。

（2）出租车 GPS 轨迹数据

除了 POI 数据，一些研究者还加入人类移动模式来识别城市功能区域。一个区域的功能不仅与该区域中 POI 的类别分布相关，而且与访问该区域的居民的行为密切相关。人类流动模式可以从两个层面揭示区域的功能[5]：一是居民到达和离开某个区域的时间；二是居民从哪个区域出发又到达哪个区域。以商务住宅区为例，在工作日，居民往往是早上 7:00~8:00 离开住宅区，晚上 18:00~20:00 返回。但是在休息日，居民早上外出和晚上返回的时间都可能会推后。对于交通物流区而言，访问这个区域的居民主要来自商务住宅区或者其他功能区域。可见，人类移动模式中表示区域之间相互关系的潜在语义与区域的功能是紧密联系在一起的。

出租车 GPS 轨迹数据是一类常用的位置数据，将其与 POI 数据结合来共同识别城市功能区域是当前研究的主流方法。出租车 GPS 轨迹数据是一种动态的位置数据，能够有效地揭示城市居民的出行特征和模式。但是，乘坐出租车出行作为一种出行方式，其所反映的用户信息并不能涵盖全体出行用户，这也使得功能区域划分结果存在一定的片面性。如果能考虑融合居民出行的其他方式，如公共交通、个人电动车等；或者融合来自社交网络的 LBS 数据，如微博签到数据、微信朋友圈数据等，研究结果就会更加合理和有效。

（3）手机信令数据

除了使用 GPS 轨迹数据识别城市功能区域，手机信令数据也可以结合 POI 数据共同识别城市功能区域[6]。通常，手机信令数据由移动网络运营商的原始信令采集系统进行采集，之后通过全球移动通信系统（global system for mobile communications，GSM）的 2G 网络的 A 接口和 Abis 接口将原始数据导出[7]。原始数据一般为加密的代码，需通过专门的软件平台进行解码，解码完成后，就可以得到具有服务基站编号和位置（经纬度数据）、切换时间等信息的原始信令数据。

手机信令数据具有范围广、普及率高、动态性好的特点，可以为定量描述区域内人群流动轨迹提供可能。然而，这类数据采用基于基站小区的定位技术，通过位置区编号和基站小区编号表示位置。由于基站小区覆盖一定的空间范围，相对移动用户的真实位置，基站小区定位技术本身存在一定的偏差，市区偏差 50～300m，郊区偏差 100～2 000m。信令数据的位置偏差会造成功能区域的划分结果不够准确。

（4）签到数据

近年来，国内外的一些研究者开始使用来自社交网络的签到数据来识别城市功能区域。Foursquare 是一家基于 LBS 的手机服务网站，鼓励手机用户同他人分享自己当前所在地理位置等信息。用户可以通过自己的手机来"签到"（check-in）自己所在的位置，并通过 X、Meta 等社交网站把自己的位置发布出去，商家根据用户签到的次数，给予用户相应的折扣。新浪微博作为国内知名度较高、使用率较高的微博网站，也提供了 LBS 功能。新浪微博签到数据完整记录了用户的地理信息（经纬度坐标）、时间信息和文本信息等相关内容。

利用签到数据，研究者可以从时间、空间、活动 3 个方面分析城市活动空间的动态变化，分析签到规律和居民作息变化，进而完成城市功能区域的划分[8-9]。与不具备语义信息的出租车 GPS 轨迹数据和手机信令数据相比，签到数据本身包含所在位置的语义信息，在地图上划分好功能分区域后，可以辅助确定功能区域的类型。但是，签到数据的数据量又远远小于 GPS 轨迹数据和手机信令数据。另外，在一些特定功能区域，如工业区、行政区的签到数量远远小于休闲娱乐区、交通物流区或者科教区，造成某些功能区域无法准确识别。

除上述 4 种常用的数据来源外，公共交通卡数据、行人轨迹数据也会被用来识别城市功能区域，只是应用范围有限。

3.1.3　地图分割

地图分割是指按照一定规则将城市路网划分为若干个区域的方法。借助地图分割，可以满足后续诸如功能区域识别、出行密度统计、起讫点（origin-destination，OD）矩阵计算等研究和应用的需求。常用的地图分割方法可分为基于行政区域的划分、基于网格的划分、基于路网的划分、基于泰森多边形的划分及基于形态学图像处理的划分 5 种，前面 4 种的划分结果如图 3.1 所示。

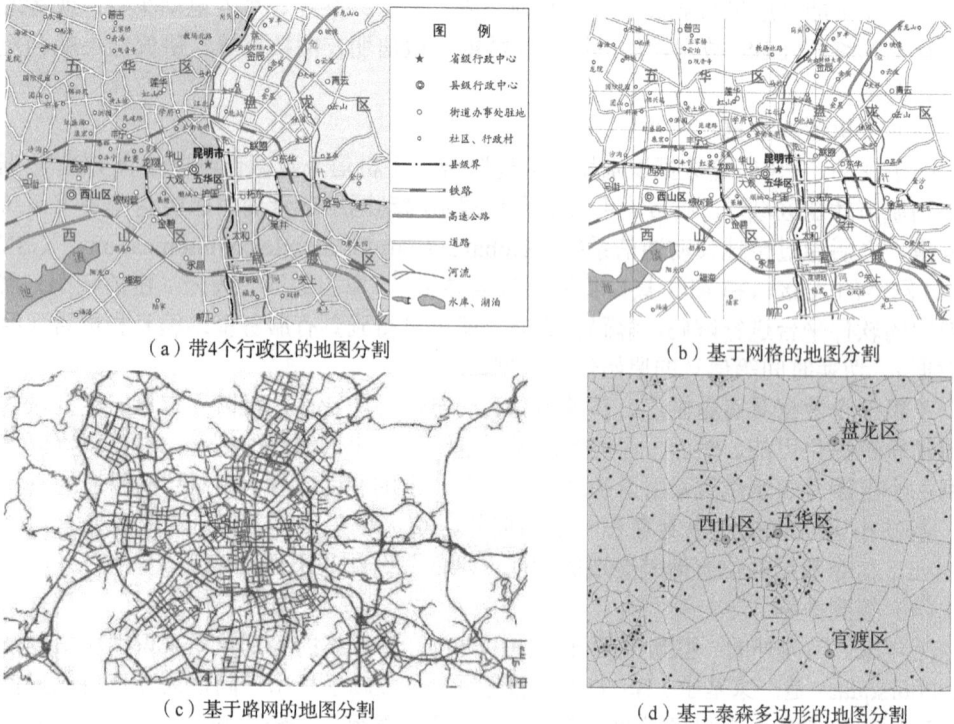

（a）带4个行政区的地图分割

（b）基于网格的地图分割

（c）基于路网的地图分割

（d）基于泰森多边形的地图分割

图 3.1　4 种常用的地图分割方法

1. 基于行政区域的划分

基于行政区域的划分是一种最简单的地图分割方法，只要按照国家制定的省、自治区、直辖市和特别行政区的行政区域图在地图上指定不同的颜色区分区域，就能完成地图分割，如图 3.1（a）所示。这种划分方法适用于专题地图的制作。

彩图 3.1

2. 基于网格的划分

基于网格的划分也是一种简单的地图分割方法，其操作方法是在指定的区域范围内，按照一定的经纬线来分割地图，形成若干个矩形区域，结果如图 3.1（b）所示。这种划分方法简单易行，尤其是在对网格建立索引后，能实现网格中的数据和事件的快速检索。

3. 基于路网的划分

城市中的道路网形成了对地理区域的天然分割，基于路网的地图分割技术往往更能反映城市规划的特性，很好地保留了地图语义[10]。这种方法的划分结果如图 3.1（c）所示。

4. 基于泰森多边形的划分

这种划分方法是先在地图上指定一些参考点（如手机基站的位置点），然后按照

Voronoi 多边形（又称泰森多边形）的方式划分区域，以便保留参考点的代表性位置语义[11]，如图 3.1（d）所示。

5. 基于形态学图像处理的划分

形态学分割是图像分割的一种常用方法，它通过提取图像的大小、形状和对比度等特征将图像分割为形状不一的区域[12]。借鉴这一思想，可以将路网作为分割特征来实现地图的划分。但是，在使用时，需要将矢量地图转换为栅格地图才能完成相应操作。

3.1.4　城市功能区域的识别方法

对城市功能区域进行识别的传统方法有专家评判法、调查统计或者遥感技术辅助识别，但是，这些方法普遍存在时效性差、数据获取和处理成本较高等问题[13]。随着大数据时代的来临，以及数据采集技术的不断完善，同时得益于社交网络的兴起，一些涉及城市规划、位置服务的数据大量涌现。在这一背景下，城市功能区域的识别技术也发生了变化，利用一种或者多种位置数据来分析城市功能区域成为目前研究的热点。目前，常用的识别方法可以分为以下 5 种。

1. 利用统计方法识别城市功能区域

城市功能区域的识别一直是城市地理学、城市规划学等领域的研究热点，相关研究者会采用一些传统的空间统计方法来完成识别工作。常用的空间统计方法包括空间自相关分析及核密度估计等。空间自相关理论用来衡量同一个变量在不同空间位置上的相关性。空间对象具有自相关性，空间位置越靠近，现象就越相似，其能很好地反映特定区域内地理要素的集聚与分散程度。核密度估计是一种用于估计概率密度函数的非参数方法，它采用平滑的峰值函数（"核"）来拟合观察到的数据点，从而对真实的概率分布曲线进行模拟。

林锦耀等[14]利用遗传算法自动划分主体功能区域，在划分过程中考虑区域的全局空间自相关特性，使同类功能区域在空间上呈集聚分布的格局，并以东莞市为例，验证了此方法的可行性，能简单、有效地进行主体功能区域划分。刘甜甜[15]利用贵阳市 POI 数据定量识别贵阳居民生活空间功能区域，直观反映贵阳市居民生活空间的形态特征；同时结合信令数据细分居民活动类型，采用核密度方法计算不同生活空间功能区域的活动频率，进一步识别贵阳市城市居民生活空间体系，从而更加全面地了解贵阳市居民生活空间及空间体系构架。

2. 利用聚类算法识别城市功能区域

聚类是数据挖掘中的一种常用功能。聚类分析以相似性为基础，属于同一个聚类簇中的元素比不在同一聚类簇中的元素之间具有更多的相似性。为了完成城市功能区域的识别，首先需要对城市地图进行分割，形成不同区域；其次在每个区域上利用多源数据提取分功能区域的数据特征，建立相似度矩阵或者函数，将其作为聚类算法运行的基础；最后根据聚类结果直接识别出不同的功能区域或者再配合分类算法完成识别任务。

Wang 等[16]结合新浪微博数据和 POI 数据对北京的土地利用类型进行判定，进而研究动态的城市土地利用模式，通过 k 均值聚类的方法将研究区域划分为 7 种功能类型，并通过微博文本的语义挖掘确定功能区域的具体类型。黄亮东[4]采用空间叠加分析技术获取每个地块单元内各类型 POI 的数量，并根据每种类型 POI 面积的大小赋予权重，最后将该地块内所有点的数量与其所对应的权重进行综合分析，从而确定每个地块的主导功能用地类型。刘旭东[17]以"滴滴出行"轨迹数据为基础，生成轨迹时间序列，并采用动态时间规整（dynamic time warping，DTW）算法生成时间序列的相似度矩阵；然后，使用聚类算法生成地块聚类的初步结果，并结合时间序列基线挑选出分类精度高的结果作为训练样本；最后，进行基于 DTW 的 k 近邻（k-nearest neighbor，KNN）分类算法，再次对城市功能区域进行分类和识别，在 POI 数据的辅助下，得到最终的成都市城市功能区域识别结果。

3. 利用主题模型识别城市功能区域

在自然语言处理、文本挖掘和生物信息学的研究中，常常会用到主题模型，这是一种非监督的机器学习技术，属于隐语义模型中的一种[18]。文档、主题和词是主题模型中的基本要素，主题模型认为：每一篇文档都包含多个主题，每一个主题都由多个词构成，文档和主题、主题和词之间存在一定的概率分布。潜在狄利克雷分配（latent Dirichlet allocation，LDA）是一种常用的主题模型，其所涉及的技术包括狄利克雷分布（Dirichlet distribution）和吉布斯采样（Gibbs sampling）等。

Yuan 等[12]将出租车 GPS 轨迹数据和 POI 数据等作为文档的词项（源数据），基于形态学图像的地图分割方法将北京市地图划分为若干区域，并基于 LDA 主题模型和狄利克雷多项式回归（Dirichlet multinomial regression，DMR）模型实现北京市城市功能区域的划分，获得了较好的功能区域划分效果和精确率。Gao 等[9]利用 POI 数据及基址服务中的签到数据对美国的十大热门城市进行功能区域划分，提出基于 POI 流行度及 POI 共现模式的 LDA 主题模型，实现了一种自下而上的城市功能区域识别方法，并对功能区域识别结果的鲁棒性做进一步的验证。Zhang 等[19]利用高分影像与 POI 数据，基于 LDA 主题模型和 SVM（support vector machine，支持向量机）算法实现城市功能区域的划分，并构建层次语义识别树。

4. 利用深度学习识别城市功能区域

近年来，深度学习获得爆炸性发展，该技术已经在图像领域和自然语言理解领域得到广泛的应用。2009 年，Hinton 和 Salakhutdinov[20]提出 Replicated Softmax 模型，将深度学习融入主题模型，这也成为主题模型研究中的一个热点。深度神经网络具有能够从底层到高层自主学习的特征，它利用这种特征能够很好地表达文档的隐含语义和上下文关系，实验证明，其在这方面比概率模型拥有更好的效果。

王胜利[5]提出一种将深度学习和概率主题模型结合的框架，先利用深度学习中的词嵌入算法得到移动模式的嵌入，然后将该模式嵌入低维的向量空间，以获得移动模式中的语义信息和上下文信息；之后利用概率主题模型融合基于 POI 频率密度的元数据，对区域进行主题建模和主题向量聚类，以出租车 GPS 数据和 POI 数据作为数据源，完成城市功能区域的划分。吴施瑶[21]利用深度学习和迁移学习技术，分别从遥感影像与用户到访数据提取图像深层特征和文本深层特征后进行特征融合，并构建了一个多模态融合分类器来识别城市功能区域，提高了识别准确率。利用深度学习来划分城市功能区域需要有足够丰富的数据量，但由于缺少大规模的遥感影像数据集，这种识别方法无法为深层网络提供足够的学习特征，因此会影响网络识别效果并削弱模型鲁棒性。此外，在对用户到访数据的处理中，只是简单统计了每个功能区域的到访量并将其作为数据特征使用，没有分析用户行为，因此忽略了用户行为与城市功能区域之间的联系。

5. 利用出行模式子图识别城市功能区域

图论作为离散数学的一个重要组成部分，广泛应用于实际生活、生产和科学研究中。交通中的许多问题可以用图论来解决，如路网规划、最短路径、物流选址与配送、交通网络的合理分布等[22]。不过，将图论应用于城市功能区域的识别是一个新的研究方向，相关研究才刚刚开始。

通常，城市居民的出行模式可以从 GPS 轨迹数据或者手机定位数据中获取，这些位置数据带有居民出行的经纬度坐标和时间戳，可以将其转换为某一时刻下的居民出行图结构；之后，采用图论中的相关理论完成功能区域的识别。Huang 等[23]根据出租车 GPS 数据提取了 6 个特征，分析了土地使用和功能区域问题。肖飞等[24]使用车辆轨迹及路网结构数据构造区域模式图结构，通过提出的区域模式图构建算法将城市的不同地理区域连接起来；之后，通过提出的功能区域发现算法实现了城市功能区域的发现。

在上述 5 种识别方法中，前面 4 种方法的应用较为普遍，取得了许多研究成果。但采用图论，尤其是采用图嵌入的方法来识别城市功能区域则鲜有成果。

3.2 问 题 描 述

为了更好地描述城市功能区域识别问题，本书给出基于图论的功能区域识别所用的概念和模型[25]。

定义 3.1：城市功能区域（urban functional region，UFR）。UFR 是指与居民的工作、学习和生活息息相关，具有较为明显城市功能属性，并且有一定覆盖范围的地理区域，如购物中心、历史景点、医院、交通枢纽等。本书将 UFR 建模为 UFR = CR($r_1 \cup r_2 \cup \cdots \cup r_n$)，其中，$r_i$（$i=1, 2, \cdots, n$）表示由地图分割后形成的区域，CR($\cdot$)表示对地图分割后的区域执行聚类挖掘后的结果。

定义 3.2：城市功能区域的语义（semantics of functional region，SFR）。SFR 代表功能区域的语义标注。功能区域的语义标注可以建模为 $SFR_i = $ Annotation(CR($\cdot$))，其中，Annotation ($\cdot$)表示对功能区域进行语义识别的过程。

定义 3.3：居民出行（residents travel，RT）。RT 是指城市居民为了某一目的，采用某种出行方式（出租车、公交、地铁）而产生的一段行程。RT 可以用一个四元组表示，即 RT =（RTO.reg, RTO.time, RTD.reg, RTD.time），相关变量分别表示出行的起点区域、出行的起点时间、出行的到达区域和出行的到达时间。

定义 3.4：居民出行模式图（graph of residents travel patterns，GRTP）。GRTP 是刻画居民出行的动态行为或者规律的一种有向图模型，t_i 时刻居民出行模式图模型定义为

$$\begin{cases} \text{GRTP}_{ti} = \left(V_{ti}, E_{ti}\right) \mid i = (1,2,\cdots,24) \\ V_{ti} = \left\{ r \mid r \in \text{RT}_{ti} \right\} \\ E_{ti} = \left\{ \left\langle \text{RT}_{ti}O.\text{reg}, \text{RT}_{ti}D.\text{reg}, w_{ti} \right\rangle \right\} \end{cases} \tag{3.1}$$

其中，图节点集合 V_{ti} 为 t_i 时刻居民出行涉及的区域集合；有向边集合 E_{ti} 为 t_i 时刻居民出行产生的区域有序对；边权重 w_{ti} 为该区域有向对出现的次数。下面给出居民出行模式图的示例，如图 3.2 所示。

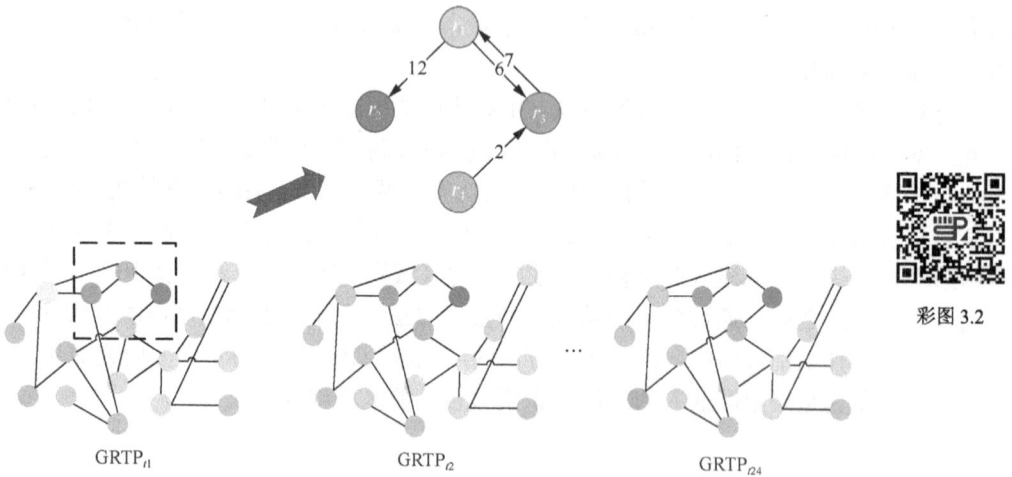

图 3.2　各时刻下居民出行模式图

按照上述定义可产生 24 个时刻的居民出行模式图，虚线标识区域含义如下：t_1 时刻从 r_1 区域到达 r_2、r_3 区域的出行模式数量分别为 12 次和 6 次，同时有 7 次从 r_3 区域到达 r_1 区域的出行记录，没有出行显示在该时刻到达 r_4 区域。对 24 个时刻的居民出行模式图进行合并，得到总的居民出行模式图，定义如下：

$$\begin{cases} \text{GRTP} = (V, E) \\ V = \left\{ r \mid r \in \left\{ V_{t1} \bigcup V_{t2} \bigcup \cdots \bigcup V_{t24} \right\} \right\} \\ E = \left\{ \left\langle \text{RTO.reg}, \text{RTD.reg}, w \right\rangle \right\} \end{cases} \tag{3.2}$$

每个时刻下产生的居民移动模式数量记为 SRT_{ti}，边权重 w 更新如下：

$$w = \sum_{i=1}^{24} \frac{w_{ti} \times \text{SRT}_{ti}}{\sum \text{SRT}_{ti}} \tag{3.3}$$

假设某城市的地图经过地图分割后形成 R 个区域，即居民出行模式图有 R 个顶点，居民在这些区域出行产生的有序对形成了 E 条边，那么在识别城市功能区域时会面临如

下问题。

问题 3.1：给定时间周期（m 天）内，存在 $24 \times m$ 个 GRTP，每一个 GRTP 都包含<R, E>个信息，这使居民出行模式图呈现出高维且复杂的结构，不利于后续分析。

通常，我们会采用邻接矩阵来描述出行图中节点之间的连接，此时连接矩阵的维度是 $|R| \times |R|$。矩阵中的每一列和每一行都代表一个区域。矩阵中的非零值表示两个区域之间存在的出行次数。如果图的节点数量和边数量逐渐增多，那么邻接矩阵将会变得非常庞大和高维，该如何有效地表示和计算呢？

问题 3.2：在划分好的 R 个区域中，存在不同程度的位置数据缺失，影响后续功能区域识别的效果。

在现有的研究中，部分位置数据（如手机定位数据）的开放程度不高，因此，被用于构建居民出行模式最有效的数据源是 GPS 轨迹数据和签到数据。但是，直接采用 GPS 轨迹数据作为数据来源构造邻接矩阵会存在 10%～20% 的缺失率，而采用签到数据作为数据来源构造邻接矩阵会存在 50%～60% 的缺失率。不同程度的缺失率将会影响后续功能区域识别的效果。

问题 3.3：采用某一功能区域识别方法后，获得了功能相似的一系列 CR(·)，如何确定它们的语义，即功能区域的类型，是一项极具挑战性的工作。

划分好的区域需要语义标识以确定其最终的城市功能，不过，这也成为整个研究中最为困难的一项任务。由于缺乏具体的标准，目前还没有直接输出区域真实语义的方法[12]。大家比较认可的方法是采取人工标注的方式并结合不同类别的 POI 的频率密度来标识区域功能[26]。

综上所述，对现有城市功能区域识别的研究面临如下 3 个挑战：①如何解决居民出行模式图中存在的数据缺失问题，避免因为缺失率的存在而影响城市功能区域识别的准确性；②图是由节点和边构成的，这一向量关系一般只能使用数学、统计或者特定的子集表示，并且随着图节点和边数量的增加，其邻接矩阵会变得非常庞大和高维，不利于后续的表示和计算，这也使得在图上直接进行机器学习有一定的难度；③目前，相关研究很难自动标识功能区域的真实语义，划分结果的正确性无法直接量化，需要根据人为经验进行判断。为了应对这些挑战，本书给出了相应的解决方案。

3.3　图嵌入模型

近年来，图嵌入（graph embedding）模型在交通网络、社交网络和基因网络的分析中发挥出极大的作用，因为许多重要的数据都是以复杂网络或图的形式存在的。如果将居民出行的区域作为节点，居民出行的有效轨迹作为边，并将这些节点连接起来，那么就能形成居民出行的模式图[27]。从而可以将原先常用的主题模型转换为图模型，更直观地表征居民出行的规律，更好地发现城市功能区域。

3.3.1　图嵌入概述

传统的图布局方法大多是基于节点-链接形式构建的，如使用力导向模型和应力模型等，它们将图看成一个力系统或能量系统，通过优化算法使系统中的合力最小或能量最低，以达到图布局的目的。但是，当节点之间具有大量的链接时，图的布局就会十分混乱。为了解决这一问题，研究者采用基于邻接矩阵的图可视化方法，它以方阵的形式存储节点之间的链接关系，解决了图型布局混乱和边交叉的问题[28]。然而，不论是使用节点-链接图还是邻接矩阵，它们在存储图数据时都需要保留节点之间的链接信息，如果图中节点较多或者链接关系复杂，那么会使计算的复杂性大幅增加，计算效率降低。因此，将图中节点以向量形式表达的方法，即图嵌入方法，应运而生。

2013 年，Google 提出了 word2vec 模型[29]，该模型是从大量文本语料中以无监督的方式学习语义知识的一种模型。word2vec 模型其实就是通过学习文本并用词向量的方式表征词的语义信息的，即通过一个嵌入空间使语义上相似的单词在该空间内距离很近。该模型采用的 embedding 技术实现的是一种映射，将单词从原先所属的空间映射嵌入新的多维空间中。

受 word2vec 的启发，Perozzi 等[30]于 2014 年提出了一种新颖的图嵌入算法 DeepWalk，这是一种将随机游走（random walk）和 word2vec 两种算法相结合的图结构数据挖掘算法。该算法先在图中随机选择起始点，采用随机游走的方式生成随机序列并作为训练样本，然后将随机序列输入 SkipGram 模型中进行训练，最终输出向量形式的节点表示。SkipGram 模型是具有一个隐藏层的神经网络，该模型可以根据给定的某一词语来预测上下文相邻的单词。在图 3.3 中，SkipGram 模型的网络输入为 one-hot 编码（独热编码），长度与单词字典的长度相同，只有一个位置为 1，输出为单词的嵌入表示[31]。

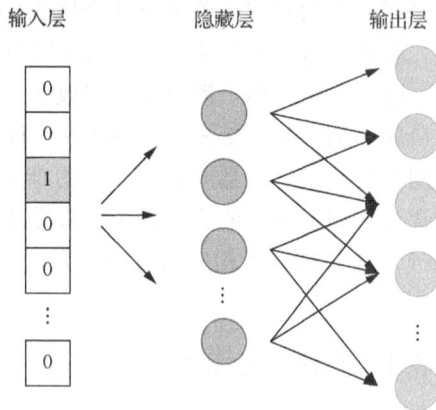

图 3.3　SkipGram 模型

彩图 3.3

图 3.4（a）表示将一个图作为输入，图 3.4（b）显示了输入的图产生的一个潜在表示（将图中的每个节点表示为一个向量）[30]。DeepWalk 算法包括随机游走和生成表示向量两个阶段：首先，利用随机游走算法从图中提取一些顶点序列；接着，根据自然语言

处理的思路，即将生成的顶点序列看作由单词组成的句子，将所有的序列都可以看作一个大的语料库（corpus），利用 word2vec 算法将每一个顶点表示为一个维度为 d 的向量。

彩图 3.4

（a）输入：Karate Graph

（b）输出：Representation

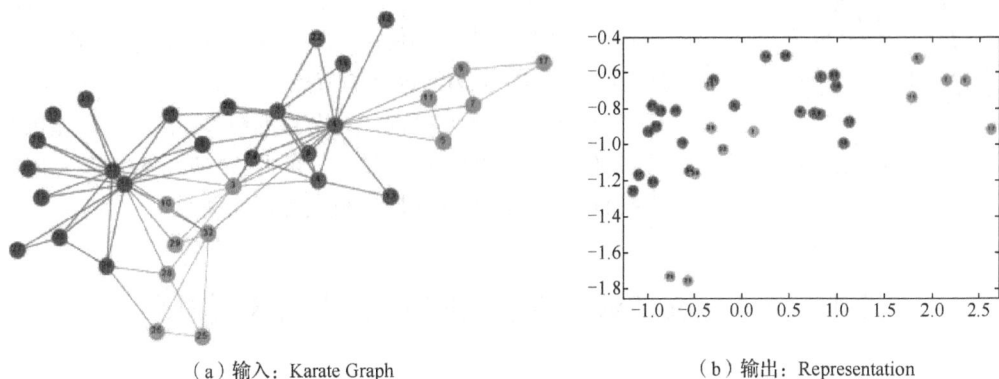

图 3.4　DeepWalk 示例

3.3.2　图嵌入方法 node2vec

DeepWalk 提出后受到了广泛关注，在许多领域都取得了很好的效果，但其也存在一定不足：①DeepWalk 只适用于无权边的图，不能处理边带权重的图，然而权重信息在网络中非常重要；②DeepWalk 认为只有相近的节点才比较相似，忽略了节点之间的空间结构相似性。

随后，有大量文献对 DeepWalk 的不足提出了改进算法，并取得了很好的效果，其中，node2vec[32] 通过调整随机游走权重的方法使图嵌入的结果在网络的同质性（homophily）和结构等价性（structural equivalence）中进行权衡。同质性是指在图中距离相近的节点，其 embedding 的距离也应该尽量接近；结构等价性则表示结构上相似节点的 embedding 的距离也要尽量接近。node2vec 通过选择深度优先搜索（depth first search，DFS）或广度优先搜索（breadth first search，BFS）随机游走的方式进行图训练样本采样，实现了在高维空间中保持图的同质性和结构等价性。在图 3.5 中，同质性体现在节点 M 与其邻接节点 a_1、a_2、a_3、a_4 的 embedding 表达应该是接近的，而结构等价性则体现在节点 M 和节点 N 都是各自局域网络的中心节点，结构上相似，其 embedding 的表达也应该近似。

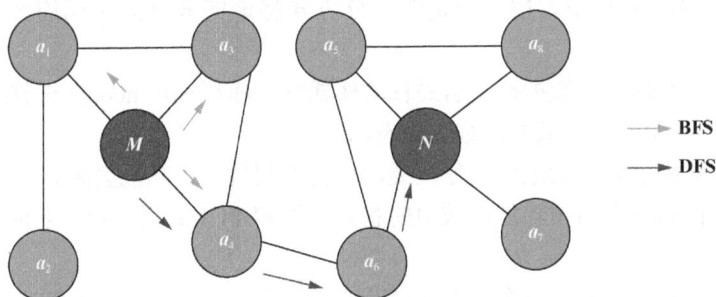

彩图 3.5

图 3.5　node2vec 中的 BFS 和 DFS 游走过程

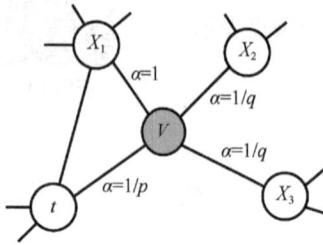

图 3.6　node2vec 中的参数

node2vec 定义了一个有偏移的随机游走生成序列，仍然用 SkipGram 模型完成训练，不过在随机游走时引入了参数 p 和 q，如图 3.6 所示。参数 q 称为进出参数，关注随机游走中未发现部分的可能性，即控制游走向外或向内：若 $q>1$，随机游走偏向使用 BFS 访问邻近的节点；若 $q<1$，则偏向采用 DFS 访问远离的节点。参数 p 称为返回参数，它控制随机游走返回到前一个节点的概率，p 越小，随机游走回前一个节点的可能性越大。可见，参数 p 控制节点局部关系的表示，而参数 q 控制较大邻域的关系。

3.4　基于 node2vec 图嵌入的城市功能区域发现

本节提出的基于图嵌入的城市功能区域发现方法如图 3.7 所示。其基本功能模块如下。

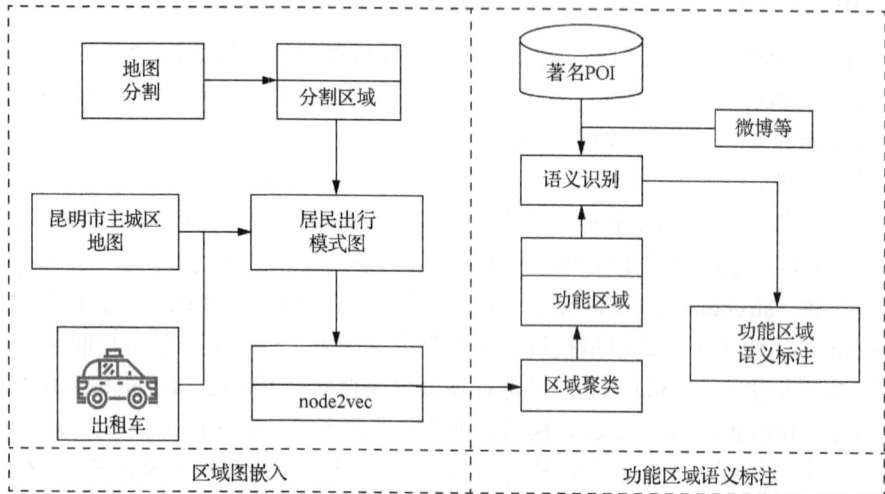

图 3.7　基于图嵌入的城市功能区域发现方法

1）地图分割。地图分割是指按照一定的划分方式将地图分割为不同的区域进行研究。

2）区域图嵌入。利用位置数据构建居民移动模式图，随后利用 node2vec 图嵌入模型进行功能区域学习，得到各区域的低维矢量表示。

3）区域聚类。对图嵌入后的区域进行聚类，获得不同的城市功能区域。

4）语义识别。根据每个城市功能区域中的签到数据和 POI 数据来获取对应的功能区域语义。

5）功能区域语义标注。利用每个功能区域获取的语义来确认其对应的城市功能。

下面介绍基于 node2vec 图嵌入的城市功能区域发现方法中的一些关键技术，如地图分割、居民出行模式图模型构建、node2vec 图嵌入模型和城市功能区域语义识别。

3.4.1　基于形态学图像的地图分割

在时空数据分析和挖掘的过程中，研究人员经常需要将地图划分为不同的区域进行分析。通常，地图有两种存储形式：矢量地图和栅格地图。矢量地图是一种影像图，它使用矢量数据（如点、线、多边形等）来描述地理要素的数据模型或数据结构[33]。每一个地理要素可以用若干个 X 和 Y 坐标描述，这些要素还具有一定的属性。矢量地图的显示质量好，在缩小和放大时不会引起图像的失真，而且占用空间小。栅格地图中采用一系列行和列组成的方格来表示现实世界中的地理要素[34]。栅格地图的数据结构简单，便于空间分析和地表模拟，但是数据量大，占用空间大。图 3.8（a）和（b）所示分别为昆明市的矢量地图和栅格地图。

（a）矢量地图　　　　　　　　　　　（b）栅格地图

图 3.8　昆明市的矢量地图和栅格地图

本书借鉴形态学图像的分割思想对城市地图进行划分，其基本流程如图 3.9 所示。在图 3.9 中，先在矢量地图中提取高等级道路，如图 3.8（a）所示，这些道路可以将地图划分为不同形状的区域。接着，将其转换为栅格地图，如图 3.8（b）所示。栅格地图是由 0（代表地图背景）和 1（代表道路）形成的二值图像，每格代表一个像素。

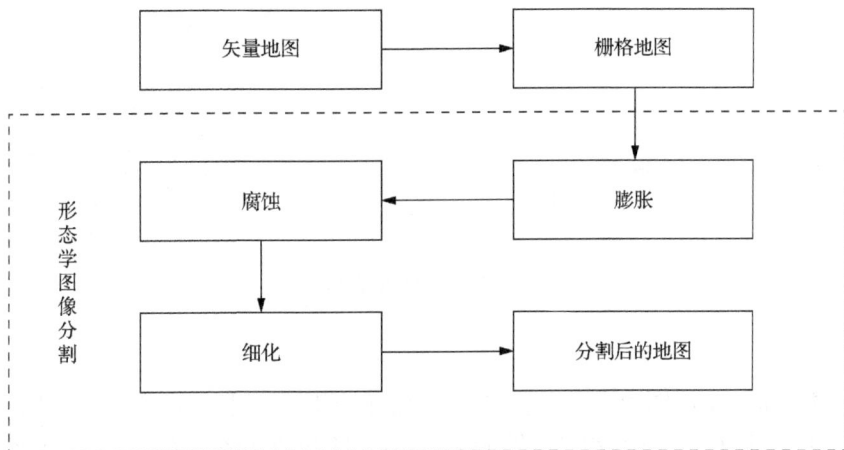

图 3.9　基于形态学图像的地图分割流程

在形态学图像分割算法中，可以利用形态学算子来处理二值图像，其含义是对输入图像进行膨胀（dilation）、腐蚀（erosion）或者细化（thinning）等形态学操作后获得一个新的图像[35]。对栅格地图进行膨胀的目的在于将一些高架桥或者交叉口的信息去除，以凸显栅格地图中道路网络的"骨架"形态，忽略一些不必要的路网数据。执行膨胀操作后运行腐蚀操作会使路网的道路宽度被过分放大，引起地图在形态上的失真，因此，需要执行细化操作来删除一些前景像素点，勾勒出原本道路网络的拓扑结构。腐蚀、膨胀和细化操作的基本原理如下[35]。

1. 腐蚀

图 3.10 所示为腐蚀操作的基本原理，即有一个结构元素 A 在一个待处理对象 P 中平移 x，得到结果 Ax 点，而且 $Ax \in P$。所有满足上述条件的 Ax 点组成的集合称为 P 被 A 腐蚀的结果，即图中的阴影部分，而且阴影部分在 P 的范围内，又比 P 小。可以用公式 $E(P)=\{x|Ax \in P\}=P-A$ 来表示腐蚀的结果。

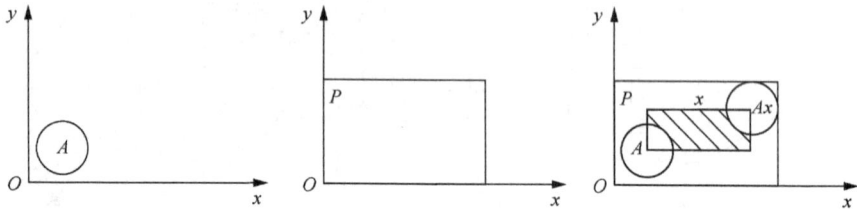

图 3.10 腐蚀操作的基本原理

2. 膨胀

膨胀操作是腐蚀操作的对偶运算，如图 3.11 所示。其基本原理如下：把结构元素 A 平移 x 后得到 Ax，假如 Ax 击中 P，则保留这个点，所有满足这一条件的点构成的集合即为 P 被 A 膨胀的结果[36]，对应的公式为 $D(P)=\{x|Ax \uparrow P\}=P \uparrow A$。可以看出，$P$ 被 A 膨胀的结果就是图 3.11 中的阴影部分，而且包含 P 的所有范围。

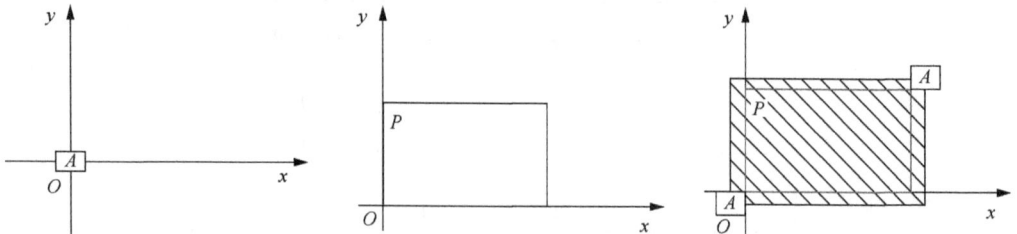

图 3.11 膨胀操作的基本原理

3. 细化

细化操作是指从原图中去掉一些点，但仍然保持原图的骨架。骨架可以理解为图像的中轴。例如，圆形的骨架就是它的圆心，长方形的骨架是较长方向上的中轴线，而正方形的骨架则表示它的中心点。那么，如何判断哪些点可以删除，哪些点不能删除呢？简单来说，内部点、孤立点和直线端点不能删除。假设 P 为边界点，如果删除 P 点后不会造成连通分量增加，则 P 点可以删除。

在对栅格地图执行一系列的形态学操作（膨胀→腐蚀→细化）后，可以得到一个二值图像的路网地图，这时需要执行连通分量标注。执行这一操作的目的在于找到图像中连通的背景区域，本书采用 two-pass 算法[34]实现相关计算。最终得到基于形态学图像的地图分割结果，如图 3.12 所示。

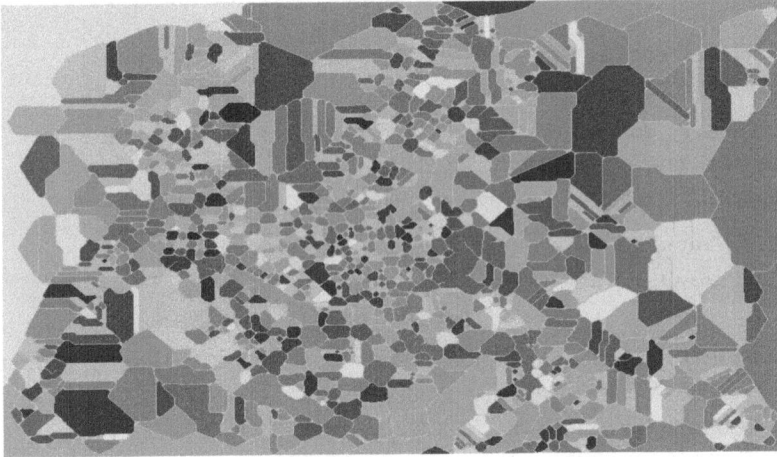

彩图 3.12

图 3.12　基于形态学图像的地图分割结果（昆明市）

3.4.2　城市功能区域图嵌入表示

本书基于 GPS 轨迹数据和签到数据共同构建居民出行模式图 GRTP，假设 $f(v)$ 是将区域节点 v 映射为 embedding 向量的映射函数，对于图中的每个区域节点，定义 $N_S(v)$ 为通过采样策略 S 采样出的区域节点 v 的近邻节点集合，则 node2vec 优化函数计算公式为

$$\max_f \sum \log \mathrm{Pr}\big(N_S(v)\,|\,f(v)\big) \tag{3.4}$$

当给定当前区域节点 v 时，访问下一个区域节点 z 的概率计算公式为

$$P\big(c_i = z \,|\, c_{i-1} = v\big) = \begin{cases} \dfrac{\pi_{vz}}{Z}, & \langle v, z \rangle \in E \\ 0, & \text{其他} \end{cases} \tag{3.5}$$

其中，Z 为归一化常数；π_{vz} 为节点 v 和节点 z 之间的未归一化转移概率，假设当前随机游走经过边 (e,v) 到达区域节点 v，$\pi_{vz} = \alpha_{pq}(e,x) \cdot w_{vz}$，其中，$w_{vz}$ 为 vz 边权重。α_{pq} 定义为

$$\alpha_{pq}(e,x) = \begin{cases} \dfrac{1}{p}, & d_{ex} = 0 \\ 1, & d_{ex} = 1 \\ \dfrac{1}{q}, & d_{ex} = 2 \end{cases} \tag{3.6}$$

其中，参数 p 控制返回刚刚访问过的顶点的概率。$d_{ex}=0$ 表示节点 z 就是访问当前节点 v 之前刚刚访问过的顶点，若 p 较大，则返回刚刚访问过的顶点的概率会变低，反之变高。参数 q 控制游走是向外还是向内，若 $q>1$，则随机游走倾向于访问和边 e 接近的顶点（偏向 BFS）；若 $q<1$，则随机游走倾向于访问远离边 e 的顶点（偏向 DFS）。采样完成区域节点序列后，使用 word2vec 学习区域节点的 embedding 向量。使用 node2vec 学习城市区域嵌入表示的伪代码描述如算法 3.1 所示。

算法 3.1：　node2vec

输入：位置数据 RT_{ti}

输出：城市区域 Graph embedding 值

1. **Initialize** Graph $\mathrm{GRTP}_{ti}=(V_{ti},E_{ti})$

2. **for** each rt in RT_{ti} **do**　　　　　　　　　//轨迹数据中的每一条记录

3. 　 **if** $rt_{ti}O.\mathrm{reg}$ or $rt_{ti}D.\mathrm{reg}$ not in V_{ti}

4. 　　　$V_{ti}.\mathrm{addNode}()$, $E_{ti}.\mathrm{addEdge}(rt_{ti}O.\mathrm{reg},rt_{ti}D.\mathrm{reg},1)$; //添加节点和边

5. 　 **else** $E_{ti}.w_{ti} = E_{ti}.w_{ti}+1$;

6. $V=\{r|r\in\{V_{t1}\cup V_{t2}\cup\cdots\cup V_{t24}\}\}, E=\{\langle\mathrm{RTO.reg,RTD.reg},w\rangle\}$;

7. $\mathrm{GRTP} = (V,E)$;　　　　　　　　　　　　　 //居民出行模式图

8. **LearnFeatures**(GRTP,Dimensions d,Walks per node r,Walk length l,Contex size k,p,q,); //图嵌入学习

9. 　　π = PreprocessModifiedWeights(GRTP,p,q);

10. 　　$\mathrm{GRTP}'=(V,E,\pi)$;

11. 　　**Initialize** walks to Empty;

12. 　　**for** i =1 **to** r **do**

13. 　　　　walk = node2vecWalk(GRTP$'$,v,l);

14. 　　　　Append walk to walks;

15. 　　f =StochasticGradientDescent(k,d,walks);

16. 　　**return** f;

3.4.3　城市功能区域语义识别

划分好功能区域后，需要提取它们的语义信息，这也是城市规划和文档处理中具有挑战性的任务之一。为此，本书提出一种 Check-in 语义+著名 POI 的功能区域语义识别方法（semantic information of Check-in data + Well-known POI，SICWK）。SICWK 方法是一种综合性标识方法，它在提取一个功能区域的语义时主要考虑两个因素：Check-in 数据中的语义信息和功能区域内著名 POI 的类别分布。举例来说，某个功能区域内大部分的签到地点和 POI 类别均为高校，同时，一些已知高校的 POI 也出现于此，据此可推断该区域的功能属性为科教区。尽管这里的餐饮店、酒店和小区的数量会超过学校数量，但科研教育仍然是该区域的核心功能，仍将其视为科教区。SICWK 方法与现有依靠人工（当地人）提取区域语义的方法相符。SICWK 方法的基本思想如下。

1）根据 Check-in 数据和 Well-known POI 数据获取该区域下 POI 类别数量分布，分别得到 Check-in POI 类别向量和 Well-known POI 类别向量。

2）对 Well-known POI 类别向量进行判断，若该区域的 Well-known POI 数量低于阈值，则使用 Check-in 数据进行权重计算，得到类别分数；反之，若该区域的 Well-known POI 数量高于阈值，则根据 Well-known POI 和 Check-in 数据分别进行类别权重计算，得到各自的类别权重向量。

3）确定 Check-in/Well-known 的最佳权重比，分别将 Check-in 的 POI 类别权重向量及 Well-known 类别权重向量按各自占比相乘，最后累加，得到最后的类别分数。

4）将得分最高的类别标注为区域的功能区域类别。

下面介绍 SICWK 方法的实现过程，其所涉及的变量如表 3.1 所示，伪代码描述如算法 3.2 所示。

表 3.1 SICWK 方法中使用的变量

符号	含义
UFR_i	第 i 个功能区域
r_{ij}	第 i 功能区域下的第 j 个子区域
$chkP_{ri}$	区域 r_i 下的 Check-in 数据
$wellP_{ri}$	区域 r_i 下的 Well-known 数据
$UFR_i vec$	UFR_i 功能区域的 POI 类别向量
chkPoi_vec	Check-in 数据的 POI 类别分布权重向量
wellPoi_vec	Well-known 数据的 POI 类别分布权重向量
θ	Well-known POI 数量阈值

算法 3.2：SICWK 方法

输入：POI 数据集 $chkP$, Well-known 数据集 $wellP$

输出：城市功能区域的标注集合 Type

```
1. for each UFRᵢ in UFR do
2.  initial UFRᵢ.vec;
3.   for each rᵢⱼ in UFRᵢ do
4.    chkPoi_vec = Cal_Type_Vec(chkPᵣᵢⱼ);          //获取各 POI 类别分布权重向量
5.    wellPoi_vec = Cal_Type_Vec(wellPᵣᵢⱼ);
6.    if Get_WkPOI_Num(wellPoi_vec) >= θ
7.      scoreVec = GetScoreByWeight(chkPoi_vec);  //其各类别得分
8.    else
9.      scoreVec = GetScoreByWeight(chkPoi_vec, wellPoi_vec);
10.    rᵢⱼ.type = GetMaxScoreType(scoreVec);       //得到 rᵢⱼ 得分最高类别
11.    add rᵢⱼ.type in UFRᵢ.vec;                   //将该子区域类别加入 UFRᵢ.vec
12.   UFRᵢ.type = GetMaxScoreType(UFRᵢ.vec);       //标注该功能区域得分最高类别
13.   add UFRᵢ.type in Type;
14. Return Type;
```

3.5 实验和结果分析

本节通过实验验证了所提方法在城市功能区域划分的效果,并分析了实验结果。

3.5.1 数据集及评估方法

1. 数据集

划分城市功能区域的实验数据集合包括融合后的 POI 数据集、出租车 GPS 数据集、签到数据集和城市路网数据,相关数据集如表 3.2 所示。本节采用基于形态学图像的地图分割方法划分昆明市的地图,获得了 1 008 个区域。接着,根据出租车数据集和签到数据集构建居民出行模式图,随后使用 node2vec 模型得到各区域图嵌入矢量表示,最终将其输入 k-means 聚类算法中,获得了 9 个区域聚类结果。相关运算在一台计算机上完成,各操作步骤的执行时间如表 3.3 所示。

表 3.2 划分城市功能区域所用数据集

ID	数据集名称	时间	数据量
1	城市路网数据	2015 年	路段数: 85 229
			划分后的区域数: 1 008
2	POIs (Well-known POI)	2015 年	19 510 (2 158)
3	出租车 GPS 数据集	2015 年 9 月 7 日至 2015 年 9 月 13 日	1 236 839
4	签到数据集	2015 年 7 月 1 日至 2015 年 11 月 26 日	402 515

表 3.3 划分城市功能区域操作步骤的执行时间

ID	相关操作	执行时间/min
1	地图分割	13
2	构建居民出行模式图结构	90
3	区域图嵌入	15
4	区域聚类	2

2. 评估方法

由于缺乏划分区域的真实功能标注,直接使用定量评估方法来测度划分结果比较困难,一般采取人工标注方式对比不同方法的划分结果[5]。这里采用人工评价方法是指邀请一些常年居住在该区域的当地人对分割后的区域进行标注,之后对比标注结果与算法结果。本书随机地从 1 008 个区域中选择 200 个人工标注好的区域作为测试集。同时,将 node2vec 算法与其他使用主题模型的城市功能区发现算法,如 TF-IDF、LDA、狄利克雷多项式模型(Dirichlet multinomial model,DMM)[29]和 DMR 算法进行对比实验,其中,TF-IDF 和 LDA 算法使用 POI 数据的二级类别作为划分主题的依据,而其他算法则使用居民出行模式数据（以 mobility 标示）。

下面比较各算法的时间复杂度。TF-IDF 的时间复杂度为 $O(N)$，LDA、DMM 和 DMR 主题模型的时间复杂度为 $O(K×N)$，其中，N 表示区域文档数量中的字数，K 表示主题数。当数据集仅为 POI 数据时，N 的规模较小；当数据集为位置数据时，N 的规模将急剧增加，导致收敛缓慢。

功能区域划分的评估指标为准确率，其计算公式为

$$UFR_{acc} = \frac{UN_{acc}}{UN} × 100\%$$ （3.7）

其中，UN_{acc} 表示区域功能标识正确的区域数量；UN 表示全部区域的数量。

3.5.2 实验结果分析

6 种不同算法的实验结果如图 3.13（a）～（f）所示，相同的聚类簇意味着同一种城市功能区域，并用同一种颜色表示。在不同的图形中，相同的颜色可能代表不同的功能。

彩图 3.13

（a）TF-IDF_poi算法结果　　　　（b）LDA_poi算法结果

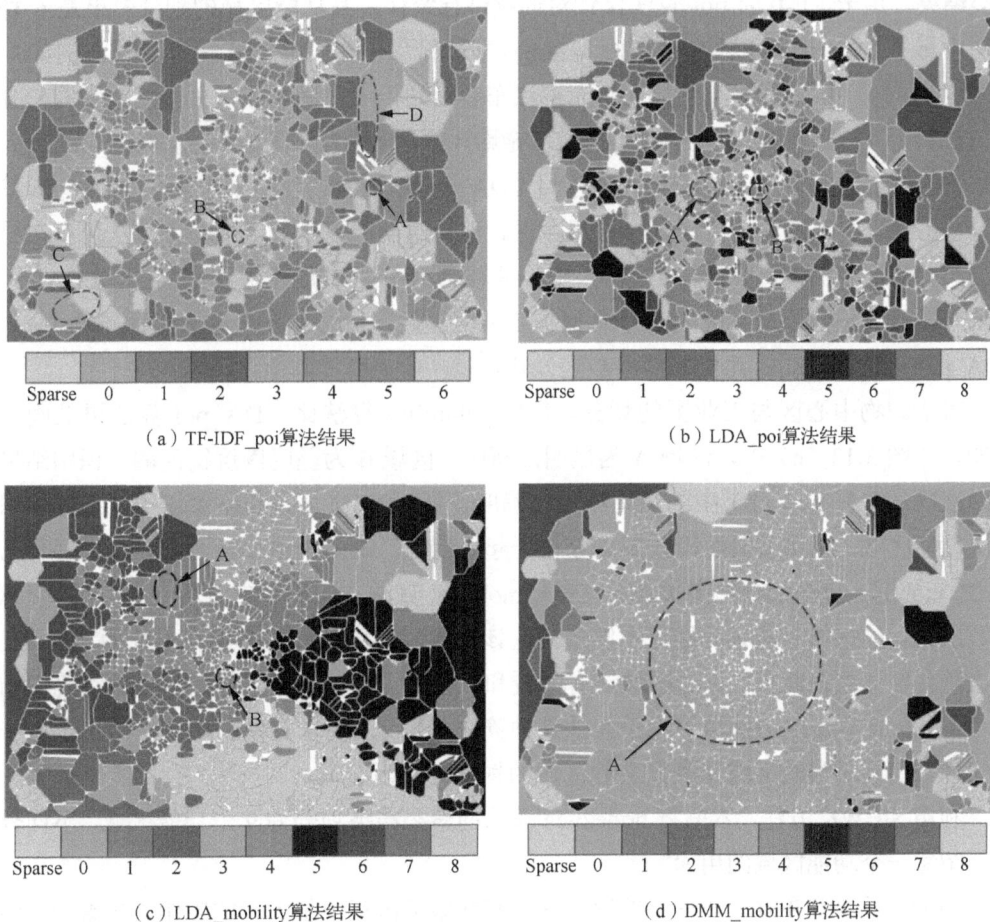

（c）LDA_mobility算法结果　　　　（d）DMM_mobility算法结果

图 3.13　不同功能区域发现算法的对比结果

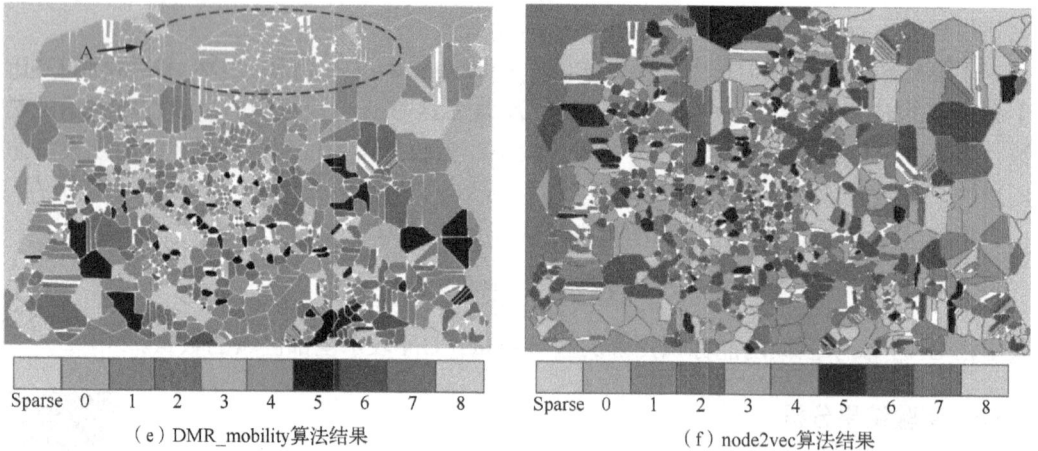

（e）DMR_mobility算法结果　　　　　　（f）node2vec算法结果

图 3.13（续）

在图 3.13 中，TF-IDF_poi 算法发现了 7 个聚类结果，其余 5 种算法则发现了 9 个聚类结果。由于 TF-IDF_poi 算法仅针对词频进行统计，其功能区域的划分效果是 6 种算法中最差的，一些区域未被清晰地区别，同时，还存在划分错误的区域。例如，在图 3.13（a）中，区域 A 为昆明市东部汽车客运站，应与区域 B（火车站）为同一分类。此外，区域 C（滇池风景区）和区域 D（金殿风景区）均为风景名胜区，但 TF-IDF_poi 算法将区域 C 与区域 D 分割为多个类别。LDA_poi 算法的划分结果优于 TF-IDF_poi 算法，它正确识别了滇池风景区和金殿风景区，但针对功能复杂的区域，该算法仍存在错误分类的情况。例如，在图 3.13（b）中，区域 A 所在区域涵盖医院和社区，LDA_poi 算法未能将其正确分类；区域 B 所在区域主要为医院，周边存在一些大型的购物中心，LDA_poi 算法也未能将其与购物中心区分开。

对于购物中心区与工业区的划分，LDA_mobility 算法比 LDA_poi 算法更准确。例如，在图 3.13（c）中，区域 A 为昆明高新区，区域 B 为昆明南屏街商圈，识别结果较为准确，而图 3.13（b）中的识别结果准确度较低。DMM_mobility 算法未能很好地识别出功能区域，出现了大面积区域划分在一起的情况，如图 3.13（d）中的 A 区域所示。DMR_mobility 算法划分结果类似于 LDA_mobility 算法，但是，它对图 3.13（e）中 A 区域所包含的区域功能划分结果不够理想。该区域位于昆明市的北部，也称为北市区，除大量住宅汇聚在此外，这一区域还有学校和旅游景点，可这些功能区都未被正确识别出。node2vec 算法的识别结果优于其他 5 种算法，不仅避免了其他 5 种算法中出现的一些问题，而且对科教区域和风景名胜区域的划分也更为准确。

利用 SICWK 方法，本书将 node2vec 算法的聚类结果划分为 9 个功能区域，下面分别介绍每一个功能区域的用途。

功能区域 0（UFR0）——餐饮服务区。餐饮服务区集中了大量的餐馆、快餐店、酒吧、茶馆等，主要满足居民的用餐需求。

功能区域 1（UFR1）——行政区。行政区是城市中政府部门集中办公的区域。

功能区域 2（UFR2）——交通物流区。交通物流区主要向城市居民提供各种交通服务，以满足居民的出行需求，飞机场、火车站、地铁站、客运站等都集中于此。

功能区域 3（UFR3）——商务住宅区。商务住宅区是指相对封闭或者独立的住宅群体或住宅区域，可以分为民用和商用。这一区域的基础设施配套较为齐全，能满足日常办公或者居住的用途。

功能区域 4（UFR4）——购物服务区。购物服务区一般位于城市中心或者交通枢纽，该区域遍布大型的商场、超市、写字楼、购物中心或者娱乐中心，是人们休闲娱乐的主要场所。

功能区域 5（UFR5）——科教区。科教区是以文化教育、科研为主的城市功能区。

功能区域 6（UFR6）——工业区。工业区是指在一定地域上，一些工业企业集中在一起，彼此进行协作和生产，从而形成的区域。

功能区域 7（UFR7）——风景名胜区。风景名胜区聚集了一些具有观赏价值、科学价值或者历史价值的自然景观和人文景观，是人们进行观光游览或者进行科学文化活动的区域。

功能区域 8（UFR8）——医疗保健区。医疗保健区集中了各种类型的医院、诊所、药房或者体检中心，为居民提供预防、保健和医疗服务，可以提高居民的生活品质。

最后，本节对比相关算法在 200 个已进行人工标注区域上的识别准确率，结果如图 3.14 和图 3.15 所示。

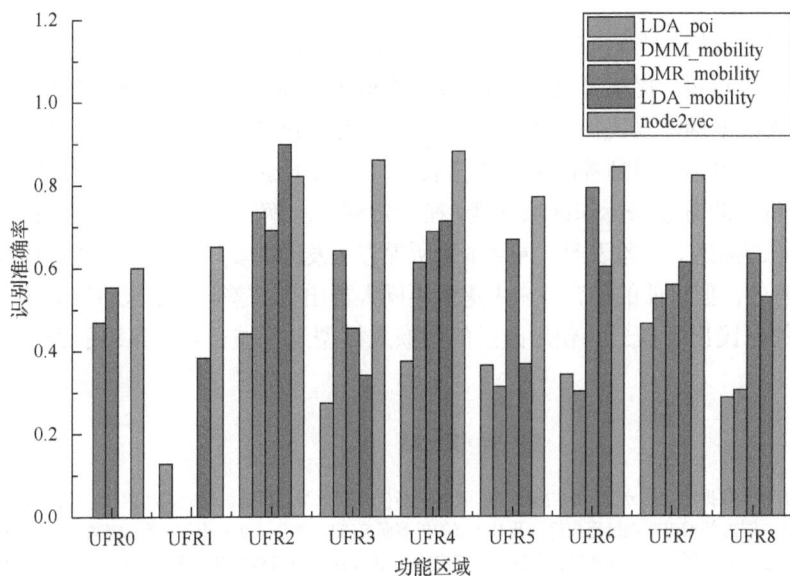

彩图 3.14

图 3.14　不同算法的功能区域识别准确率对比

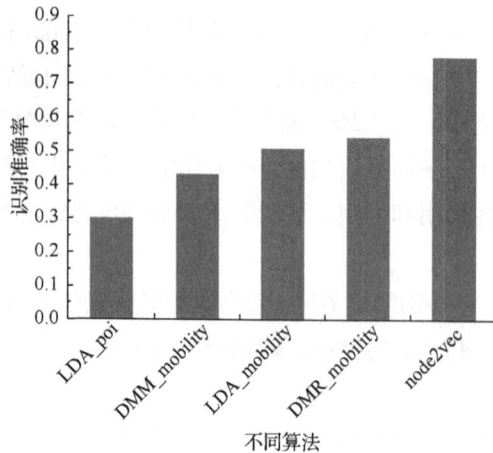

图 3.15　不同算法的识别准确率对比

可以发现，node2vec 算法在除交通物流区外的所有区域识别效果都是最好的，商务住宅区、购物服务区、工业区和风景名胜区的识别准确率都在 0.8 以上；整体来看，基于 node2vec 模型的功能区域识别准确率均值要高于其他 4 种算法，均值为 0.78；其次是 DMR_mobility 算法，其均值为 0.54；排在第 3 位的是 LDA_mobility 算法，均值为 0.51；名列第 4 位的是 DMM_mobility 算法，均值为 0.43；仅采用 POI 数据进行功能区域划分的 LDA_poi 算法的识别准确率均值最低，仅为 0.30。这说明利用体现居民出行模式的数据识别城市功能区域的效果要优于单纯使用 POI 数据的算法效果。

3.5.3　小结

研究城市功能区域的分布与布局对于城市规划和城市管理有着重要的意义。本章针对现有研究中存在的问题，提出了基于 node2vec 图嵌入模型的城市功能区域发现方法。该方法先利用位置数据构建居民出行模式图；随后使用 node2vec 模型对居民出行模式图进行图嵌入表示学习，以得到各区域的矢量表示并输入下游分类网络；最后采用基于签到语义和著名 POI 的方法来标识区域功能，在一定程度上解决了现有研究中标识区域真实功能较为困难的问题。实验表明，采用本章所提方法发现的城市功能区域比采用其他主流的方法更加有效，但目前的研究并未考虑到不同人群出行的差异，未来将继续探索具有细分人群特征的居民出行模式，使用改进的图嵌入模型进行城市功能区域的识别，提升识别的准确率。

参 考 文 献

[1] 王奇, 代侦勇. 基于 POI 数据和主成分分析法的城市空间结构分析[J]. 国土与自然资源研究, 2018（6）：12-16.

[2] 科技创新研究部一部. 国内外城市功能区形成机制及对北京的借鉴研究[R]. 北京：北京市发展和改革委员会, 2009.

[3] 吴鹏. 多源异构数据融合分析视角下的城市功能分区方法研究[D]. 黑龙江：中国科学院大学（中国科学院东北地理与农业生态研究所）, 2020.

[4] 黄亮东. 基于多源 POI 数据的天津市城市功能区识别与分析[D]. 徐州：中国矿业大学, 2019.

[5] 王胜利. 深度学习在城市功能区域划分中的应用研究[D]. 成都：电子科技大学, 2018.

[6] 张雪霞, 吴升, 赵志远, 等. 基于手机信令数据的城市小活动空间人群空间分布特征[J]. 地球信息科学学报, 2021,

23（8）：1433-1445.

[7] 蔡莉，朱扬勇. 大数据质量[M]. 上海：上海科学技术出版社，2017.

[8] 王波，甄峰，张浩. 基于签到数据的城市活动时空间动态变化及区划研究[J]. 地理科学，2015，35（2）：151-160.

[9] GAO S, JANOWICZ K, COUCLELIS H. Extracting urban functional regions from points of interest and human activities on location-based social networks[J]. Transactions in GIS, 2017, 21(3): 446-467.

[10] 袁晶. 大规模轨迹数据的检索、挖掘和应用[D]. 合肥：中国科学技术大学，2012.

[11] 李思锦. 基于手机定位数据的居民出行模式挖掘研究[D]. 昆明：云南大学，2018.

[12] YUAN N J, ZHENG Y, XIE X, et al. Discovering urban functional zones using latent activity trajectories[J]. IEEE transactions on knowledge and data engineering, 2015, 27(3): 712-725.

[13] KROSCHE J, BOLL S. The xPOI Concept[C]//First International Workshop on Location and Context Awareness, Oberpfaffenhofen, 2005: 113-119.

[14] 林锦耀，黎夏. 基于空间自相关的东莞市主体功能区划分[J]. 地理研究. 2014，33（2）：349-357.

[15] 刘甜甜. 基于手机信令数据的城市居民活动空间研究——以贵阳市为例[D]. 南昌：江西师范大学，2020.

[16] WANG Y D, WANG T, TSOU M H, et al. Mapping dynamic urban land use patterns with crowdsourced geo-tagged social media (Sina-Weibo) and commercial points of interest collections in Beijing, China[J]. Sustainability, 2016, 8(11): 1202.

[17] 刘旭东. 基于多源数据的成都市城市功能区识别与分析[D]. 成都：西南大学，2020.

[18] BLEI D M. Probabilistic topic models[J]. Communications of the ACM, 2012, 55(4): 77-84.

[19] ZHANG X Y, DU S H, WANG Q. Hierarchical semantic cognition for urban functional zones with VHR satellite images and POI data[J]. ISPRS journal of photogrammetry and remote sensing, 2017, 132:170-184.

[20] HINTON G E, SALAKHUTDINOV R R. Replicated softmax: An undirected topic model[C]//Proceedings of the 22nd International Conference on Neural Information Processing Systems, Vancouver, 2009: 1607-1614.

[21] 吴施睿. 基于遥感影像和用户到访数据的城市功能区识别[D]. 北京：北京建筑大学，2021.

[22] 卜月华，王维凡，吕新忠. 图论及其应用[M]. 2 版. 南京：东南大学出版社，2015.

[23] HUANG X K, ZHAO Y, MA C, et al. TrajGraph: A graph-based visual analytics approach to studying urban network centralities using taxi trajectory data[J].IEEE transactions on visualization and computer graphics, 2016, 22(1): 160-169.

[24] 肖飞，王悦，梅逸男，等. 基于出行模式子图的城市功能区域发现方法[J]. 计算机科学，2018，45（12）：268-278.

[25] CAI L, ZHANG L Q Y, LIANG Y, et al. Discovery of urban functional regions based on node2vec[J]. Applied Intelligence, 2022, 52: 16886-16899.

[26] YUAN J, ZHENG Y, XIE X. Discovering regions of different functions in a city using human mobility and POIs[C]// Proceedings of the 18th ACM SIGKDD International Conference on Knowledge Discovery and Data Mining, Beijing, 2012: 186-194.

[27] QI G D, LI X L, LI S J, et al. Measuring social functions of city regions from large-scale taxi behaviors[C] //2011 IEEE International Conference on Pervasive Computing and Communications Workshops (PERCOM Workshops), Seattle, 2011: 384-388.

[28] 陈谊，张梦录，万玉钗. 图的表示与可视化方法综述[J]. 系统仿真学报，2020，32（7）：1232-1243.

[29] MIKOLOV T, CHEN K, CORRADO G, et al. Efficient estimation of word representations in vector space[J]. arXiv preprint arXiv:1301.3781, 2013.

[30] PEROZZI B, AL-RFOU R, SKIENA S. DeepWalk: online learning of social representations[C]//Proceedings of the 20th ACM SIGKDD International Conference on Knowledge Discovery and Data Mining. New York, 2014: 701-710.

[31] BRAŽINSKAS A, HAVRYLOV S, TITOV I. Embedding words as distributions with a Bayesian skip-gram model[C]// Proceedings of the 27th International Conference on Computational Linguistics, Santa Fe, 2018: 1775-1789.

[32] GROVER A, LESKOVEC J. Node2vec: scalable feature learning for networks[C]//Proceedings of the 22nd ACM SIGKDD International Conference on Knowledge Discovery and Data Mining, San Francisco, 2016: 855-864.

[33] 王兴玲. SVG 与矢量地图的 Web 发布技术[J]. 计算机工程与应用，2002，38（10）：1-4.

[34] 郝宗波，洪炳镕，黄庆成. 基于栅格地图的机器人覆盖路径规划研究[J]. 计算机应用研究，2007，24（10）：56-58.

[35] 李晓飞，马大玮，粘永健，等. 图像腐蚀和膨胀的算法研究[J]. 影像技术，2005（1）：37-39.

[36] 张华. 基于形态特征提取的图像匹配搜索技术研究[J]. 物联网技术，2013（11）：16-18，22.

第4章　稀疏签到数据补全

稀疏数据是指数据集中绝大多数数值缺失或者为零的数据。稀疏数据不是无用数据，但是如果其比例过高，则会影响后续的数据分析和数据挖掘。在一些研究中，需要将稀疏数据与稠密数据融合后进行进一步的处理。如果两者在数据量上差异过大，则稀疏数据的特征往往会被忽略，造成研究结果的不准确。因此，如何将稀疏数据变为稠密数据，或者增加稀疏数据的数据量是多源数据融合中的一个研究热点。

4.1　数据稀疏性概述

本节主要介绍稀疏数据的成因和签到数据的稀疏性。

4.1.1　稀疏数据的成因

目前，稀疏数据的来源与产生原因可以归纳为以下几种情况。

1. 网站中产生的稀疏数据

推荐系统是一种帮助用户快速发现有用信息，并过滤无效信息的系统。在许多电子商务网站、视频网站或者新闻网站中都会有推荐功能。推荐系统会根据用户的浏览记录和购买历史，分析用户的特征和偏好，并结合推荐算法从海量数据中发现用户可能感兴趣的事件，向用户呈现个性化的推荐结果[1]。在电子商务网站中，如果缺乏激励机制，用户很少会给出购买商品的评分。以大型电子商务网站为例，用户评分的产品一般不超过产品总数的1%[2]，这造成评分矩阵出现大量的评分空缺，即"数据稀疏"问题。评价数据的稀疏使传统协同过滤推荐算法在用户和项目间的相似性计算不准确，极大影响了推荐精度。

2. 问卷调查中产生的稀疏数据

问卷调查是一种发掘事实状况的研究方式，也是获取第一手资料最直接的方法。如果问卷问题设置不当，过于繁杂难懂，或者较为冗长，就会导致被调查者产生厌烦心理，敷衍了事。然而，已经回答的问题又是有效问卷的一部分，不能做遗弃处理，倘若这种敷衍了事的问卷大量出现，就会产生稀疏数据。

3. 医学成像领域中产生的稀疏数据

医学图像处理的对象是各种不同成像机理的医学影像，临床广泛使用的医学成像种类主要有 X-射线成像、核磁共振成像、核医学成像和超声波成像 4 类。在实际应用中，受到设备、病人条件等的限制，很难做到对病人的全角度扫描，因此，成像算法也常常要面对稀疏数据的问题[3]。

4. 文本挖掘中产生的稀疏数据

在文本挖掘领域，为了比较一些文章是否属于同一主题，常用的方法是选定一批关键词，通过统计不同文章中这些关键词出现的频率来进行判断。通常，这一批关键词会有成百上千个，而每篇文章只包含其中的几个到几十个关键词，由此产生的数据就成为稀疏数据[4]。

4.1.2　签到数据的稀疏性

签到数据的稀疏性是指在数据采集过程中，由于设备故障、外界干扰、访问限制、采样方法或者人为忽略等因素，造成数据不完整或者数据不存在的现象。昆明市微博用户大概有几十万人，受限于签到数据的采集方式和微博用户的签到行为，每一天能采集到的数据量并不大。究其原因主要有以下两个：①一些微博用户虽然到达了一些著名的POI，如飞机场、火车站、汽车站等，但他们不一定会产生签到行为；②签到数据不是公开的数据集，需要通过微博的应用程序接口进行采集，新浪官方会对用户每天爬取的数据量进行限制[5]。例如，2019 年 9 月 8 日，采集到的签到数据量仅为 2 463 条。与之相比，同时期昆明市 32 家出租汽车企业共有出租车 8 000 余辆，但每辆出租车每天至少能产生 2 600 条 GPS 轨迹数据（按出租车每天运营 11h，车载 GPS 设备每 15s 采集一条数据统计）。图 4.1 显示了 2019 年 9 月 8 日昆明市三环外的签到数据分布，这里将该区域划分为 1km×1km 的网格，并将签到数据加载到地图上进行观察，可以发现签到数据的分布较为稀疏。

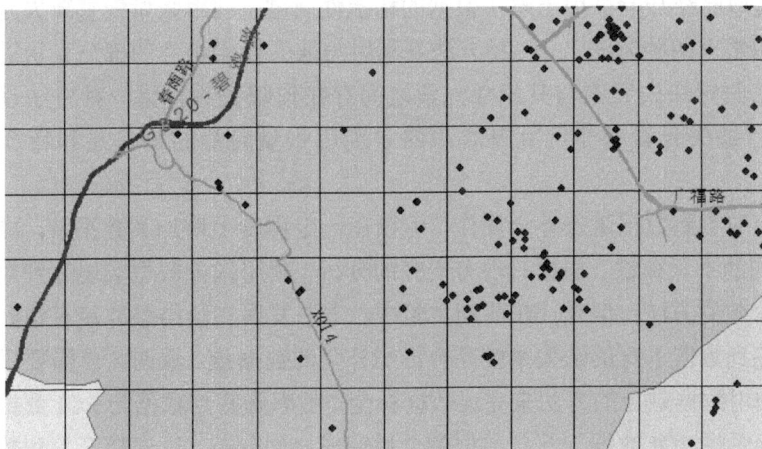

彩图 4.1

图 4.1　9 月 8 日签到数据的部分空间分布

稀疏的签到数据与 GPS 轨迹数据融合后可用于城市热点区域的挖掘，但是两者在挖掘过程中会出现不平衡现象。现有聚类算法无法挖掘密度差异较大的融合数据集，造成稀疏签到数据的聚类结果无法被发现，会影响聚类结果的准确性。

4.1.3　问题描述

为了更好地描述签到数据的稀疏问题，本书给出对应的形式化描述。首先，在电子地图上选定一个研究区域按照研究区域的经纬度坐标，将其划分为长宽均为 1 000m 的网格，共计 28×36=1 008 个网格。之后，统计不同日期和不同时间段下每个网格中的签到次数，形成待处理的数据集 C。如果采用矩阵来表示签到数据，则第 i 天第 j 个时间段的签到次数可以表示为如下形式：

$$M = \begin{bmatrix} x_{1,1} & x_{1,2} & \cdots & x_{1,36} \\ x_{2,1} & x_{2,2} & \cdots & x_{2,36} \\ \vdots & \vdots & & \vdots \\ x_{28,1} & x_{28,2} & \cdots & x_{28,36} \end{bmatrix} \tag{4.1}$$

其中，$x_{m,n}$ 的取值为 0（没有签到数据）或者非 0 的正整数。如果矩阵 M 中为 0 的单元格比例超过 90%，那么称 M 为稀疏矩阵。稀疏数据补全的目的在于利用一定的算法，将大部分取值为 0 的单元格变为非 0。

通常，有两种思路可以用来解决数据的稀疏性问题：①基于数据填充的方法；②通过矩阵划分、聚类、矩阵分解等机器学习方法进行评分数据的预处理。在众多解决数据稀疏性问题的方法中，矩阵分解技术较为成熟，出现了基于矩阵奇异值分解的奇异值分解（singular value decomposition，SVD）算法、Funk_SVD 算法、SVD++算法，以及将概率分布函数引入矩阵分解中的 PMF 和 BPMF 算法等[6]。

近年来，许多学者将物理学中的张量模型应用于补全缺失的数据，并在协同滤波、图像修复、人脸识别、交通数据处理和无线传感网络等多个领域都获得成功的应用[7-8]。受此影响，张量模型已经开始被用于解决数据的稀疏性问题。利用张量恢复缺失元素也称为数据补全，通常有两种方法[9]：一种方法是利用与缺失元素相邻的部分元素进行数据补全，这种方法假定缺失元素与其相邻元素之间存在依赖关系；另一种方法是利用张量整体信息进行缺失元素补全，其基本思路是利用张量自身结构信息和特征完成缺失元素的修复。

综上，对稀疏的签到数据进行补全操作，可以在一定程度上增加其数据量，减少与 GPS 轨迹数据之间的不平衡性。根据对现有研究的分析，利用张量模型实现签到数据的补全是一种行之有效的方法。但是，在前期实验中，本书发现实验结果并没有达到预期目标，原因在于签到数据本身的缺失率较高会影响补全的数据量。此时，就需要引入其他的数据来源，利用数据融合的方法来完成数据补全。考虑到签到数据与 POI 数据具有很强的关联性，能否将 POI 数据与签到数据融合后完成协同分析，以便提升签到数据补全的效果？为此，需要考虑两个关键问题：第一，如何融合 POI 数据与签到数据，并提取两者特征；第二，单独使用张量模型的数据补全效果并不好，那能否使用更好的数据补全模型。

4.2　张量分解概述

本节将主要阐述张量分解的相关知识，包括张量简介及张量分解的原理和算法。

4.2.1　张量简介

1．张量的概念

张量（tensor）这一术语最早起源于力学，用来表示弹性介质中各点的应力状态，后来张量理论发展为力学和物理学的一个重要分支[10]。"张量"这一概念源自矢量，矢量可以视为一阶张量。近年来，张量模型广泛应用于语音识别、自然语言理解、计算机视觉、图形处理等多个领域，取得了许多重要的研究成果，包括多模态张量数据挖掘、基于张量的数据表示、基于张量的特征提取、基于张量的图形分割和模型降噪、基于张量的高阶数据修复，以及目前较为有名的 TensorFlow 人工智能学习系统。张量的数据结构可分为一阶张量、二阶张量和三阶张量，本书用符号 $\boldsymbol{\mathcal{X}}$ 代表张量，其基本概念如下[11]。

（1）一阶张量（矢量）

一阶张量可以表示为矢量，假设在三维空间中，一个一阶张量有 3 个分量，则它可以表示为一个有序 3 元数组或 1×3 阶的行矩阵［图 4.2（a）］，即

$$\boldsymbol{\mathcal{X}}_i = [x_1, x_2, x_3]$$

如果在 n 维空间中，一个一阶张量有 n 个分量，则其可以表示为一个有序 n 元数组，或表示为一个 $1 \times n$ 阶行矩阵。

（2）二阶张量

在三维空间中，二阶张量是一个平面。假设一个二阶张量有 9 个分量，则其可以表示为一个有序 9 元数组或 3×3 阶的矩阵［图 4.2（b）］，即

$$\boldsymbol{\mathcal{X}}_{ij} = \begin{bmatrix} x_{11} & x_{12} & x_{13} \\ x_{21} & x_{22} & x_{23} \\ x_{31} & x_{32} & x_{33} \end{bmatrix}$$

一般情况下，在 n 维空间中，一个二阶张量有 n^2 个分量，可以表示为一个 $n \times n$ 阶矩阵。

（3）三阶张量

在三维空间中，三阶张量可以构成一个"立方体"。假设一个三阶张量有 27 个分量，则其可以构成一组 3 个矩阵，每个矩阵都是 3×3 个元素，如图 4.2（c）所示。

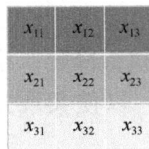

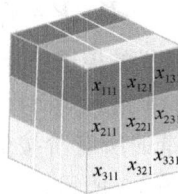

（a）向量 $\boldsymbol{\mathcal{X}}$（一阶张量）　　　（b）矩阵 $\boldsymbol{\mathcal{X}}_{3\times3}$（二阶张量）　　　（c）张量 $\boldsymbol{\mathcal{X}}_{3\times3}$（三阶张量）

图 4.2　张量的各种形式

2. 张量代数

为了方便下面的叙述，本书给出张量 $\boldsymbol{\mathcal{X}}$ 更一般的表示。在三维空间中，假设 3 个基矢量为 $\boldsymbol{e}_1$、$\boldsymbol{e}_2$、$\boldsymbol{e}_3$，$\boldsymbol{e}=[\boldsymbol{e}_1\boldsymbol{e}_2\boldsymbol{e}_3]$，则

$$\boldsymbol{\mathcal{X}} = X_{ij}\boldsymbol{e}_i\boldsymbol{e}_j \tag{4.2}$$

其中，$\boldsymbol{e}_i\boldsymbol{e}_j(i,j=1,2,3)$ 为并矢基，一共有 9 个，如下所示：

$$\begin{matrix} \boldsymbol{e}_1\boldsymbol{e}_1 & \boldsymbol{e}_1\boldsymbol{e}_2 & \boldsymbol{e}_1\boldsymbol{e}_3 \\ \boldsymbol{e}_2\boldsymbol{e}_1 & \boldsymbol{e}_2\boldsymbol{e}_2 & \boldsymbol{e}_2\boldsymbol{e}_3 \\ \boldsymbol{e}_3\boldsymbol{e}_1 & \boldsymbol{e}_3\boldsymbol{e}_2 & \boldsymbol{e}_3\boldsymbol{e}_3 \end{matrix}$$

张量 $\boldsymbol{\mathcal{X}}$ 在 $\boldsymbol{e}_i\boldsymbol{e}_j$ 下的 9 个分量与如下矩阵相对应：

$$\boldsymbol{\mathcal{X}} = \boldsymbol{e}X\boldsymbol{e}^{\mathrm{T}} = [\boldsymbol{e}_1\boldsymbol{e}_2\boldsymbol{e}_3] \begin{bmatrix} x_{11} & x_{12} & x_{13} \\ x_{21} & x_{22} & x_{23} \\ x_{31} & x_{32} & x_{33} \end{bmatrix} \begin{bmatrix} \boldsymbol{e}_1 \\ \boldsymbol{e}_2 \\ \boldsymbol{e}_3 \end{bmatrix} \tag{4.3}$$

基于如上张量 $\boldsymbol{\mathcal{X}}$ 的表示，本书定义了张量的加减法、张量与向量的内积、张量与张量的内积和外积，以及张量的模展示矩阵。

（1）张量的加减法

设张量 $\boldsymbol{\mathcal{X}} = X_{ij}\boldsymbol{e}_i\boldsymbol{e}_j$，张量 $\boldsymbol{\mathcal{Y}} = Y_{ij}\boldsymbol{e}_i\boldsymbol{e}_j$，则它们的加减法记为

$$\boldsymbol{\mathcal{X}} \pm \boldsymbol{\mathcal{Y}} = \left(X_{ij} \pm Y_{ij}\right)\boldsymbol{e}_i\boldsymbol{e}_j \tag{4.4}$$

也就是说，张量加减计算的结果也是张量。设张量 $\boldsymbol{\mathcal{X}}$ 的转置为 $\boldsymbol{\mathcal{X}}^{\mathrm{T}}$，则 $\boldsymbol{\mathcal{X}}^{\mathrm{T}}$ 为

$$\boldsymbol{\mathcal{X}}^{\mathrm{T}} = X_{ji}\boldsymbol{e}_i\boldsymbol{e}_j \tag{4.5}$$

可以验证，$\boldsymbol{\mathcal{X}} \pm \boldsymbol{\mathcal{Y}}$ 和 $\boldsymbol{\mathcal{X}}^{\mathrm{T}}$ 的结果也是张量。

（2）张量与向量的内积

设张量 $\boldsymbol{\mathcal{X}} = X_{ij}\boldsymbol{e}_i\boldsymbol{e}_j$，向量 $\boldsymbol{a} = a_i\boldsymbol{e}_i$，则它们的左右内积记为

$$\boldsymbol{\mathcal{X}} \bullet \boldsymbol{a} = X_{ij}\boldsymbol{e}_i\boldsymbol{e}_j \bullet a_k\boldsymbol{e}_k = X_{ij}a_k\boldsymbol{e}_i\left(\boldsymbol{e}_j \bullet \boldsymbol{e}_k\right) = X_{ij}\boldsymbol{e}_k\boldsymbol{e}_i \tag{4.6}$$

$$\boldsymbol{a} \bullet \boldsymbol{\mathcal{X}} = a_i\boldsymbol{e}_i \bullet X_{jk}\boldsymbol{e}_j\boldsymbol{e}_k = a_iX_{jk}\left(\boldsymbol{e}_i \bullet \boldsymbol{e}_j\right)\boldsymbol{e}_k = a_iX_{jk}\boldsymbol{e}_k \tag{4.7}$$

（3）张量与张量的内积和外积

设张量 $\boldsymbol{\mathcal{X}} = X_{ij}\boldsymbol{e}_i\boldsymbol{e}_j$，张量 $\boldsymbol{\mathcal{Y}} = Y_{dk}\boldsymbol{e}_d\boldsymbol{e}_k$，则它们的内积和外积分别为

$$\boldsymbol{\mathcal{X}} \bullet \boldsymbol{\mathcal{Y}} = X_{ij}\boldsymbol{e}_i\boldsymbol{e}_j \bullet Y_{dk}\boldsymbol{e}_d\boldsymbol{e}_k = X_{ij}Y_{dk}\boldsymbol{e}_i(\boldsymbol{e}_j \bullet \boldsymbol{e}_d)\boldsymbol{e}_k = X_{ij}Y_{dk}\boldsymbol{e}_i\boldsymbol{e}_k \tag{4.8}$$

$$\boldsymbol{\mathcal{X}} \circ \boldsymbol{\mathcal{Y}} = X_{ij}\boldsymbol{e}_i\boldsymbol{e}_j \circ Y_{dk}\boldsymbol{e}_d\boldsymbol{e}_k = X_{ij}Y_{dk}\boldsymbol{e}_i(\boldsymbol{e}_j \circ \boldsymbol{e}_d)\boldsymbol{e}_k = X_{ij}Y_{dk}\varepsilon_{jdp}\boldsymbol{e}_i\boldsymbol{e}_p\boldsymbol{e}_k \tag{4.9}$$

（4）张量的模展开矩阵

张量的模展开矩阵用来对高维张量执行降阶，并转换为矩阵进行运算。其过程就是对组成张量的所有阶按交错次序采样，以便实现张量不同阶特征值之间的传递和融合[12]，如图 4.3 所示。

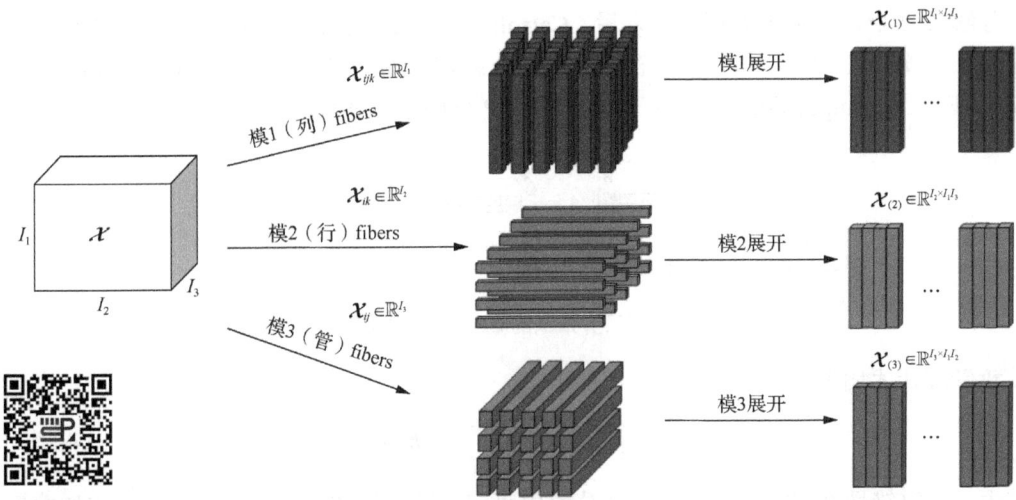

彩图 4.3

图 4.3 三阶张量示意图[12]

这里以一个 $\mathcal{X}\in\mathbb{R}^{3\times2\times2}$ 的三阶张量为例进行说明。如果对张量 $\mathcal{X}$ 按照模 1 展开，那么 $\mathcal{X}$ 的第一阶模展开矩阵是一个 3×4 的矩阵，矩阵中的 4 列分别由第二阶和第三阶的特征值交错取值形成，结果如下：

$$\mathcal{X}_{(1)}=\begin{bmatrix}x_{111}&x_{121}&x_{112}&x_{122}\\x_{211}&x_{221}&x_{212}&x_{222}\\x_{311}&x_{321}&x_{312}&x_{322}\end{bmatrix}$$

如果对张量 $\mathcal{X}$ 按照模 2 展开，那么 $\mathcal{X}$ 的第二阶模展开矩阵是一个 2×6 的矩阵，结果如下：

$$\mathcal{X}_{(2)}=\begin{bmatrix}x_{111}&x_{211}&x_{311}&x_{112}&x_{212}&x_{312}\\x_{121}&x_{221}&x_{321}&x_{122}&x_{222}&x_{322}\end{bmatrix}$$

如果对张量 $\mathcal{X}$ 按照模 3 展开，那么 $\mathcal{X}$ 的第三阶模展开矩阵也是一个 2×6 的矩阵，结果如下：

$$\mathcal{X}_{(3)}=\begin{bmatrix}x_{111}&x_{211}&x_{311}&x_{121}&x_{221}&x_{321}\\x_{112}&x_{212}&x_{312}&x_{122}&x_{222}&x_{322}\end{bmatrix}$$

4.2.2 张量分解

张量分解从本质上来说是矩阵分解的高阶泛化，可用于降维处理、缺失数据填补和隐性关系挖掘。矩阵分解（matrix factorization）表示用矩阵 $A*B$ 来近似矩阵 M，利用 $A*B$ 中的元素就能估计 M 中对应不可见位置的元素值，则 $A*B$ 可以视为 M 的一个分解[13]。

1. 张量的 CP 分解

1927 年，Hitchcock 提出一种张量分解的方法，假设张量的秩为 R，那么可以把张

量分解成 R 个秩一张量的和[14]。之后，Carroll 和 Chang 及 Harshman 等在各自的研究中运用了该分解原理，后面的研究者便将此分解法统称为 CP 分解法（CANDECOMP/PARAFAC decomposition）[15]。三阶张量的 CP 分解示意图如图 4.4 所示。

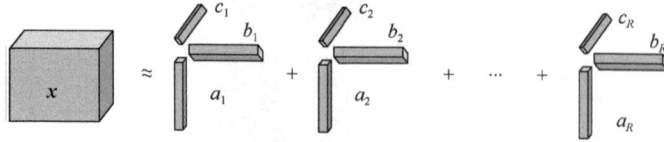

图 4.4　三阶张量的 CP 分解示意图[13]

其数学表达式如下：

$$\mathcal{X} \approx [\![A, B, C]\!] \approx \sum_{r=1}^{R} a_r \circ b_r \circ c_r \tag{4.10}$$

其中，运算符号"$\circ$"表示外积。CP 分解中可定义因子矩阵，即秩一张量中对应的向量组成的矩阵，即

$$A = [a_1, a_2, \cdots, a_R]$$

利用因子矩阵，一个三阶张量的 CP 分解可以写成展开形式：

$$\mathcal{X}_{(1)} \approx A(C \odot B)^{\mathrm{T}}, \quad \mathcal{X}_{(2)} \approx B(C \odot A)^{\mathrm{T}}, \quad \mathcal{X}_{(3)} \approx C(B \odot A)^{\mathrm{T}}$$

其中，运算符号"$\odot$"表示 Khatri-Rao（KR）积。KR 积是指 $N \times M$ 维的矩阵 A 和 $P \times M$ 维的矩阵 B 中的相同列做 Kronecker 积运算，结果为 $NP \times M$ 维的矩阵[16]，即

$$A \odot B = [a_1 \otimes b_1 \ a_2 \otimes b_2 \ \cdots \ a_N \otimes b_N] \tag{4.11}$$

若分解后的矩阵 A、B、C 对应的列被正则化，则分解后存在一个权重向量 λ，为使分解后的结果矩阵与原始张量近似，需要最小化估计误差，则其优化公式可转换为[15]

$$\min_{\mathcal{X}} \left\| \mathcal{X} - \widehat{\mathcal{X}} \right\| \text{ s.t. } \widehat{\mathcal{X}} = \sum_{r=1}^{R} \lambda_r a_r \circ b_r \circ c_r = [\![\lambda; A, B, C]\!] \tag{4.12}$$

可采用交替最小二乘法（alternating least squares，ALS）来求解上述公式，即首先固定 B 和 C，求解 A；接着固定 A 和 C，求解 B；最后固定 B 和 C，求解 A。假设固定 B 和 C，求解 A 可以写成如下公式：

$$\min_{A} \left\| \mathcal{X}_{(1)} - A \mathrm{diag}(\lambda)(C \odot B)^{\mathrm{T}} \right\|_F \tag{4.13}$$

得

$$A\mathrm{diag}(\lambda) = \mathcal{X}_{(1)} \left[(C \circ B)^{\mathrm{T}} \right]^{+} = \mathcal{X}_{(1)} (C \circ B)\left(C^{\mathrm{T}} C \circ B^{\mathrm{T}} B \right)^{+} \tag{4.14}$$

最后，通过多次迭代分别求出 A 和 λ。

2. 张量的 Tucker 分解

Tucker 分解将一个张量表示成一个核心（core）张量沿每一个模乘上一个矩阵[17]，如图 4.5 所示。

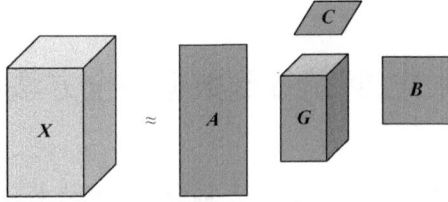

图 4.5　三阶张量的 Tucker 分解示意图[14]

Tucker 分解的数学表达式如下[18]：

$$X = G \times_1 A \times_2 B \times_3 C = [G, A, B, C] = \sum_{p=1}^{P}\sum_{q=1}^{Q}\sum_{r=1}^{R} g_{pqr} a_p \circ b_q \circ c_r \qquad (4.15)$$

其中，符号"×"表示矩阵乘法；$\times_i$ 表示张量矩阵乘法，其下标表示张量的模。Tucker 分解可以将一个大小为 $U \times V \times W$ 的三阶张量 $\mathcal{X}$ 分解成 3 个因子矩阵 $A \in \mathbb{R}^{U \times P}$、$B \in \mathbb{R}^{V \times Q}$、$C \in \mathbb{R}^{W \times R}$ 和一个核心张量 $G \in \mathbb{R}^{P \times Q \times R}$ 的形式，因子矩阵称为对应模上的主成分或者基矩阵。因此，Tucker 分解又称高阶奇异值分解（high order singular value decomposition，HOSVD）。上述公式优化模型可以表示为[18]

$$\min J = \frac{1}{2}\sum_{(u,v,w)\in S} e_{uvw}^2 = \frac{1}{2}\sum_{(u,v,w)\in S}\left(x_{uvw} - \sum_{p=1}^{P}\sum_{q=1}^{Q}\sum_{r=1}^{R}\left(g_{pqr} \circ a_{up} \circ b_{vq} \circ c_{wr}\right)\right)^2 \qquad (4.16)$$

对目标函数 J 中的 a_{ip}、b_{jq} 和 c_{kr} 求偏导，得

$$\frac{\partial J}{\partial a_{up}} = -\sum_{v,w:(u,v,w)\in S} e_{uvw} \circ \left(\sum_{q=1}^{Q}\sum_{r=1}^{R}\left(g_{pqr} \circ b_{vq} \circ c_{wr}\right)\right) \qquad (4.17)$$

$$\frac{\partial J}{\partial b_{vq}} = -\sum_{i,k:(u,v,w)\in S} e_{uvw} \circ \left(\sum_{p=1}^{P}\sum_{r=1}^{R}\left(g_{pqr} \circ a_{up} \circ c_{wr}\right)\right) \qquad (4.18)$$

$$\frac{\partial J}{\partial c_{wr}} = -\sum_{u,v:(u,v,w)\in S} e_{uvw} \circ \left(\sum_{p=1}^{P}\sum_{q=1}^{Q}\left(g_{pqr} \circ a_{up} \circ b_{vq}\right)\right) \qquad (4.19)$$

$$\frac{\partial J}{\partial g_{pqr}} = -\sum_{(u,v,w)\in S} \tau_{uvw} \circ a_{up} \circ b_{vq} \circ c_{wr}$$

再根据梯度下降方法，g_{pqr}、a_{up}、b_{vq} 和 c_{wr} 在每次迭代过程中的更新公式如下：

$$a_{up} \leftarrow a_{up} + \alpha \sum_{u,w:(u,v,w)\in S} e_{uvw} \circ \left(\sum_{q=1}^{Q}\sum_{r=1}^{R}\left(g_{pqr} \circ b_{vq} \circ c_{wr}\right)\right) \qquad (4.20)$$

$$b_{vq} \leftarrow b_{vq} + \alpha \sum_{u,w:(u,v,w)\in S} e_{uvw} \circ \left(\sum_{p=1}^{P}\sum_{r=1}^{R}\left(g_{pqr} \circ a_{vp} \circ c_{wr}\right)\right) \qquad (4.21)$$

$$c_{wr} \leftarrow c_{wr} + \alpha \sum_{u,v:(u,v,w)\in S} e_{uvw} \circ \left(\sum_{p=1}^{P}\sum_{q=1}^{Q}\left(g_{pqr} \circ a_{up} \circ b_{vq}\right)\right) \qquad (4.22)$$

其中，更新公式中的 $v,w:(u,v,w)\in S$、$u,w:(u,v,w)\in S$ 和 $u,v:(u,v,w)\in S$ 表示矩阵 $\mathcal{X}(u,:,:)$、$\mathcal{X}(:,v,:)$ 和 $\mathcal{X}(:,:,w)$ 上所有非零元素的位置索引构成的集合。最后，根据这些更新公式实现对张量的分解。

4.3　稀疏签到数据补全方法

本书提出的稀疏签到数据补全方法基于耦合矩阵和张量分解（coupled matrix and tensor factorizations，CMTF）技术，下面介绍 CMTF 的基本原理。

4.3.1　耦合矩阵和张量分解简介

近年来，多源异构数据集融合下的数据挖掘成为一个研究热点，此项研究的一个挑战在于如何解决这些数据集的异构性和不完整性。为了应对这一挑战，一些研究者提出使用 CMTF 技术来处理不同来源的异构数据集，并在社区发现、协同过滤和化学计量学领域取得了较好的研究成果。同时，一些研究结果表明，在一定的噪声干扰下，CMTF 方法比 CP 算法在数据补全方面具有更好的性能[19-20]，这种方法更适用于多源异构数据的融合分析和补全操作。本书以一个餐厅推荐系统为例，说明如何构建 CMTF 模型。在图 4.6 中，张量 $\mathcal{X}$ 中的每个张量项都表示顾客对特定餐厅的用餐（早餐、午餐、晚餐）的评级。矩阵 Y 和 Z 分别表示餐厅的类型和顾客的社交网络信息。这样，一个三阶张量 $\mathcal{X}$ 就与两个矩阵 Y 和 Z 耦合在一起。

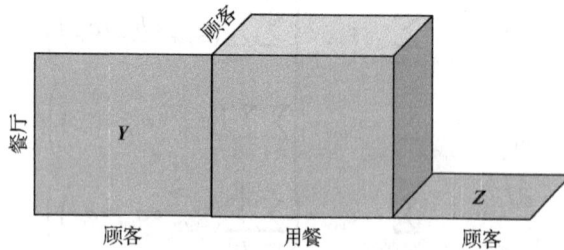

图 4.6　餐厅推荐系统中的 CMTF 模型

为了求解 CMTF 模型，可以使用两种常用的优化方法：一种称为 CMTF-ALS 分解；另一种称为 CMTF-OPT（optimization，优化）分解。

1. CMTF-ALS 分解

假设有一个三阶张量 $\mathcal{X} \in \mathbb{R}^{I \times J \times K}$ 和一个二维矩阵 $Y \in \mathbb{R}^{I \times M}$，它们通过第一个因子矩阵耦合，则其目标函数可写为

$$\min_{A,B,C,D} \| \mathcal{X} - [\![A, B, C]\!] \|^2 + \| Y - AD^{\mathrm{T}} \|^2 \tag{4.23}$$

其中，$A \in \mathbb{R}^{I \times R}$、$B \in \mathbb{R}^{J \times R}$ 和 $C \in \mathbb{R}^{K \times R}$ 分别对应张量 $\mathcal{X}$ 在模 1、模 2 和模 3 的因子矩阵；符号 $[\![A, B, C]\!]$ 表示张量 $\mathcal{X}$ 的 CP 分解；$D \in \mathbb{R}^{M \times R}$ 表示矩阵 Y 在模 1 上的因子矩阵。

CMTF-ALS 是基于交替最小二乘法的思想来求解的，其基本思路如下[21]：先固定 B、C 和 D，优化 A；接着，固定 A、C 和 D，优化 B；接下来，固定 A、B 和 D，优化 C；之后，固定 A、B 和 C，优化 D；反复迭代，直到满足终止条件（达到最大迭代次数或者损失值不再降低等）。

2. CMTF-OPT 分解

由于 CMTF-ALS 算法在处理缺失数据时会出现较差的收敛性或者不能处理大规模数据集等问题，因此可以采用基于梯度的一阶优化方法来解决这些问题[22]。则式（4.23）可以改写为如下的优化函数[23]：

$$f(A,B,C,D) = \frac{1}{2}\| \mathcal{X} - [\![A,B,C]\!] \|^2 + \frac{1}{2}\| Y - AD^{\mathrm{T}} \|^2 \tag{4.24}$$

接着，用 Z 代表 A,B,C,D，将目标函数式（4.24）改写为如下形式：

$$f(Z) = \frac{1}{2}\underbrace{\| \mathcal{X} \|^2}_{f_1(Z)} - \underbrace{\langle \mathcal{X},A,B,C \rangle}_{f_2(Z)} + \frac{1}{2}\underbrace{\| [\![A,B,C]\!] \|^2}_{f_3(Z)} + \frac{1}{2}\underbrace{\| Y \|^2}_{f_4(Z)} - \underbrace{\langle Y,AD^{\mathrm{T}} \rangle}_{f_5(Z)} + \frac{1}{2}\underbrace{\| AD^{\mathrm{T}} \|^2}_{f_6(Z)}$$

然后计算 f 关于 A,B,C,D 的偏导数，根据已知 $\nabla f_1(Z)=0$，$\nabla f_4(Z)=0$，则

$$\frac{\partial f_2}{\partial a_r}(Z) = \mathcal{X} \times_2 b_r \times_3 c_r$$

$$\frac{\partial f_3}{\partial a_r}(Z) = 2\left(b_r^{\mathrm{T}}b_r c_r^{\mathrm{T}}c_r\right)a_r + 2\sum_{k \neq r}\left(b_r^{\mathrm{T}}b_k c_r^{\mathrm{T}}c_k\right)a_k = 2\sum_{k=1}^{R}\left(b_r^{\mathrm{T}}b_k c_r^{\mathrm{T}}c_k\right)a_k$$

$$\frac{\partial f_5}{\partial a_r}(Z) = Yd_r$$

$$\frac{\partial f_6}{\partial a_r}(Z) = 2\sum_{k=1}^{R}\left(d_r^{\mathrm{T}}d_k\right)a_k$$

可采用类似方法，依次写出 $f_2(Z)$、$f_3(Z)$、$f_5(Z)$、$f_6(Z)$ 对 B 和 C 的偏导公式，此处不再赘述。最终，整个目标函数的偏导可表示为

$$\frac{\partial f}{\partial A} = -\mathcal{X}_{(1)}(C \odot B) + A(C^{\mathrm{T}}C * B^{\mathrm{T}}B) - YD + AD^{\mathrm{T}}D \tag{4.25}$$

$$\frac{\partial f}{\partial B} = -\mathcal{X}_{(2)}(C \odot A) + B(C^{\mathrm{T}}C * A^{\mathrm{T}}A) \tag{4.26}$$

$$\frac{\partial f}{\partial C} = -\mathcal{X}_{(3)}(B \odot A) + C(B^{\mathrm{T}}B * A^{\mathrm{T}}A) \tag{4.27}$$

$$\frac{\partial f}{\partial D} = -Y^{\mathrm{T}}A + DA^{\mathrm{T}}A \tag{4.28}$$

最后，f 的梯度可以写为如下因子矩阵的展开：

$$\nabla f = \left[\frac{\partial f}{\partial a_1} \cdots \frac{\partial f}{\partial a_R} \frac{\partial f}{\partial b_1} \cdots \frac{\partial f}{\partial b_R} \frac{\partial f}{\partial c_1} \cdots \frac{\partial f}{\partial c_R} \frac{\partial f}{\partial d_1} \cdots \frac{\partial f}{\partial d_R}\right]^{\mathrm{T}} \tag{4.29}$$

可以采用带 Hestenes-steifel 更新的非线性共轭梯度法（nonlinear conjugate gradient，NCG）和 Moré-Thuente 线搜索方法[24]来求解上述公式。

4.3.2　时空相关性分析

为了实现稀疏签到数据的补全操作，本书采用 CMTF 模型来融合签到数据和 POI 数据，在此基础上构建签到数据的补全模型。利用 CMTF 模型来构建数据补全模型的原因在于：签到数据自身存在着时空相关性和不同的模式，同时又与 POI 数据形成紧密的联系。首先，本书按照所研究区域的经纬度坐标，将其划分为长宽均为 1 000m 的网格。之后，统计不同日期和不同时间段下每个网格中的签到次数，形成待处理的数据集 C。这里提取一些相邻网格，观察它们在不同时间段下的签到次数，如图 4.7 所示。

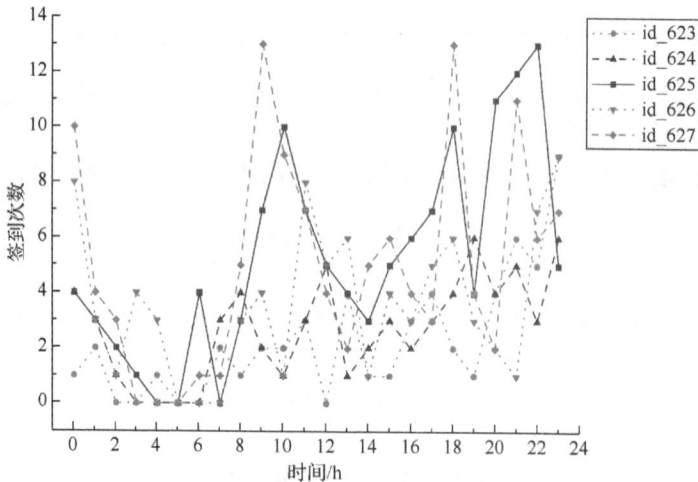

彩图 4.7

图 4.7　5 个网格在周一的签到次数

图 4.7 显示了 5 个网格在周一 24h 内的签到次数，可以发现它们具有较强的空间相关性，网格 625 有最多的签到次数。接着，本书采用皮尔逊相关系数（Pearson correlation coefficient，PCC）进行分析，PCC 可以通过以下公式计算[25]：

$$\rho_{x,y} = \frac{\text{Cov}(x,y)}{\sigma_x \sigma_y} = \frac{E\big((x-E(x))(y-E(y))\big)}{\sigma_x \sigma_y} \tag{4.30}$$

其中，Cov(•)表示协方差；E(•)表示数学期望。

签到数据除有较强的空间相关性外，它们还有较强的时间相关性。图 4.8 显示了网格 625 在 5 个工作日的签到次数，其 PCC 分析如表 4.1 所示。图 4.9 显示了网格 625 在 1 个月内（9 月份）每周五 11:00～23:00 的签到次数。

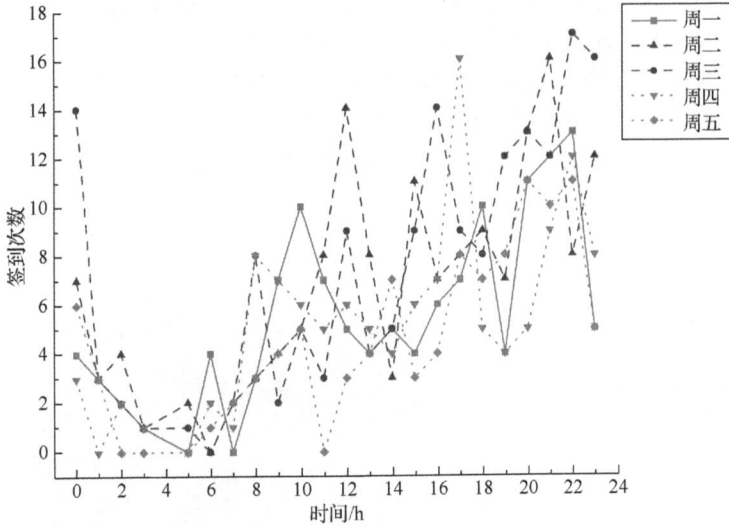

图 4.8　网格 625 在 5 个工作日的签到次数

表 4.1　网格 625 在 5 个工作日的 PCC 分析

工作日	9 月 7 日	9 月 8 日	9 月 9 日	9 月 10 日	9 月 11 日
9 月 7 日	1	0.762 3	0.567 1	0.742 8	0.609 0
9 月 8 日	0.762 3	1	0.580 9	0.761 5	0.537 4
9 月 9 日	0.567 1	0.580 9	1	0.500 2	0.259 3
9 月 10 日	0.742 8	0.761 5	0.500 2	1	0.780 5
9 月 11 日	0.609 0	0.537 4	0.259 3	0.780 5	1

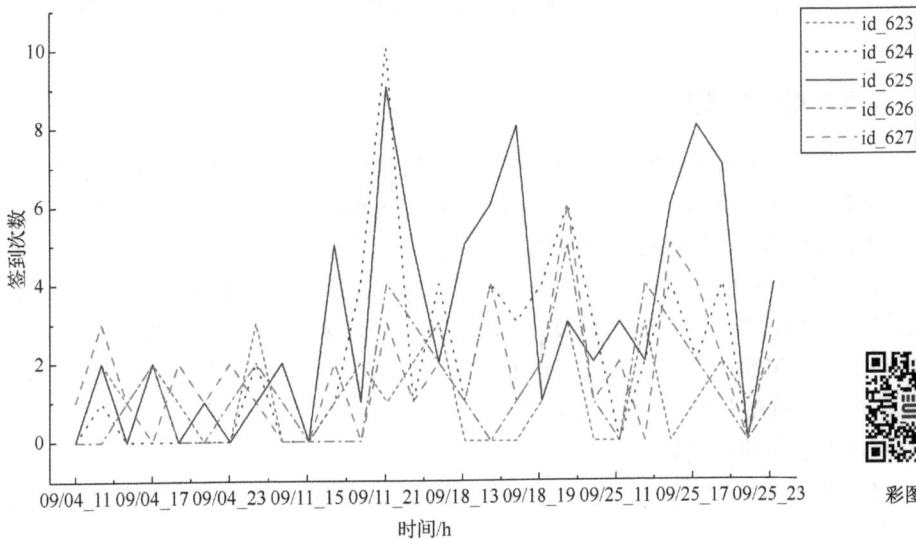

图 4.9　网格 625 在连续 4 周不同时间段的签到次数

　　通过分析上述图表可知，签到数据在不同的网格之间具有较强的空间相关性，同时，在小时-小时、天-天的模式上也存在较强的时间相关性。

　　现有的数据补全方法大多采用自身的数据进行补全，但是如果数据本身就比较稀疏，那么补全效果一般不会太好。签到数据是指在某一些 POI 处形成的带经纬度坐标的微博数据，因此，它与 POI 数据存在着较强的相关性，图 4.10 显示了两种数据在地图上的热力图。

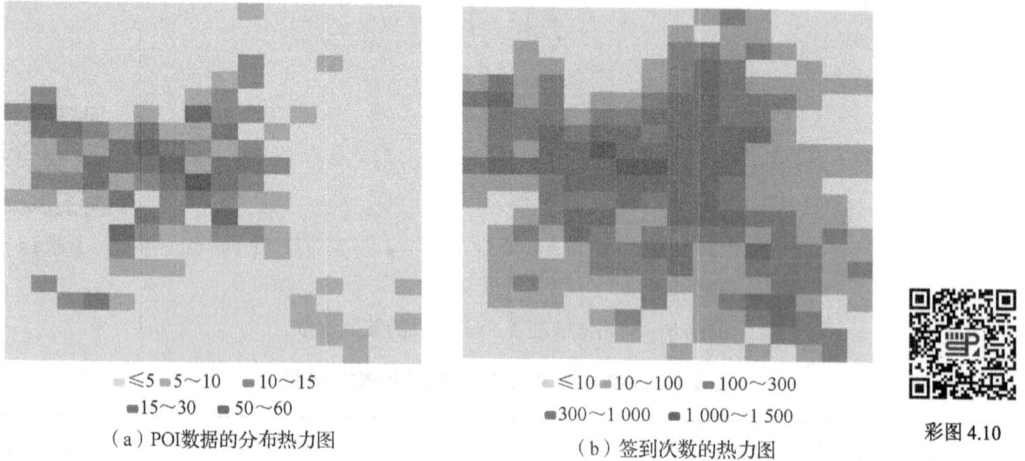

(a) POI数据的分布热力图　　　　　(b) 签到次数的热力图

彩图 4.10

图 4.10　两种数据的热力图

　　图 4.10 (a) 和 (b) 分别显示了 POI 数据的分布热力图和签到次数的热力图，可以发现：POI 数据分布较为密集的区域也是签到次数比较多的区域，POI 数据分布较为稀疏的区域则签到次数较少，两者具有一定的相关性。签到数据本身自带的 POI 数据只有3 000 多个，数量非常少，为避免影响数据补全效果，可以使用融合后的 POI 数据集参与数据补全。

4.3.3　签到数据补全模型

　　基于上述签到数据和 POI 数据的时空相关性分析，本书构建了一个基于 CMTF 的稀疏签到数据补全模型（sparse check-in data completion model，SCDCM），简称SCDCM-CMTF[26]。下面阐述该模型的创建过程。

　　在 SCDCM-CMTF 模型中，先将网格中的 POI 信息建模为张量。这里用 $\mathcal{P} \in \mathbb{R}^{I \times J \times K}$ 来表示网格的 POI 信息，I 表示经度，J 表示纬度，K 表示一个 POI 数据集的类别数。然后，将这个 POI 张量在 3 个维度分别"拍平"，得到 3 个维度的压缩信息，并用矩阵来表示。POI 矩阵的生成过程如图 4.11 所示。

　　3 个 POI 矩阵的含义如下。

　　1）Y 矩阵：$Y \in \mathbb{R}^{I \times J}$，$Y$ 矩阵中的单元格代表该网格中各 POI 类别下 POI 数据的数量之和。

　　2）S 矩阵：$S \in \mathbb{R}^{J \times K}$，$S$ 矩阵中的每一行表示整个网格中 POI 类别下 POI 数据在经度方向上的加和。

3）L 矩阵：$L \in \mathbb{R}^{K \times I}$，$L$ 矩阵中的每一列表示整个网络的 POI 类别下 POI 数据在纬度方向上的加和。

接着，将网格中的签到数据也建模成一个三阶张量 $\mathcal{X} \in \mathbb{R}^{I \times J \times P}$，并与 POI 的 3 个矩阵进行耦合，这里的 P 表示时间段。整个模型如图 4.12 所示。

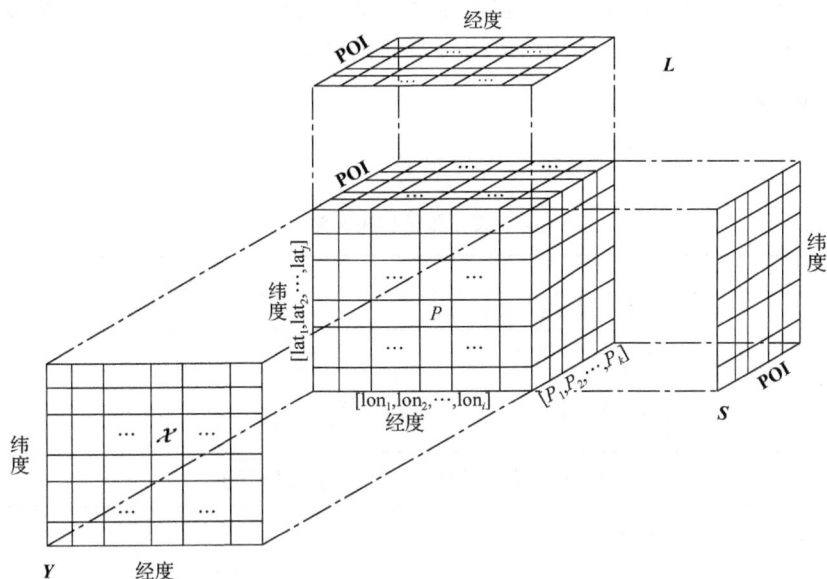

图 4.11　POI 张量的矩阵化

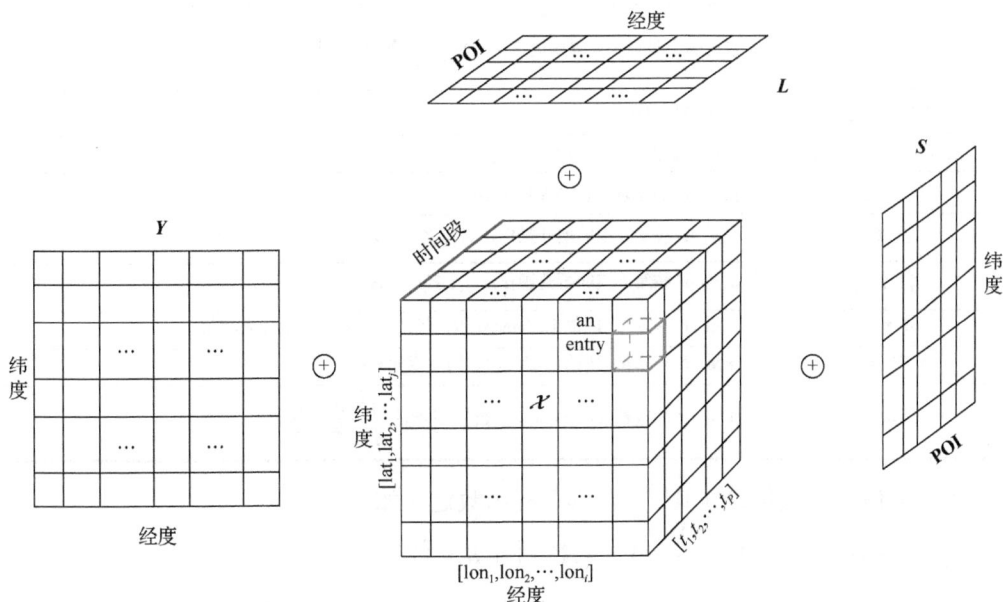

图 4.12　签到数据的补全模型 SCDCM-CMTF

签到张量 $\mathcal{X}$ 的含义如下。

1）经度维度：第一维代表网格的经度 **lon**=[lon$_1$, lon$_2$,···, lon$_i$]。

2）纬度维度：第二维代表网格的纬度 **lat**=[lat$_1$, lat$_2$,···, lat$_j$]。

3）时间片维度：将一天划分为相等的时间，如 7:00～8:00，t=[t$_1$, t$_2$,···, t$_P$]。

4）张量项：一个张量项 $\mathcal{X}(i, j, P)$ 存储着在某一经度范围 lon$_i$、某纬度范围 lat$_j$ 和时间段 t$_P$ 的签到次数。如果该张量项的值小于给定的阈值，则可以认为是有缺失的张量项。

4.3.4 模型分解及算法

表 4.2 列出了 CMTF 计算所用的相关符号。

表 4.2 张量相关符号

符号	含义
X, x_{ij}	矩阵，矩阵 X 中的某一项
$\sigma(X)$	矩阵 X 的特征值
$\|X\|_F$	矩阵 X 的 Frobenius 范数，$\|X\|_F = \left(\sum_{i,j} \|x_{ij}\|^2\right)^{\frac{1}{2}}$
$\|X\|_2$	矩阵 X 的谱范数或者 2 范数，$\|X\|_2 = \sqrt{\sigma_{max}(X^T X)}$
$\|X\|_{tr}$	矩阵 X 的迹范数，$\|X\|_{tr} = \sum_i \sigma_i(X)$
$X = U\sum V^T$	矩阵 X 的奇异值分解
Ω	被观测到的元素的索引集合
$\|X\|_{\Omega}$	包含索引集合中元素的向量，$\|X\|_{\Omega} = \left(\sum_{(i,j)\in\Omega} \|x_{ij}\|^2\right)^{\frac{1}{2}}$
$D_\tau(X) = U\sum_\tau V^T$	分解的收缩操作
$\mathcal{X} \in \mathbb{R}^{I_1 \times I_2 \times \cdots \times I_n}, x_{ijk}$	n 模的张量 $\mathcal{X}$，张量 $\mathcal{X}$ 中的某一项
$x_{i_1 \cdots i_k \cdots i_n}$	张量 $\mathcal{X}$ 的元素，$1 \leq i_k \leq I_k$, $1 \leq k \leq n$
$uf_k(\mathcal{X}_{(k)})$	张量 $\mathcal{X}$ 按第 k 模的展开操作，$uf_k(\mathcal{X}_{(k)}) = \mathcal{X}_{(k)} \in \mathbb{R}^{I_k \times (I_1 \times I_2 \times \cdots \times I_{k-1} \times I_{k+1} \cdots I_n)}$
$f_k(\mathcal{X}_{(k)})$	张量 $\mathcal{X}$ 按第 k 模的折叠操作，$f_k(\mathcal{X}_{(k)}) = \mathcal{X}$
$\mathcal{X} * \mathcal{Y}$	张量 $\mathcal{X}$ 和张量 $\mathcal{Y}$ 的 Hadamard 积，指两个张量中对应元素相乘
$<\mathcal{X}, \mathcal{Y}>$	张量 $\mathcal{X}$ 和张量 $\mathcal{Y}$ 的内积，指它们对应元素积的求和
$\|\mathcal{X}\|$	张量 $\mathcal{X}$ 的范数（Frobenius 范数），$\|\mathcal{X}\| = \sqrt{\sum_{i_1=1}^{I_1}\sum_{i_2=1}^{I_2}\cdots\sum_{i_N=1}^{I_N} x_{i_1,i_2\cdots,i_N}^2}$

为了求解签到张量 $\mathcal{X} \in \mathbb{R}^{I \times J \times P}$，其目标函数定义如下：

$$f_{\mathcal{W}}(A, B, C, V, U, F) = \frac{1}{2}\|\mathcal{W} * (\mathcal{X} - [\![A, B, C]\!])\|^2$$

$$+ \frac{1}{2}\|Y - AV^T\|^2 + \frac{1}{2}\|S - BU^T\|^2 + \frac{1}{2}\|L - CF^T\|^2$$

$$+ \frac{\lambda}{2}(\|A\|_2^2 + \|B\|_2^2 + \|C\|_2^2 + \|V\|_2^2 + \|U\|_2^2 + \|F\|_2^2) \quad （4.31）$$

其中，$A \in \mathbb{R}^{I \times R}$、$B \in \mathbb{R}^{J \times R}$ 和 $C \in \mathbb{R}^{P \times R}$ 分别对应于张量 $\mathcal{X}$ 在模 1、模 2 和模 3 的因子矩阵；R 为张量的秩；$\|\cdot\|_2$ 表示矩阵的 L2 范数；$\frac{\lambda}{2} \left(\|A\|_2^2 + \|B\|_2^2 + \|C\|_2^2 + \|V\|_2^2 + \|U\|_2^2 + \|F\|_2^2 \right)$ 是一个正则项，用于避免过拟合；λ 是一个控制正则项的参数。矩阵 A 和 $V \in \mathbb{R}^{J \times R}$ 是矩阵 Y 通过矩阵分解得到的因子矩阵。矩阵 B 和 $U \in \mathbb{R}^{P \times R}$ 是矩阵 S 通过矩阵分解得到的因子矩阵。矩阵 C 和 $F \in \mathbb{R}^{I \times R}$ 是矩阵 L 通过矩阵分解得到的因子矩阵。$\mathcal{W} \in \mathbb{R}^{I \times J \times P}$ 是引入的指示张量，专门用于张量补全，其含义如下：

$$w_{ijp} = \begin{cases} 1, & x_{ijp} \text{ 已知} \\ 0, & x_{ijp} \text{ 未知} \end{cases}$$

我们的目标就是找到矩阵 A、B、C、V、U、F，使式（4.31）最小化。为了解决优化问题，可以使用一阶优化算法来计算梯度。为了求解签到张量，先定义一些符号。假设 $\mathcal{X}$ 是大小为 $I_1 \times I_2 \times \cdots \times I_N$ 的 N 维张量，R 为张量的秩，我们的目标是将 $\mathcal{X}$ 进行 CP 分解，得到 R 个秩为 1 的张量的和，即

$$\mathcal{X} \approx \sum_{r=1}^{R} a_r^{(1)} \circ a_r^{(2)} \circ \cdots \circ a_r^{(N)}$$

其中，$a_r^{(n)} \in \mathbb{R}^{I_n}$，$n = 1, 2, \cdots, N$。这里使用"Kruskal 积"的简写符号表示 CP 分解，即

$$\llbracket A^{(1)}, A^{(2)}, \cdots, A^{(N)} \rrbracket \equiv \sum_{r=1}^{R} a_r^{(1)} \circ a_r^{(2)} \circ \cdots \circ a_r^{(N)}$$

当 $n = 1, 2, \cdots, N$ 时，其对应的因子矩阵的大小为 $I_n \times R$，可定义为

$$A^{(n)} = \begin{bmatrix} a_1^{(n)} \cdots a_R^{(n)} \end{bmatrix}$$

其中，$A^{(n)}$ 的列是模 n 的因子矩阵。

为了说明式（4.31）的分解过程，先以张量 $\mathcal{X}$ 的 CP 分解的梯度计算为例进行说明[27]。假设用 $A^{(1)}$、$A^{(2)}$ 和 $A^{(3)}$ 代表 A、B 和 C，则有

$$\min f(A^{(1)}, A^{(2)}, A^{(3)}) \equiv \frac{1}{2} \| \mathcal{X} - \llbracket A^{(1)}, A^{(2)}, A^{(3)} \rrbracket \|^2 \qquad (4.32)$$

其中，f 关于 $A^{(i)}$ 的偏导数可以由定理 4.1 求得。

定理 4.1　当 $r = 1, 2, \cdots, R$ 且 $n = 1, 2, \cdots, N$ 时，式（4.32）所示的目标函数 f 的偏导数可以通过如下公式推导得到：

$$\frac{\partial f}{\partial a_r^{(n)}} = -\left(\mathcal{X} \underset{\substack{m=1 \\ m \neq n}}{\overset{N}{\times}} a_r^{(m)} \right) + \sum_{s=1}^{R} \eta_{rs}^{(n)} a_s^{(n)} \qquad (4.33)$$

其中，$\eta_{rs}^{(n)} \equiv \prod_{\substack{m=1 \\ m \neq n}}^{N} a_r^{(m)\mathrm{T}} a_s^{(m)}$。下面将证明该定理。

证明：首先，将式（4.33）改写为 3 个函数项，之后对其进行加和，即

$$f_1 = \|\mathcal{X}\|^2, \quad f_2 = \langle \mathcal{X}, \llbracket A^{(1)}, A^{(2)}, \cdots, A^{(N)} \rrbracket \rangle, \quad f_3 = \| \llbracket A^{(1)}, A^{(2)}, \cdots, A^{(N)} \rrbracket \|^2 \qquad (4.34)$$

由于式（4.34）的第一项不涉及变量，因此 $\frac{\partial f_1}{\partial a_r^{(n)}} = \mathbf{0}$，这里的 $\mathbf{0}$ 表示长度为 I_n 的零

向量。第二项是张量 $\mathcal{X}$ 和它的 CP 分解的内积，可以表示为

$$f_2 = \left\langle \mathcal{X}, \left[\!\left[A^{(1)}, A^{(2)}, \cdots, A^{(N)} \right]\!\right] \right\rangle = \left\langle \mathcal{X}, \sum_{r=1}^{R} a_r^{(1)} \circ a_r^{(2)} \circ \cdots \circ a_r^{(N)} \right\rangle$$

$$= \sum_{r=1}^{R} \sum_{i_1=1}^{I_1} \sum_{i_2=1}^{I_2} \cdots \sum_{i_N=1}^{I_N} x_{i_1 i_2 \cdots i_N} a_{i_1 r}^{(1)} a_{i_2 r}^{(2)} \cdots a_{i_N r}^{(N)} = \sum_{r=1}^{R} \left(\mathcal{X} \mathop{\times}\limits_{m=1}^{N} a_r^{(m)} \right) = \sum_{r=1}^{R} \left(\mathcal{X} \mathop{\times}\limits_{\substack{m=1 \\ m \neq n}}^{N} a_r^{(m)} \right)^{\mathrm{T}} \times a_r^{(n)}$$

则可知

$$\frac{\partial f_2}{\partial a_r^{(n)}} = \left(\mathcal{X} \mathop{\times}\limits_{\substack{m=1 \\ m \neq n}}^{N} a_r^{(m)} \right) \tag{4.35}$$

这里用到了多模下的乘法符号 "$\times$"，假设张量 $\mathcal{X}$ 和一个向量 u 进行多模下相乘，则结果可以表示为

$$\mathcal{X} \mathop{\times}\limits_{m=1}^{N} u^{(m)} \equiv \mathcal{X} \times u^{(1)} \times u^{(2)} \cdots \times u^{(N)} = \sum_{i_1=1}^{I_1} \sum_{i_2=1}^{I_2} \cdots \sum_{i_N=1}^{I_N} x_{i_1 i_2 \cdots i_N} u_{i_1}^{(1)} u_{i_2}^{(2)} \cdots u_{i_N}^{(N)} \tag{4.36}$$

第三项可以表示为

$$f_3 = \left\| \left[\!\left[A^{(1)}, A^{(2)}, \cdots, A^{(N)} \right]\!\right] \right\|^2$$

$$= \left\langle \sum_{r=1}^{R} a_r^1 \circ a_r^2 \circ \cdots \circ a_r^{(N)}, \sum_{r=1}^{R} a_r^1 \circ a_r^2 \circ \cdots \circ a_r^{(N)}, \right\rangle = \sum_{k=1}^{R} \sum_{s=1}^{R} \prod_{m=1}^{N} a_k^{(m)\mathrm{T}} a_s^{(m)}$$

$$= \prod_{m=1}^{N} a_r^{(m)\mathrm{T}} a_r^{(m)} + 2 \sum_{\substack{s=1 \\ s \neq r}}^{R} \prod_{m=1}^{N} a_r^{(m)\mathrm{T}} a_s^{(m)} + \sum_{\substack{k=1 \\ k \neq r}}^{R} \sum_{\substack{s=1 \\ s \neq r}}^{R} \prod_{m=1}^{N} a_k^{(m)\mathrm{T}} a_s^{(m)} \tag{4.37}$$

则可知

$$\frac{\partial f_3}{\partial a_r^{(n)}} = 2 \sum_{s=1}^{R} \left(\prod_{\substack{m=1 \\ m \neq n}}^{N} a_r^{(m)\mathrm{T}} a_s^{(m)} \right) a_s^{(n)} \tag{4.38}$$

由式（4.35）～式（4.38）可得式（4.33），因此，定理 4.1 证毕。

根据定理 4.1，可将目标函数式（4.32）划分为多个函数项的求和，即

$$f_{W_1}(A,B,C) = \| \mathcal{W} * (\mathcal{X} - A,B,C) \|^2, \quad f_2(A,V) = \| Y - AV^{\mathrm{T}} \|^2$$

$$f_3(B,U) = \| S - BU^{\mathrm{T}} \|^2, \quad f_4(C,F) = \| L - CF^{\mathrm{T}} \|^2$$

$$f_5 = \| A \|_2^2 + \| B \|_2^2 + \| C \|_2^2 + \| V \|_2^2 + \| U \|_2^2 + \| F \|_2^2$$

令 $T = A,B,C$，则 f_{W_1} 关于 A、B、C 的偏导数如下：

$$\frac{\partial f_{W_1}}{\partial A} = \left(W_{(1)} * T_{(1)} - W_{(1)} * X_{(1)} \right)(C \odot B) - YV + AV^{\mathrm{T}}V + \lambda A \tag{4.39}$$

$$\frac{\partial f_{W_1}}{\partial B} = \left(W_{(2)} * T_{(2)} - W_{(2)} * X_{(2)} \right)(C \odot A) - SU + BU^{\mathrm{T}}U + \lambda B \tag{4.40}$$

$$\frac{\partial f_{W_1}}{\partial C} = \left(W_{(3)} * T_{(3)} - W_{(3)} * X_{(3)} \right)(B \odot A) - LF + CF^{\mathrm{T}}F + \lambda C \tag{4.41}$$

f_2 关于 A 和 V 的偏导数如下：

$$\frac{\partial f_2}{\partial A} = \begin{cases} -YV + A^{(-i)}V^{\mathrm{T}}V, & i = n \\ \mathbf{0}, & i \neq n \end{cases} \tag{4.42}$$

$$\frac{\partial f_2}{\partial V} = -Y^{\mathrm{T}}A + VA^{\mathrm{T}}A + \lambda V \tag{4.43}$$

其他函数项 $f_3, \cdots, f_5$ 关于张量的模 $A^{(i)}$ 和对应矩阵的偏导数可参照上面的公式给出，这里不再赘述。

最终，目标函数 f_W 关于矩阵 V、U 和 F 的偏导数如下：

$$\frac{\partial f_W}{\partial A^{(i)}} = \begin{cases} \dfrac{\partial f_{W_1}}{\partial A^{(i)}}, & i \in \{1, 2, \cdots, N\}/\{n\} \\ \dfrac{\partial f_{W_1}}{\partial A^{(i)}} + \dfrac{\partial f_2}{\partial A^{(i)}} + \dfrac{\partial f_3}{\partial A^{(i)}} + \dfrac{\partial f_4}{\partial A^{(i)}} + \dfrac{\partial f_5}{\partial A^{(i)}}, & i = n \end{cases} \tag{4.44}$$

$$\begin{cases} \dfrac{\partial f_W}{\partial V} = \dfrac{\partial f_2}{\partial V}, & \dfrac{\partial f_W}{\partial U} = \dfrac{\partial f_3}{\partial U}, & \dfrac{\partial f_W}{\partial F} = \dfrac{\partial f_4}{\partial F}, \\ \dfrac{\partial f_5}{\partial A} = \lambda A, & \dfrac{\partial f_5}{\partial B} = \lambda B, & \dfrac{\partial f_5}{\partial C} = \lambda C, \\ \dfrac{\partial f_5}{\partial V} = \lambda V, & \dfrac{\partial f_5}{\partial U} = \lambda U, & \dfrac{\partial f_5}{\partial F} = \lambda F \end{cases} \tag{4.45}$$

f_W 的梯度 ∇f_W 是一个大小为 $D = R\left(\sum\limits_{n=1}^{3} I_n + M\right)$ 的向量，而且可以通过对每个因子矩阵的偏导数进行矢量化并将它们全部连接起来形成。

本书采用带 Hestenes-steifel 更新的非线性共轭梯度法（nonlinear conjugate gradient，NCG）和 Moré-Thuente 线搜索来求解上述公式。用 $\mathcal{Z}$ 表示变量 A、B、C、V、U 和 F，则 SCDCM-CMTF 优化算法的伪代码见算法 4.1。

算法 4.1：SCDCM-CMTF 优化算法

输入：稀疏张量 $\mathcal{X} \in \mathbb{R}^{I \times J \times K}$，矩阵 Y、S 和 L，最大迭代次数 IterMax，指示张量 $\mathcal{W}$，参数 λ
输出：A, B, C, V, U, F

1. **Initialize** Z_0，即 $A_0, B_0, C_0, V_0, U_0, F_0$；
2. Evaluate $f_0 = f(z_0)$，$g_0 = \nabla f(z_0)$；
3. Set 梯度方向 $p_0 \leftarrow -g_0$，$k \leftarrow 0$；
4. **while** $g_k \neq 0$ && k<IterMax **do**
5.   Compute 步长 α_k；
6. $z_{k+1} \leftarrow z_k + \alpha_k p_k$；
7.   Evaluate $g_{k+1} = g(z_{k+1}) = \nabla f(z_{k+1})$；
8.   Compute β_{k+1}，$\beta_{k+1} = \dfrac{g_{k+1}^{\mathrm{T}}(g_{k+1} - g_k)}{(g_{k+1} - g_k)^{\mathrm{T}} p_k}$；
9. $p_{k+1} \leftarrow -g_{k+1} + \beta_{k+1} p_k$；
10. $k \leftarrow k + 1$；

4.4　实验和结果分析

本节通过实验验证了所提模型在稀疏签到数据补全的效果，并分析了实验结果。

4.4.1　数据集及评估指标

SCDCM-CMTF 模型需要的数据包括签到数据、城市路网数据和 POIs 数据。相关数据的信息如表 4.3 所示。签到数据来自新浪微博，一共 183 790 条记录。研究区域按照 1 000m 的长宽进行了划分，一共得到 1 008 个网格，时间为 24h。POIs 数据是经过融合后的数据，包含 15 个类别，一共有 41 179 条记录。

表 4.3　签到数据补全数据集

数据集	时间	大小
签到数据	2015 年 9 月 1～30 日	183 790 条记录
城市路网数据	2015 年	1 008 个网格
POIs	2015 年	41 179 条记录

本书随机地从 SCDCM-CMTF 模型中移除 10%～30%的非 0 张量项，然后用 SCDCM-CMTF 算法填充缺失的值，并用这些非 0 张量项作为真实值来判断预测出的值是否正确。接着，采用均方根误差（root mean squard error，RMSE）和平均绝对误差（mean absolute error，MAE）来评价数据补全结果的正确性。RMSE 和 MAE 的数值越小，说明预测结果越好，预测数值与实际数值相差越小，其对应的计算公式如下：

$$RMSE = \sqrt{\frac{\sum_{i=1}^{n}(y_i - \widehat{y_i})^2}{n}} \tag{4.46}$$

$$MAE = \frac{\sum_{i=1}^{n}|y_i - \widehat{y_i}|}{n} \tag{4.47}$$

其中，y_i 表示实测值；$\widehat{y_i}$ 表示推断值；n 表示实例的数量。

4.4.2　结果分析

本书模型需要两个参数：λ 和 R。首先，要确定秩 R 的取值：R 的取值太小，会增加误差值；取值太大，又会加大训练时间。以 CP 算法为例进行说明，如图 4.13 所示。经过多次实验发现，在不同的迭代次数下，当 R 的取值为 30 时，算法的 MAE 值最小，所以设置 $R=30$。对于参数 λ，其取值区间为[0.1,0.9]，当 $\lambda=0.5$ 时，算法误差最小，故 λ 的取值设为 0.5。

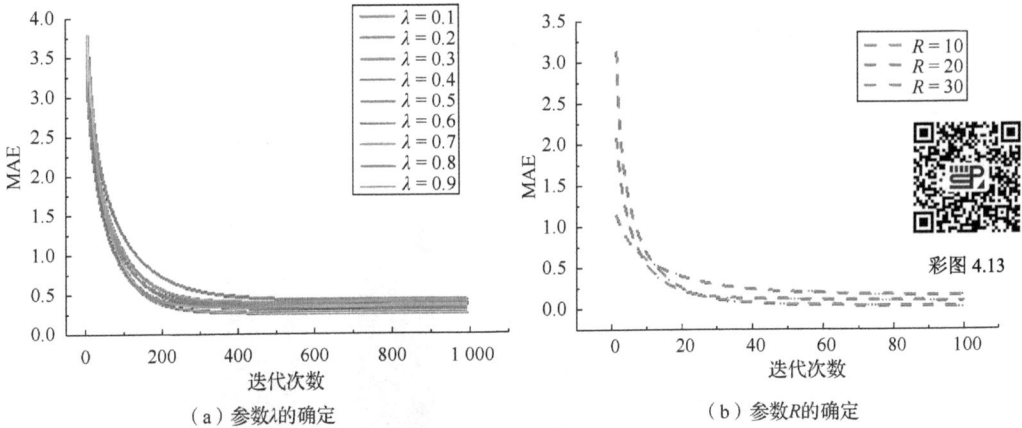

（a）参数 λ 的确定　　　　　　　　　　（b）参数 R 的确定

图 4.13　参数 λ 和 R 取不同值时的 MAE 变化

在确定好参数后，根据之前设定的缺失率，本书将 SCDCM-CMTF 算法与其他张量补全算法，如 CP[28]、CMTP-ALS[23] 和 CMTP-OPT[29] 算法进行对比实验，分别从训练误差、预测误差和训练时间 3 个方面分析各算法的性能，结果如表 4.4、图 4.14 和图 4.15 所示。

表 4.4　4 种算法在不同缺失率下的训练误差（ λ =0.5， R =30）

算法	MAE			RMSE		
CP	10%	20%	30%	10%	20%	30%
	0.566	0.573	0.586	7.964	8.062	8.245
CMTF-ALS	10%	20%	30%	10%	20%	30%
	0.311	0.328	0.336	4.376	4.615	4.727
CMTF-OPT	10%	20%	30%	10%	20%	30%
	0.291	0.298	0.301	4.094	4.193	4.235
SCDCM-CMTF	10%	20%	30%	10%	20%	30%
	0.242	0.267	0.274	3.003	3.229	3.473

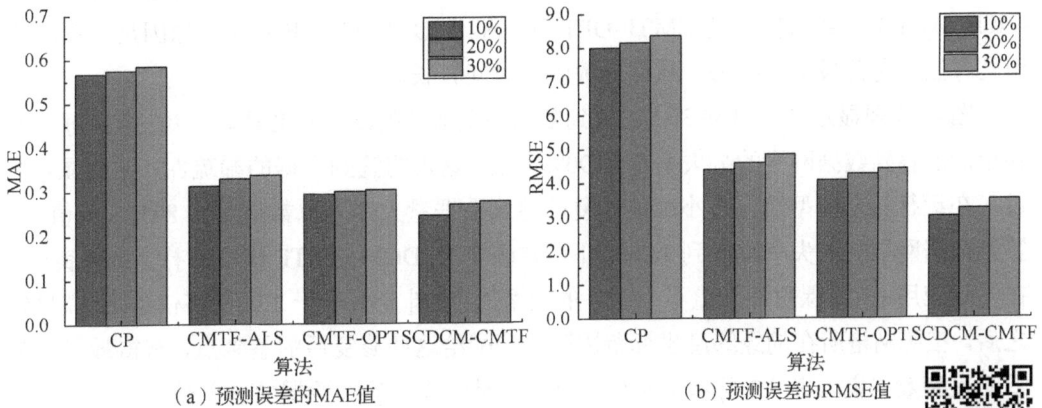

（a）预测误差的 MAE 值　　　　　　　　（b）预测误差的 RMSE 值

图 4.14　4 种算法在不同缺失率下的预测误差对比

彩图 4.14

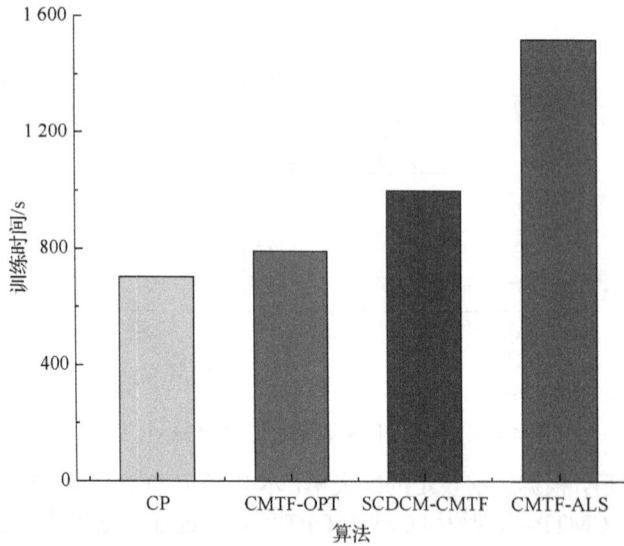

图 4.15　4 种算法在不同缺失率下的训练时间对比

表 4.4 显示了 4 种算法在不同缺失率下的训练误差值，可以发现，SCDCM-CMTF < CMTP-OPT < CMTP-ALS < CP，即 SCDCM-CMTF 算法在 3 种缺失率下，训练误差均好于其他算法，稍稍领先于 CMTP-OPT 算法。图 4.14（a）和（b）显示了 4 种算法在不同缺失率下预测误差的 MAE 值和 RMSE 值，同样可以发现，CP>CMTP-OPT>CMTP-ALS>SCDCM-CMTF，即 SCDCM-CMTF 算法在不同的缺失率下，训练误差是最小的，而 CP 分解的误差最大。图 4.15 显示了在不同缺失率下的训练时间表现，整体训练时间为 CP<CMTP-OPT<SCDCM-CMTF<CMTP-ALS。CP 分解训练时间最短的原因是只需要对一个张量进行分解，而其他 3 种算法都是基于 CMTP 分解的，故训练时间稍长。CMTP-ALS 的训练时间远超 CMTP-OPT 算法和 SCDCM-CMTF 算法，原因是该算法使用的方法是交替最小二乘法，从而导致收敛时间较长。

图 4.16 则显示了 9 月共 30d 的签到数据补全前后的缺失率对比，可以发现：每一天补全后的签到数据网格的缺失率都在 90% 以上，这表明签到数据的稀疏性非常明显。不过，在运行补全模型后，每小时能修复的签到数据量大约为原数据量的 80%（均值），签到数据网格的缺失率降低到 20% 以下，这表明 SCDCM-CMTF 模型的补全效果良好。在实际应用中，只保留补全值不小于 1 的网格信息，补全值小于 1 的网格信息将被忽略。之后，按照网格所在的经纬度坐标范围随机分配给这些修复后的签到点，获得最终补全后的签到数据集。表 4.5 显示了 9 月 7 日 5 个时间段下签到数据的补全数量。

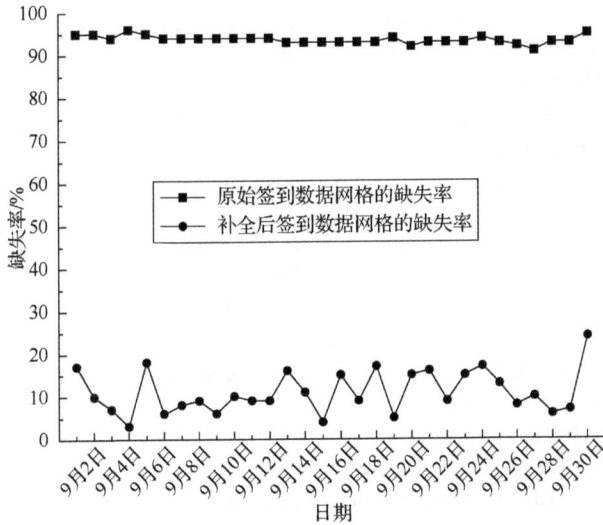

图 4.16 SCDCM-CMTF 数据补全前后的缺失率对比

表 4.5 9 月 7 日 5 个时间段下的签到数据补全数量

时间	签到数据量	补全后的签到数据量
19:00～20:00	538	963
20:00～21:00	633	1 133
21:00～22:00	727	1 304
22:00～23:00	812	1 456
23:00～24:00	1 027	1 841

4.4.3 小结

签到数据是一种来自社交网络的带有文本内容和经纬度坐标的位置数据，由于签到数据的获取需要通过应用程序接口，在数据采集时受限于技术问题或者用户操作不当造成一些区域的数据采集不到，又或者用户出行至某个位置（医院、行政机构等）时没有签到，使签到数据集的分布过于稀疏，影响后续的研究和应用。为此，本书在传统张量分解的基础上提出了一种基于耦合矩阵和张量分解的模型 SCDCM-CMTF 及其算法，利用签到数据自身的时空相关性及签到数据与 POI 数据的空间关联性实现了签到数据的缺失补全。该算法采用非线性共轭梯度法和线搜索来求解张量分解，是一种基于梯度的一阶优化方法。实验结果表明，该算法的性能优于经典的 CP 分解和两种经典的 CMTF 分解方法。

参 考 文 献

[1] 李晓菊. 协同过滤推荐系统中的数据稀疏性及冷启动问题研究[D]. 上海：华东师范大学，2018.

[2] 吴颜，沈洁，顾天竺，等. 协同过滤推荐系统中数据稀疏问题的解决[J]. 计算机应用研究，2007，24（6）：94-97.

[3] ZHU X X, BAMLER R. A sparse image fusion algorithm with application to pan-sharpening[J]. IEEE transactions on geoscience and remote sensing, 2013, 51(5): 2827-2836.

[4] SUN A, LACHANSKI M, FABOZZI F. Trade the tweet: social media text mining and sparse matrix factorization for stock

market prediction[J]. International review of financial analysis, 2016, 48: 272-281.

[5] 蔡莉. 多源位置数据的融合与挖掘[D]. 上海：复旦大学，2020.

[6] 翁小兰，王志坚. 协同过滤推荐算法研究进展[J]. 计算机工程与应用，2018，54（1）：25-31.

[7] DING W J, SUN Z, WU X X, et al. Tensor completion algorithms for estimating missing values in multi-channel audio signals[J]. Computers and electrical engineering, 2022, 97(C):107561.

[8] QU L, ZHANG Y, HU J M, et al. A BPCA based missing value imputing method for traffic flow volume data[C]//2008 IEEE Intelligent Vehicles Symposium, Eindhoven, 2008: 985-990.

[9] 周俊秀. 基于张量的数据恢复方法研究[D]. 西安：陕西师范大学，2014.

[10] 余天庆，毛为民. 张量分析及应用[M]. 北京：清华大学出版社，2006.

[11] 李开泰，黄艾香. 张量分析及其应用[M]. 北京：科学出版社，2004.

[12] 刘慧婷，陈艳，肖慧慧. 基于用户偏好的矩阵分解推荐算法[J]. 计算机应用，2015，35（z2）：118-121.

[13] ACAR E, DUNLAVY D M, KOLDA T G, et al. Scalable tensor factorizations for incomplete data[J]. Chemometrics and intelligent laboratory systems, 2011, 106(1): 41-56.

[14] 朱彦君. 基于张量分解的缺失数据插补算法的研究[D]. 杭州：杭州电子科技大学，2014.

[15] KOLDA T G, BADER B W. Tensor Decompositions and Applications[J]. SIAM review, 2009, 51(3): 455-500.

[16] AGGARWAL C C. Recommender Systems[M]. New York: Springer, 2016.

[17] BOOTH D E. Multi-way analysis: applications in the chemical sciences[J]. Technometrics, 2005, 47(4):518-519.

[18] 陈星宇. 分布式高阶奇异值分解算法的设计及实现[D]. 武汉：华中科技大学，2017.

[19] FILIPOVIC M, JUKIC A. Tucker factorization with missing data with application to low-n-rank tensor completion[J]. Multidimensional systems and signal processing, 2013, 26(3): 677-692.

[20] XU Y Y. On Higher-order singular value decomposition from incomplete data[J]. arXiv: 1411. 4324v1, 2014.

[21] 宋恩彬，史清江，朱允民. 分块强凸函数的加速块坐标下降算法的 $O(1/k^2)$ 收敛率[J]. 中国科学：数学，2016，46（10）：1499-1506.

[22] LIU X H, JING X Y, TANG G J, et al. Low-rank tensor completion for visual data recovery via the tensor train rank-1 decomposition[J]. IET image processing. 2020, 14(1): 114-124.

[23] ACAR E, PAPALEXAKIS E E, GÜRDENIZ G, et al. Structure-revealing data fusion[J]. BMC bioinformatics, 2014, 15(1): 239.

[24] MORE J J, THUENTE D J. Line search algorithms with guaranteed sufficient decrease[J]. ACM transactions on mathematical software, 1994, 20(3): 286-307.

[25] CANDES E J, TAO T. The power of convex relaxation: near-optimal matrix completion[J]. IEEE transactions on information theory, 2009, 56(5): 2053-2080.

[26] CAI L, WANG H Y, SHA C, et al. The mining of urban hotspots based on multi-source location data fusion[J]. IEEE transactions on knowledge and data engineering, 2021, 35(2): 2061-2077.

[27] ACAR E, RASMUSSEN M A, SAVORANI F, et al. Understanding data fusion within the framework of coupled matrix and tensor factorizations[J]. Chemometrics and intelligent laboratory systems, 2013, 129: 53-63.

[28] TAN H C, FENG G D, FENG J S, et al. A tensor-based method for missing traffic data completion[J]. Transportation research part C: emerging technologes, 2013, 28(1):15-27.

[29] ACAR E, KOLDA T G, DUNLAVY D M. All-at-once optimization for coupled matrix and tensor factorizations[J]. arXiv: 1105.3422v1,2011.

第5章　城市热点区域挖掘

城市热点区域的研究对于公共基础设施的规划、交通疏导和管理、土地价值评估、公共安全建设等方面具有重要的现实意义和应用价值。利用单源位置数据进行热点区域挖掘会造成研究结果的片面性，于是，多源数据融合下的挖掘方法成为当前研究的一个主流。但是，现有基于密度的聚类算法无法处理数据量不平衡的融合数据集，少数类数据形成的热点区域很难被发现或者完全丢失。因此，如何挖掘非平衡数据集所蕴含的全部热点区域成为一个亟待解决的问题。

5.1　热点区域发现

本节介绍热点区域挖掘中常用的数据来源及其问题描述。

5.1.1　城市热点区域挖掘方法

城市热点区域是指人流量大、交通需求旺盛、公共配套设施较完善或商业比较发达的区域，其特点是居民出行聚集程度高[1]。利用位置数据识别和挖掘城市热点区域是当前的主流方法，按照位置数据的类型不同，又可以细分为以下几种方法。

1）利用出租车轨迹数据进行识别。出租车轨迹数据是一种包含 GPS 经纬度坐标和车辆运行状态的数据，它不仅记录着乘客的日常出行信息，而且能反映城市的交通状况。由于获取相对容易，因此出租车 GPS 轨迹数据成为研究热点区域的典型数据源。

2）利用 POI 数据进行识别。POI 数据是一种静态的、代表真实地理实体的点状地理空间要素，包含实体的名称、经纬度、类别、地址、电话等属性信息。一个区域内如果聚集了大量同类别 POI 数据，如商场、特色商业街、超市、便利店等，这个区域可视为一个传统的零售业热点区域。

3）利用社交媒体数据进行识别。社交媒体签到数据，如微博签到数据，是一类更适用于城市结构识别及人群行为研究的数据来源。签到事件是用户有意识的行为，当他们到达某个特定地点，并且认为有值得记录的事情时，才会进行签到。如果一个特定地点附近出现了大量的签到数据，如学校、博物馆、公园等，那么说明这个地点很容易形成热点区域。

4）利用手机信令数据进行识别。手机信令数据是一种典型的位置数据，手机用户的位置、状态等信息会持续不断地传回到数量庞大的基站的数据库中。利用这类数据，实现了对居民活动比较全面的记录。与其他位置数据相比，手机信令数据具有全样本、全时性的特点，也可以用于分析居民出行的热点区域。

5.1.2　问题描述

传统城市热点区域的研究一般采用单源数据，出租车一般不能驶入某些特定区域，如景区、高校、步行街等，乘客只能在这些区域的周边上下车。因此，单独使用 GPS 轨迹数据进行热点区域挖掘会造成研究结果的片面性。

大数据时代的来临使得数据来源日益多样化。反映居民出行的位置数据除 GPS 轨迹数据外，还有微博签到数据、公交卡数据、地铁数据及手机定位数据等[2]。微博签到数据是一种特殊的位置数据，用户利用带有 GPS 功能的智能终端记录某一时刻所处位置并写下当时的感言，从而产生带有时空信息和文本内容的数据。签到数据记录下用户的兴趣爱好，反映出人们的生活轨迹，具有很高的研究价值，近年来也成为研究城市热点区域的一种重要数据来源[3]。出租车 GPS 轨迹数据的采样频率比较高，每 15s～1min 会记录一个采样点，而且一个城市的出租车数量从几千辆到上万辆不等，每天累计下来的数据量有 1 000 多万条记录。相比之下，微博签到数据每天的数量只有几千条记录。尽管微博用户的数量庞大，但使用签到功能的用户较少，当这两种数据集融合后就会出现数据不平衡的现象。少数类的数据特征容易被多数类的数据特征覆盖，而前者往往又蕴藏着极其重要的特征信息。

为了更好地阐述非平衡数据融合下的聚类挖掘问题，本书给出一些形式化的描述。假设有两个不同来源的位置数据集 D_1 和 D_2，$|D_1| / |D_2| > d$（D_1 的数据量远远大于 D_2 的数据量，d 可设置为 20）。将研究区域按照经纬度坐标划分为 N 个网格数据集 $G = \{g_1, g_2, \cdots, g_N\}$，函数 Den 用来计算任意网格 g_i 中不同位置数据集的密度，则存在 $\mathrm{Den}(g_{i1}) \gg \mathrm{Den}(g_{i2})$。先按照某种方法将 D_1 和 D_2 进行融合，形成新的数据集 DF；接着采用传统的基于密度的聚类算法，如 DBSCAN，对 DF 进行聚类。形成 K 个聚类簇集合 $C = \{c_1, c_2, \cdots, c_K\}$，任意聚类簇 c_j 包含多个位置数据。检查 c_j 后发现，其中只包含来自 D_1 的数据，来自 D_2 的数据几乎全部丢失。

根据上述描述，现有聚类算法无法挖掘密度值差异较大的非平衡数据集，会造成少数类数据（D_2）形成的热点区域信息丢失。而且，利用这些算法在计算大规模融合数据集时还存在准确率不高、运行效率低下的问题。因此，在对现有城市热点区域挖掘的研究中亟待解决以下 3 个技术难点。

1）采用多源位置数据进行热点区域挖掘已经成为当前研究的一种共识，但是如何解决多源位置数据融合时出现的数据不平衡问题呢？

2）多种位置数据如何实现融合，是采用数据级、特征级还是采用决策级的融合方法，以及融合后如何提取它们的特征？

3）如何对密度差异值较大的融合数据集进行聚类挖掘，避免少数类特征的丢失；同时，如何解决现有聚类结果评价指标无法准确评价非平衡数据集挖掘效果的问题？

5.2　相关研究现状

下面从不平衡数据和聚类算法两方面阐述现有研究现状。

5.2.1　不平衡数据的研究

不平衡数据的研究集中在两个方面：数据预处理和挖掘算法。数据预处理方法主要研究如何改变不平衡数据集的分布以便获得平衡的数据集，上采样、下采样和混合采样是 3 种常用的预处理方法[4]。挖掘算法则关注如何提升少数类样本分类结果的准确性。

上采样方法通过生成少数类使两者实现平衡，人工少数类过采样法（synthetic minority over sampling technique，SMOTE）[5]是一种经典的少数类上采样技术。其基本思想是，计算少数类集合中的任一样本到其他样本的欧几里得距离，得到其 k 近邻，然后通过线性插值法在少数类和其 k 近邻之间随机生成新的少数类样本。SMOTE 技术增加了样本重叠的可能性，而样本重叠会导致产生一些没有任何价值的新数据。为此，学者们提出了 Borderline-SMOTE[6]算法、ADASYN 算法[7]、SMOTE-D 算法[8]、MSMOTE 算法[9]及 K-SMOTE[10]等改进算法。下采样方法通过减少多数类中的样本消除类别的不平衡问题。随机下采样（random under-sampling，RUS）是一种最简单有效的下采样方法，但是它会丢失多数类样本中的一些关键信息。因此，Liu 等[11]提出了 Informed 下采样方法，即 Easy-Ensemble 和 Balance Cascade 算法来解决这个问题。此外，对多数类中的样本进行聚类操作是减小不平衡问题的重要方法。基于聚类的欠采样（clustering based under sampling，CBUS）[12]和 Fast-CBUS 就是两种基于多数类聚类的下采样方法，而基于遗传算法的欠采样（genetic algorithm based under sampling，GAUS）则是一种基于遗传算法的下采样方法[13]。混合采样法将上采样和下采样两种方法结合起来使用，其分类器的性能总体上优于单种采样方法，胡小生等[14]和 Joshi 等[15]都提出了相应的混合采样方法。

在挖掘算法方面，Garcia 等[16]通过研究不平衡的信贷数据提高了风险预测的准确性。Guo 等[17]基于机器学习技术提出了一种结合 boosting、集成学习和数据生成的方法，提升了分类器针对两个不平衡数据集的预测性能。Orriols-Puig 等[18]研究了类的不平衡对不同密歇根式学习分类器系统（Michigan-style learning classifier systems，MSLCS）分量的影响，并证明经过适当配置后，一种与 MSLCS 最相关的学习分类系统能够解决数据的高度不平衡分类问题。Krawczyk 和 Mcinnes[19]提出了一种局部集成学习的方案，用来解决高维和多类不平衡数据。Maldonado 和 Lopez[20]通过缩放因子技术对特征集的基数进行了策略优化，结合成本敏感型支持向量机（support vector machine，SVM），来处理高维和不平衡数据的分类学习问题。叶枫等[21]分析了传统机器学习算法对于不平衡数据少数类的分类精度较低的原因，并提出一种欠抽样数据处理方法，提高少数类分类精度。李雄飞等[22]提出一种不平衡数据分类算法 PCBoost，算法融合了数据合成采样技术和 boosting 技术，并以信息增益率为分裂准则构建决策树，通过数据合成方法添加合成的少数类样本以平衡训练数据。

5.2.2　聚类算法研究

聚类算法是一种重要的数据挖掘算法，常用于热点区域的挖掘。目前已经存在的聚类算法可以大致分为 4 种类型：①以 k-means、k-medoid 等算法为代表的基于划分的聚类算法；②以利用代表点聚类（clustering using representative，CURE）、平衡迭代削减聚类层次（balanced iterative reducing and clustering using hierarchies，BIRCH）等算法为代表的基于层次的聚类算法；③以 DBSCAN[23]、识别聚类结构的点序搜索（ordering points to identify the clustering structure，OPTICS）等算法为代表的基于密度的聚类算法；④以 Clique 算法为代表的基于网格的聚类算法。

2014 年，Rodriguez 和 Laio 在 Science 上发表了一篇基于密度峰值的聚类算法（clustering by fast search and find of density peaks，CFSFDP）[24]，其思想是寻找被低密度区域分离的高密度区域。CFSFDP 算法通过决策图（decision graph）寻找具有较高的密度 ρ 且与更高密度点具有较大距离 δ 的聚类中心。虽然 CFSFDP 算法新颖、计算高效，但在处理海量数据集时，其计算工作量非常庞大。针对这一缺陷，学者们提出了一些解决办法。Xie 等[25]提出了模糊加权 k-最近邻密度峰值聚类（fuzzy weighted k-nearest neighbors density peak clustering，FKNN-DPC）算法，即对于任何独立于截断距离（d_C）的数据集，计算点 i 相对于其 k 近邻的局部密度 ρ_i，并使用两种新的点分配策略将剩余的点分配给最可能的簇。FKNN-DPC 算法比 CFSFDP 算法的性能要好，但是，算法中的 k 值需要预先确定，这对于无监督的聚类来说比较困难。何熊熊等[26]提出了一种基于密度和网格簇心的聚类（density and grid based cluster centers determination，DGCCD）算法。DGCCD 算法采用网格化数据集来减少聚类过程中的计算复杂度，其划分网格的依据如下：网格对象集中网格对象数量 N_G 在大于等于数据集中数据量 n 的 1/6 的情况下最好。这一结果是根据数据量较小的基准数据集来确定的，未在大规模数据集上验证过。

在处理大规模数据集时，一些聚类算法普遍存在运行时间较长的问题。因此，使用网格划分来减少聚类过程的计算量是一种较好的方法。但是，传统基于网格的聚类算法采用固定网格的方法区分稠密区域和稀疏区域，一些稀疏区域会被删减掉，导致原本属于某个聚类簇的数据点被删除，或者被分割到相邻的区间，破坏了聚类簇的完整性[27]。

综上，不平衡问题的现有研究主要集中在分类过程，很少有人关注不平衡数据的聚类问题。虽然 Li 等[28]在研究中指出数据不平衡比例越大，聚类算法效果越差，但是他们没有进一步研究不平衡问题在聚类过程中该怎么解决。此外，现有的聚类算法也未能很好地处理密度差异较大的非平衡数据集，少数类样本往往会被视为噪声而遭到丢弃，并且在处理大规模数据集时，运行效率低下是一种普遍现象。

5.3　多源不平衡数据融合下的聚类挖掘方法

为了解决 GPS 轨迹数据和签到数据在数据融合时出现的不平衡问题，本书提出了多源位置数据融合下的城市热点区域挖掘方法（hotspots mining for multi-source data fusion，HMFMD），如图 5.1 所示。HMFMD 方法的基本思路如下[29]：①对少数类的签到数据执行数据补全操作，增加其数据量以便降低两种数据源的不平衡性；②根据 GPS 轨迹数据和签到数据的特征，采用特征融合的方法从两种数据源中提取时间属性和空间位置属性进行融合；③利用新的聚类算法来挖掘融合后的数据源，发现其蕴涵的热点区域。

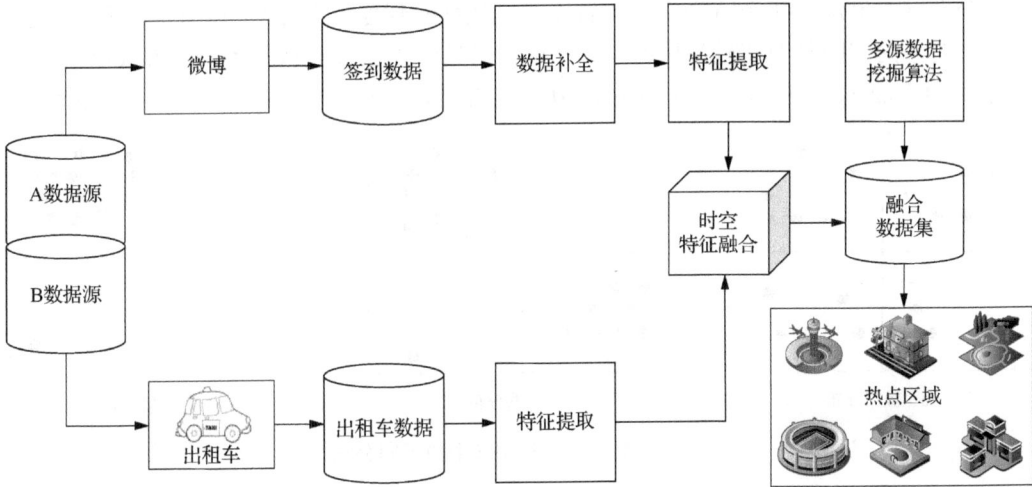

图 5.1　多源位置数据融合下的城市热点区域挖掘方法

5.3.1　相对熵与决策图

改进的自适应网格划分聚类算法（improved adaptive grid partition clustering algorithm，IM-AGPCA）是建立在我们提出的高效聚类算法 AGPCA[30]基础上的一种新颖的、用于挖掘不平衡数据的聚类算法，该算法融合了网格划分和决策图的优点，在处理不平衡数据的聚类挖掘上具有良好的表现。下面介绍该算法所涉及的原理和技术。

1. 信息熵

1948 年，Shannon 将熵的概念引入信息论，它是用来度量信息价值高低的一种方法[31]。熵可以表示如下：

$$H(R) = -\sum_{x \in S(x)} p(x) \log_2 (p(x)) \tag{5.1}$$

其中，x 为随机变量；$S(x)$ 为 x 可以取值的集合；$p(x)$ 为 x 的概率函数[27]。

信息熵满足一定的公理条件[32]：假设信息源 x_i 和 x_j 的先验概率分别为 $p(x_i)$ 和 $p(x_j)$，并且 $0 < p(x_i)$，$p(x_j) < 1$，如果 $p(x_i) > p(x_j)$，则自信息量 $I(x_i) < I(x_j)$。这条公理的含义为：某一事件发生的概率大小与获取信息量的大小成反比，即概率越大，可能性越大。但是，如果事件发生了，则获取的信息量反而越小；反之亦然。

信息熵具有一些基本性质[33]：①单调性，某一事件发生的概率越大，其携带的信息量越低，反之亦然；②非负性，信息熵不能为负值，非负性是一种合理的必然；③累加性，即多随机事件同时发生存在的总不确定性的量度等于各事件不确定性的量度之和。

相对熵是从熵衍生出来的概念[34]，可以反映数据点分布趋近于均匀分布的程度。当数据分布越趋于均匀，相对熵值越大；当数据分布越趋于集中，相对熵值越小。

例如，我们可以将数据分布的特征空间转换为网格空间，并定义每一个网格空间的熵，接着利用这些熵来表示不同区域的密度。当数据对象的空间分布比较均衡时，要确定一个数据对象位于哪个特征空间比较困难，因为其不确定性较大，熵值也很大。反之，当数据对象的空间分布比较集中时，一个数据对象位于密集区域的不确定性较小，其熵值也小。图 5.2（a）～（c）分别显示了 20 个数据对象在 4 个网格空间中的不同分布情况。

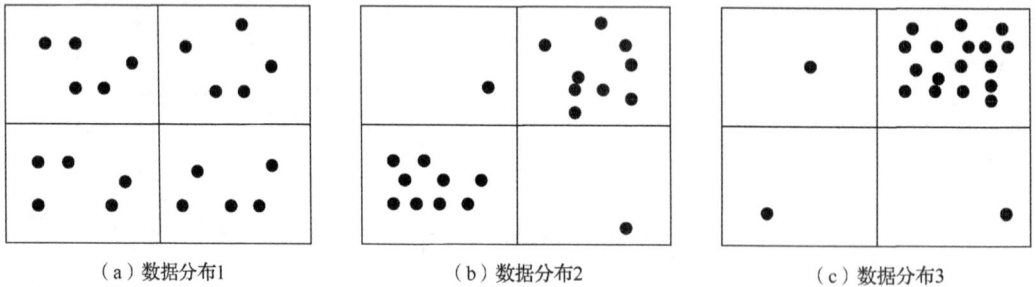

（a）数据分布1　　　　　（b）数据分布2　　　　　（c）数据分布3

图 5.2　数据在网格空间中的不同分布

可以看出，3 张图中的数据分布密度从比较均衡逐渐演变为相对集中。假设点落在某个网格的概率=该网格内的点的个数/点的总个数，则根据式（5.1），可以分别计算出图 5.2（a）～（c）各种分布的信息熵为 2、1.47 和 0.85。从计算结果中可以发现，3 种数据分布密度的熵值由大变小。这也说明，数据分布越集中，则其熵值越小，反之亦然。

2. 决策图

决策图是在 DPC 算法中提出的一种用于快速检索聚类中心的方法。Rodriguez 和 Laio[24]指出，聚类中心满足如下条件：①本身密度大，即该元素分布密度均不超过它的邻居对象包围范围；②与其他密度更大的数据元素之间的距离也相对较远。确定聚类中心需要局部密度 ρ 和距离 δ 两个参数，对于数据元素 i，其局部密度 ρ_i 可以定义为

$$\rho_i = \sum_j \gamma\left(d_{ij} - d_c\right) \tag{5.2}$$

其中，函数 γ 可定义为

$$\gamma(x) = \begin{cases} 1, & x < 0 \\ 0, & x > 0 \end{cases} \tag{5.3}$$

其中，d_c 需要用户提前指定。

数据元素 i 的距离 δ_i 可以表示为

$$\delta_i = \begin{cases} \min\limits_{j:\,\rho_j > \rho_i}\left(d_{ij}\right), & \text{一般情况} \\ \max\limits_{j}\left(d_{ij}\right), & \rho_i \text{为最大值} \end{cases} \tag{5.4}$$

式（5.4）的含义如下：当元素 i 具有最大局部密度时，δ_i 的取值为与元素 i 距离最大的点到元素 i 的距离；否则，δ_i 的取值为任何密度比元素 i 密度大的元素之间的最小距离。

下面举例说明聚类中心的选取过程，如图 5.3 所示。图 5.3（a）表示 20 个数据元素的分布情况，这些数据形成了两个较为明显的聚类簇（用大圈表示）及一些噪声点。这些元素的决策图如图 5.3（b）所示，图中的 X 轴和 Y 轴分别代表局部密度 ρ 和距离 δ。可以直观地看出，数据元素 15 和 19 具有较大的密度 ρ 和较大的距离 δ，故将它们作为聚类中心；数据元素 14 和 10 是噪声点，它们都具有较小的密度 ρ 和较小的距离 δ。

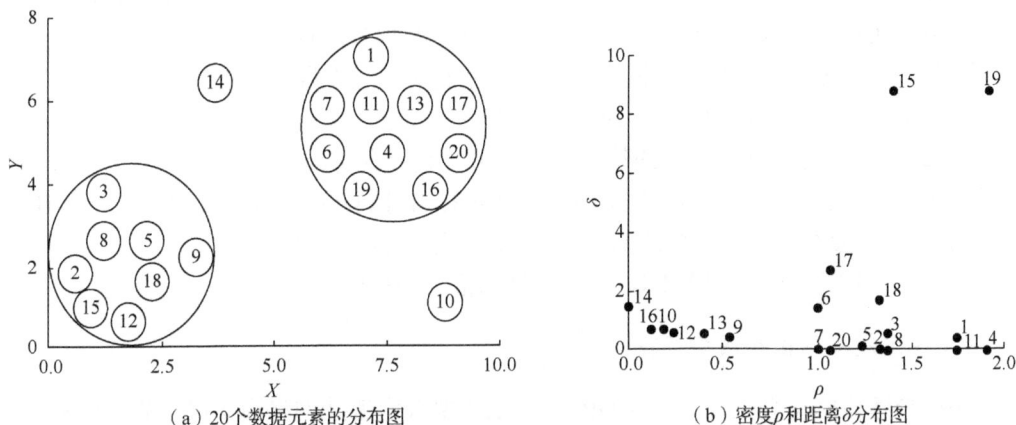

（a）20个数据元素的分布图 （b）密度 ρ 和距离 δ 分布图

图 5.3 决策图示例

5.3.2 多源不平衡数据的聚类算法

下面介绍 IM-AGPCA 算法的相关理论和定义。

1. 自适应网格划分

定义 5.1：相对熵。 这一概念表示某个属性维 i 上的数据在真实分布下计算所得熵值与同一数据集在均匀分布情况下计算所得熵值的比值[34]，其公式如下：

$$H_r(X) = -\frac{\sum_{x \in X} p_i(x) \log_2 \left(p_i(x) \right)}{\sum \frac{1}{N} \log_2 \left(\frac{1}{N} \right)} \tag{5.5}$$

其中，X 表示某个属性维 i 上的所有取值集合；x 为属性维 i 上的一个取值；N 代表将数据集在属性维 i 上均匀分布时每个取值对应的数据点个数；$p_i(x)$ 表示 x 的取值概率。

定义 5.2：直方格 bin 的相对熵。 第 i 维上直方图中的单个直方格的相对熵可以用如下公式表示：

$$h_r(x_{ij}) = -\frac{p(x_{ij}) \log_2 p(x_{ij})}{\frac{1}{T_i} \log_2 T_i} \tag{5.6}$$

其中，x_{ij} 为第 i 维上第 j 个直方图格；$p(x_{ij})$ 为直方图格里的数据量占整个数据空间数据集的比例；T_i 为第 i 维上的直方图格的数量[27]。

定义 5.3：直方图的相对熵。 第 i 维上直方图的相对熵可以用如下公式表示：

$$H_r(X_i) = -\frac{\sum\limits_{x_{ij} \in X_i} p(x_{ij}) \log_2\left(p(x_{ij})\right)}{\sum\limits_{i=1}^{k} \dfrac{1}{T_i} \log_2 T_i} \tag{5.7}$$

其中，X_i 为第 i 维上直方图格的集合。

在算法 IM-AGPCA 中，为了提高计算效率，相对熵被用来区分数据空间中的密集数据区域和稀疏数据区域，做到自适应网格划分，其划分过程如下。

步骤 1：根据输入的网格步长参数 ε 等长划分 D_i，构造第 i 维的直方图（Hb）。

步骤 2：计算第 i 维的每一个 Hb 的相对熵。

步骤 3：计算第 i 维的直方图的相对熵及相对熵阈值 θ_h。

步骤 4：顺序扫描第 i 维的所有 Hb，若 Hb 的相对熵≥θ_h，则继续扫描后一个 Hb，直至 Hb < θ_h；接着将之前扫描的 Hb 进行合并，并继续扫描至结束。

步骤 5：重复步骤 1～步骤 4，直至多维网格扫描完成。

2. 确定簇心网格和网格标签

完成自适应网格划分后，IM-AGPCA 算法需要确定哪些网格属于确定簇心网格，簇心网格的定义如下。

定义 5.4：网格密度。 设每一个网格对象 cell_i 的密度为 ρ_i，则 $\rho_i = \text{Count}(\text{cell}_i)$。

定义 5.5：网格对象的距离值。 将网格对象 cell_i 到更高密度网格对象 cell_j 的最近距离作为网格对象的距离值，记为 δ_i，计算公式如下：

$$\delta_i = \min_{j:\rho_j > \rho_i}(d_{ij}) \tag{5.8}$$

其中，d_{ij} 为网格对象 cell_i 中心位置到网格对象 cell_j 中心位置之间的欧几里得距离。

定义 5.6：簇心网格。 簇心网格是指同时具有较高的密度 ρ 和较大距离值 δ 的网格对象。

为了获得簇心网格，本书首先统计各网格的密度及其距离值。假设网格集合中密度最高的网格对象为 ex，它的距离值 $\delta_{ex} = \max(\delta_i)$，$j$ 为除 ex 外的所有网格对象。之后，绘制各网格的密度与距离的分布图，如图 5.4 所示。可以发现，编号为 5 和 9 的网格对象具有较高的密度 ρ 和较大的距离 δ，将它们作为簇心网格对象。

为了加快查找速度，本书在这一处理阶段使用了 k-d Tree[35] 来创建索引。k-d Tree 是一种平衡二叉树的具体实现。它可以根据数据点的维度，在 k 维数据空间（如三维（x，y，z））中划分出对应的索引结构。确定簇心网格的过程如下。

步骤 1：根据相对熵自适应地将数据集空间中的每一维划分为互不重叠的 n 个网格。

步骤 2：扫描所有网格，删除数据点为 0 的网格，形成新的非空网格并记为 N_p。

步骤 3：确定 N_p 的每一个网格对象 i 的标签。

步骤 4：对于 N_p 中的每一个网格对象 i，计算它的密度参数 ρ_i 和距离值 δ_i。若 GPS 标签网格密度>DG_{th}（GPS 簇心网格阈值），则标记其为 GPS 簇心网格；若 Check-in 标签网格密度>DC_{th}（Check-in 簇心网格阈值），则标记其为 Check-in 簇心网格。

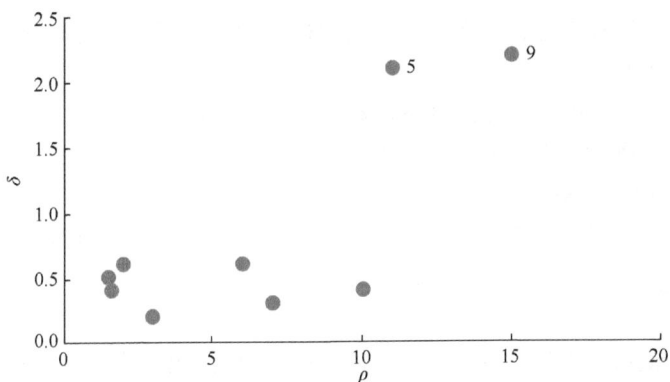

图 5.4　密度 ρ 与距离 δ 的分布图

确定网格标签是根据网格中不同数据源所占的比例分配标签类型，如图 5.5 所示。图 5.5（a）显示了 1 个非平衡数据集的空间分布，其中，1 个圆点代表 1 个位置接近的 GPS 轨迹数据，1 个三角形代表 1 个 Check-in 数据。由图 5.5（a）可知，数据空间分布中出现了 4 个聚类簇（Cluster1～Cluster4），由于数据集不平衡，出现了密度分布不均匀的情况，因此在划分网格时，如果 GPS 点数超过一半且比例大于 65%，则该网格为 GPS 网格；如果 Check-in 点数超过一半且比例大于 55%，则该网格为 Check-in 网格，如图 5.5（b）所示。若网格并不满足以上条件，则为普通聚类网格，不参与后续多源簇心网格的选取。

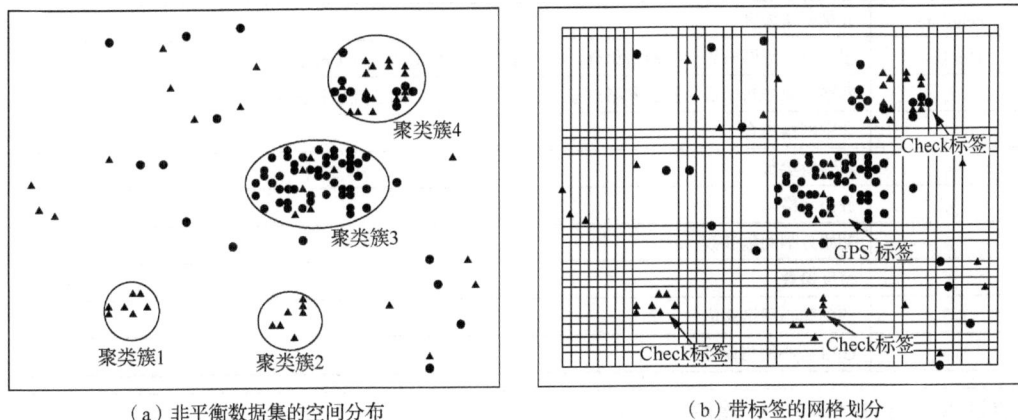

（a）非平衡数据集的空间分布　　　　　　　　　　（b）带标签的网格划分

图 5.5　网格标签确定

3. 确定聚类结果

在簇心网格对象确定之后，本书采用基于密度的划分方式来完成聚类，具体步骤如下。

步骤 1：给每个 GPS 簇心网格分配不同的聚类簇 ID，然后依次对 GPS 簇心网格的相邻网格进行聚类。

步骤 2：给每个 Check-in 簇心网格分配不同的聚类簇 ID，然后依次对 Check-in 簇心网格的相邻网格进行聚类。

步骤 3：将其余未分配的网格进行邻接网格遍历，若邻接网格有聚类簇 ID，则将这一 ID 分配给该网格。

步骤 4：对于其余仍未分配的网格，利用 k-d Tree 索引找到离它最近的 k（k 为数据集大小的 3‰）个网格，将最近的且距离小于 k 近邻平均距离的网格簇 ID 赋予该网格；反之，将该网格标记为噪声点网格，簇 ID 赋值 0。

步骤 5：重复步骤 4，直到所有网格已经分配好聚类簇 ID，则整个聚类工作结束。

5.3.3　算法实现

综上，IM-AGPCA 算法的基本思想可以分为 3 步：第一步，完成自适应网格划分，并为每个网格分配类别标签；第二步，计算每一个网格对象的密度 ρ 和距离 δ，以确定簇心网格并给它们分配不同的聚类簇 ID；第三步，采用密度聚类的方法完成计算，得到最终的聚类结果。IM-AGPCA 算法涉及的变量如表 5.1 所示，伪代码描述见算法 5.1。

表 5.1　IM-AGPCA 算法涉及的变量

符号	含义
D	数据集 $D = \{D_1, D_2, \cdots, D_k\}$，由 k 维数据组成
C	聚类结果集 $C = \{C_1, C_2, \cdots, C_n\}$
Hb	直方图格
hRate	相对熵阈值
neigRate	邻接网格密度
GridList	根据自适应网格划分的网格集合，GridList = {Cell$_1$, Cell$_2$, $\cdots$, Cell$_l$}
d_{ij}	网格对象 cell$_i$ 中心位置到网格对象中心 cell$_j$ 位置之间的欧几里得距离
N_p	非空网格集合
δ_i	距离值参数
g_c	簇心网格
ε	初始分割间隔参数
ρ_i	密度参数
DC$_{th}$	签到簇心网格阈值
DG$_{th}$	GPS 簇心网格阈值

算法 5.1：IM-AGPCA 算法

输入：D, ε, hRate, neigRate, DG$_{th}$, DC$_{th}$
输出：聚类结果 C

```
// 第一步：划分自适应网格
1.   for each i, i∈(1, ···, k) do
2.       Hb_i = GetBinList(D_i, ε);    //根据输入的 ε 参数等长划分 D_i，构造第 i 维的直方图
3.       for each x_i in Hb_i do
4.           h_r(x_ij) = CompEntropy(x_i);        //计算每一个直方图格的相对熵
5.           sum_hr = SumEntropy(h_r(x_i));        //统计直方图熵值和
6.           inx = CompMegInx(h_r(x_i), hRate, sum_hr);    //计算要合并的网格下标
7.       Merge(inx);                              //将熵值大于阈值的直方图格进行合并
```

```
8.    GridList = CreateGridList(Hb);   //返回自适应划分网格集合
9.    Np = DelEmptyGrid(GridList);      //剔除密度为 0 的网格
10.   for each Celli in Np do
11.       Celli.label = SetGridLable(Celli);        //为每个网格分配类别标签
//第二步：确定簇心网格
12.   for each Celli in Np do
13.       GenerateNearKd(Celli);        //为 Celli 建立 k-d Tree
14.       CompGridDensity(Celli);       //计算决策图中 Celli 的 Density 值
15.       CompGridDelta(Celli);         //计算决策图中 Celli 的 Delta 值
16.   Sort(Np);                         //将网格根据密度进行降序排序
17.   gc = DeterGPSCenter(Np, DGth, neigRate);   //根据 DGth 确定 GPS 簇心网格
18.   Sort(Np);                         //将网格根据标签进行降序排序
19.   gc = DeterChkCenter(Np, DCth, neigRate);   //根据 DCth 确定签到簇心网格
//第三步：获得最终聚类结果
20.   SetNearestCluster(Np, gc);        //确定簇心单元周围网格的所属聚类簇 ID
21.   RemainGridCluster(Np);            //确定簇心及其周围网格单元的所属聚类簇 ID
22.   FinalGridCluster(Np);             //遍历剩余的网格集合，确定网格所属聚类簇 ID
23.   C = GetClusterResult(Np);         //获得最终的聚类簇
24.   return C
```

执行完这 3 步操作后，就能得到最后的聚类结果。接着，分析 IM-AGPCA 算法的时间复杂度。假设待处理的对象是一个 k 维、数量为 N 的数据集。首先，网格化预处理的时间复杂度为 $O(kN)$，得到 N_p 个网格；其次，计算每个网格对象距离的时间复杂度为 $O((N_p^2 - N_p)/2)$；再次，确定数据来源和网格标签的时间复杂度为 $O(N_p)$；最后，完成聚类算法的时间复杂度为 $O(N_p^2 + N_p)$。因此，整个算法的时间复杂度为 $O(kN) + O((N_p^2 - N_p)/2) + O(N_p) + O(N_p^2 + N_p)$，本书采用 k-d Tree 来构建索引，所以整个算法的时间复杂度可减小为 $O(kN) + O((N_p^2 - N_p)/2) + O(N_p\log N_p + N_p)$。网格化预处理的空间复杂度取决于每一维数据集中跨度最大的两点之间的距离 d，其使用网格步长 ε 参数在每一维上等长划分，构造第 i 维的直方图，故 k 维数据集网格化预处理后得到 $(d/\varepsilon)^k$ 个网格，空间复杂度为 $O(d^k)$；然后扫描预处理得到的网格，根据相对熵阈值进行合并，得到最后的 N_p 个网格对象，空间复杂度为 $O(N_p)$。所以整个算法的空间复杂度为 $O(d^k+N_p)$。

5.4　实验和结果分析

本节提出了一个新的、用于评价多源不平衡数据集聚类效果的指标，即不平衡数据集的综合聚类索引（synthetic clustering index for imbalanced datasets, SIID），并通过实验验证了所提算法的有效性，最后分析了实验结果。

5.4.1　数据集

本实验的研究区域为昆明市主城区，由五华区、盘龙区、西山区和官渡区 4 个行政区组成，其经纬度范围分别为东经 $102°21'\sim103°2$ 和北纬 $24°41'\sim25°27'$，如图 5.6 所示。

原始的 GPS 轨迹数据集包含了 7 457 辆出租车在 2015 年 9 月 7～13 日的运营状况，共计 3 亿多条记录。签到数据来自新浪微博，时间是 2015 年 7～11 月，共计 40 万条数据。为了弥补使用单一数据源的不足，本书将经过数据补全后的签到数据集（9 月 7～13 日）和相同日期的出租车 GPS 数据集进行融合后来挖掘昆明市的城市热点区域。签到数据的基本属性包括时间、用户 ID、签到经度、经度纬度、签到内容，GPS 数据包括车牌 ID、时间、经度、纬度、载客状态、行车速度、道路名称等信息。融合后的数据集属性为时间、经度、纬度和数据来源，数据来源中的 C 代表签到数据，G 代表出租车 GPS 数据。表 5.2 列举了 9 月 7 日不同时间段下两种数据源的数据量。

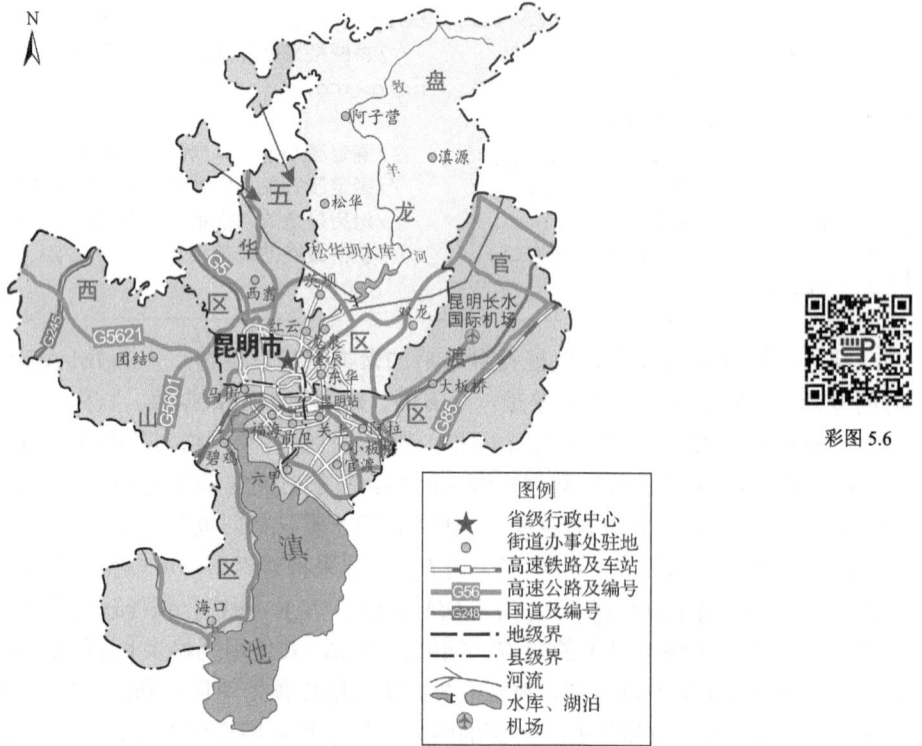

图 5.6　昆明市主城区地图

彩图 5.6

表 5.2　签到数据与 GPS 数据量

2015 年 9 月 7 日	GPS 数据量	签到数据量	数据补全后的签到数据量
时间段 19	8 576	538	963
时间段 20	10 291	633	1 133
时间段 21	11 165	727	1 304
时间段 22	10 989	812	1 456
时间段 23	9 334	1 027	1 841

5.4.2　评估指标

现有的聚类算法有效性评估指标只是针对单源数据的，并不适用于多源不平衡数据集聚类效果的评估。少数类数据所占比例较小，其形成的聚类结果很难被发现，因此评估指标必须能衡量不同算法发现少数类聚类簇数量和准确性的能力。本书在轮廓系数（silhouette coefficient，SC）[35]的基础上提出了一种新的评估指标 SIID。SIID 指标由两部分构成：第一部分采用轮廓系数 SC 来评估整个聚类结果的有效性，它的取值区间为$(-1,1)$，为保证评估指标始终为正值，采用对最终轮廓系数值加 1 的方式来处理；第二部分表示聚类结果中少数类结果被挖掘到的准确性。两部分的权重分别用 W_{sl} 和 W_{ex} 表示。对应的公式如下：

$$\text{SIID} = \left(\frac{1}{N} \sum_{j=1}^{N} \frac{1}{N_j} \sum_{i=1}^{N_j} \frac{b(i)-a(i)}{\max\{a(i),b(i)\}} + 1 \right) \times W_{sl} + \frac{N_{fc}}{N_c} \times W_{ex} \quad (5.9)$$

其中，N 表示聚类簇的个数。N_j 表示簇 j 包含的所有点数。$a(i)$ 表示点 i 到所属簇中所有其他点的距离。$b(i)$ 表示点 i 到不包含该对象的任意簇中的点的平均距离。对所有点的轮廓系数求平均，就能得到总的轮廓系数。N_{fc} 表示多源数据融合后由少数类数据形成的聚类簇个数。N_c 表示多源数据融合前由所有少数类数据形成的聚类簇个数。权重 W_{sl} + W_{ex} =1，取值由用户自定。SIID 指标的取值区间是（0，2），越接近 2，聚类质量越好；反之，聚类质量越差。

　　为了证明 SIID 模型更适用于多源融合数据聚类结果的评价，本书采用戴维森堡丁（Davies Bouldin，DBI）[35]、SC 和 SIID 评价指标对图 5.7 所示的合成数据集执行聚类分析。该合成数据集包含 4 个类簇，即 2 个多数类簇和 2 个少数类簇。DBI 指标及 SC 指标皆适用于真实标签信息未知的情况，且皆为指数值越高，聚类效果越好。3 个模型指标结果及少数类类簇匹配度如图 5.8（a）～（d）所示。

　　图 5.8（a）表示少数类类簇的匹配度，用来反映少数类类簇被识别出来的程度。通过计算多源融合数据集的聚类结果中包含单源少数类类簇个数的占比，就能得到少数类类簇的匹配度。由图 5.8（b）～（d）可知：类簇数为 2 时，DBI、SC 指标值最高，此时少数类的匹配度为 0，表明该结果中不存在少数类聚类簇。分析原因是该融合数据集中只有多数类被发现，因此 DBI、SC 指标均为最高。此外，不同类簇数下 SIID 指标曲线与少数类匹配度曲线变化趋势一致。在类簇数为 4 时，SIID 指标值最高，并且其挖掘出来的聚类簇与实际结果吻合，即在多数类被正确挖掘到的同时，少数类亦被挖掘出。对比证明，针对多源不平衡数据融合下的聚类有效性评估，SIID 综合评价指标优于 DBI和 SC 指标，且真实有效。

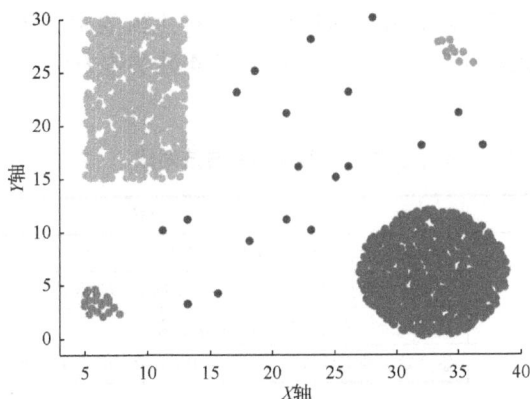

彩图 5.7

图 5.7　合成数据集分布图

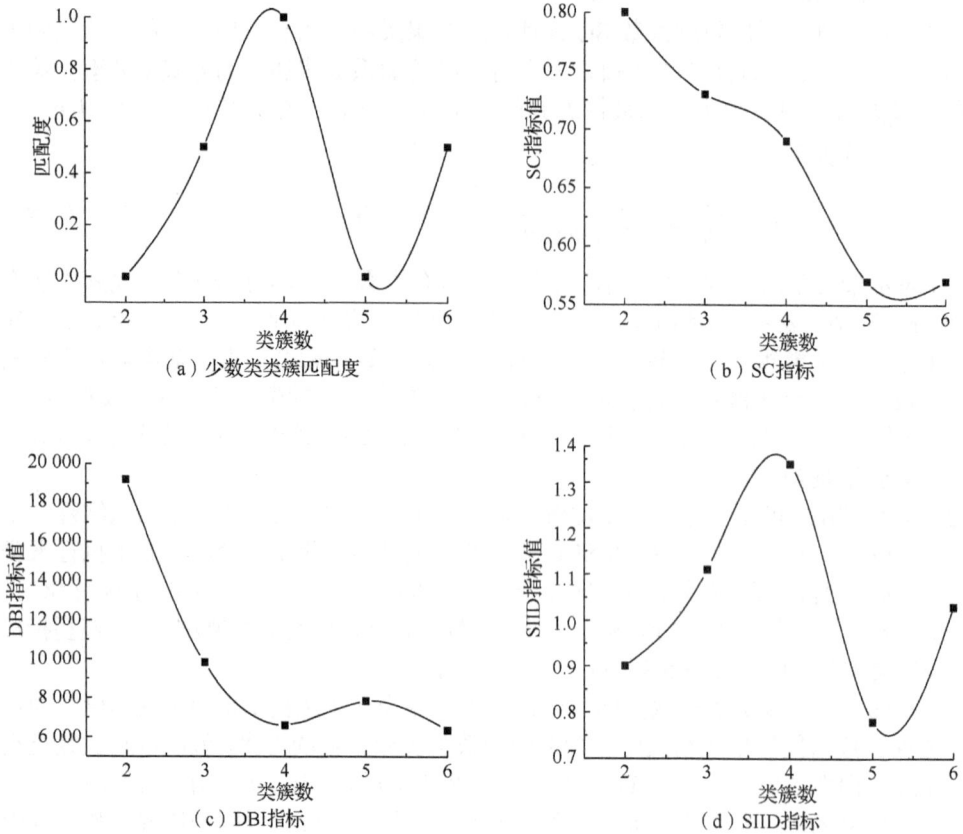

（a）少数类类簇匹配度　　　　　　　　（b）SC 指标

（c）DBI 指标　　　　　　　　　　　（d）SIID 指标

图 5.8　3 种不同评价指标的结果对比

5.4.3　实验方法

不平衡数据聚类的实验数据集包括 5 个基准数据集、1 个合成数据集和 1 个真实数据集。将 IM-AGPCA（改进的 AGPCA）算法与 DBSCAN、AC（automatic clustering，自动聚类）-DBSCAN、DPC、DGCCD 和 FKNN-DPC 等 5 种主流的聚类算法进行对比。针对融合后数据集的不平衡问题，本书从不同层面提出了 4 种实验方法，具体内容如表 5.3 所示。

表 5.3　不平衡数据聚类的实验方法对比

方法	特点	描述
1	不做处理	数据融合后直接使用 AGPCA 算法聚类
2	数据补全	签到数据补全后再融合，使用 AGPCA 算法聚类
3	改进算法	数据融合后使用 IM-AGPCA 算法聚类
4	数据补全+改进算法	签到数据补全后再融合，使用 IM-AGPCA 算法聚类

由表 5.3 可知，方法 1 属于数据层面的融合，即直接融合两种数据集并使用 AGPCA

算法聚类；方法 2 也是数据层面的融合，但是它对签到数据进行数据补全后才融合，并使用 AGPCA 算法聚类；方法 3 采用算法层面的融合聚类，它使用 IM-AGPCA 算法来挖掘直接融合后的两种数据集；方法 4 属于数据+算法层面的融合技术，这种方法首先对签到数据进行补全，并融合 GPS 数据，接着再使用 IM-AGPCA 算法实现聚类。

1. 参数确定

IM-AGPCA 算法需要确定网格步长 ε、相对熵比例 hRate 和邻接网格密度 neigRate 3 个参数，下面将详细介绍它们的选择过程。

（1）网格步长 ε

本书以 21:00～21:59 时间段下的数据为例，使用 4 种方法分别计算在不同网格步长参数（ε=80,100,120,150,200）下聚类结果的 SIID 指标，如图 5.9 所示。可知，当 ε=80 时，SIID 指标曲线的波动较大，其在方法 1 和方法 2 上取值最低，但在方法 3 和方法 4 上的取值偏高。当 ε=200 时，其在方法 1 和方法 2 上的取值偏高，但在方法 3 和方法 4 上取值最低。出现这一结果的原因是 ε 选取过大时，会将一些不属于该聚类簇的结果包含进来，并且多数类聚类簇可能会囊括一些周边的独立少数类数据，从而导致少数类簇数量下降。当 ε=150 时，SIID 指标值的变化趋势与 ε=120 时的情况一致，且 SIID 指标值偏低。当 ε=100 时，SIID 指标在方法 4 上获得最大值，而且在方法 1 和方法 2 上也获得较理想的结果。故参数 ε 的取值设置为 100。

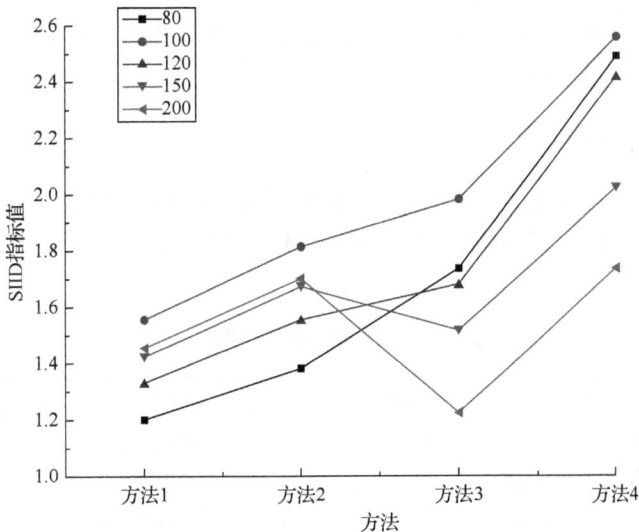

图 5.9　不同网格步长参数下的 SIID 指标对比

（2）相对熵比例 hRate

确定参数 hRate 在不同取值下的 SIID 指标，如图 5.10 所示。可以看出：当 hRate = 0.011 时，SIID 指标在各方法上均取得最低值；当 hRate = 0.013 时，SIID 指标在方法 3 上的取值明显低于其他的方法；当 hRate = 0.018 和 0.1 时，4 种方法均得到相同的 SIID 指标，说明当 hRate 在 0.018～0.1 之间变化时，SIID 指标不受影响；当 hRate=0.015 时在方法 1、方法 2 和方法 3 上取得最高的 SIID 指标，在方法 4 上取得较高的 SIID 指标。因此，将 hRate 设置为 0.015。

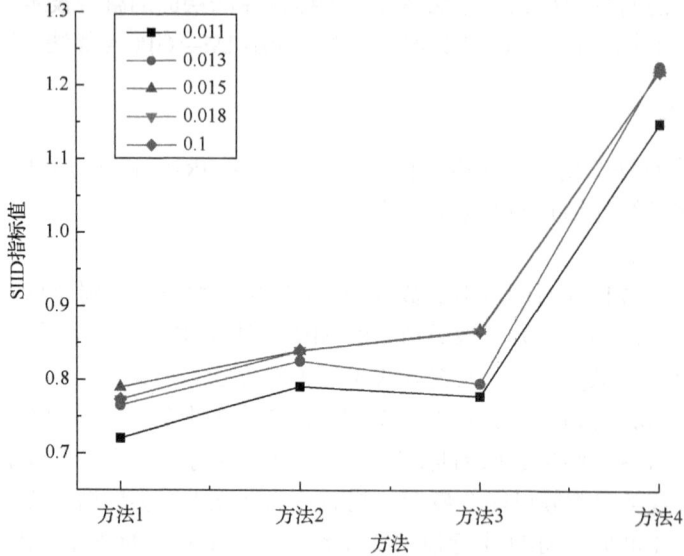

图 5.10　不同相对熵比例参数下的 SIID 指标对比

（3）邻接网格密度 neigRate

当 ε =100 和 hRate = 0.015 时，无论 neigRate 参数的取值如何，SIID 指标均不受影响，故随机设置 neigRate = 0.4。

2. 确定簇心网格阈值

本书分析 IM-AGPCA 算法中用到的 GPS 簇心网格阈值 DG_{th} 和签到簇心网格阈值 DC_{th} 的取值情况，方法 3 和方法 4 都使用了 IM-AGPCA 算法。这两种方法使用如表 5.4 所示的不同阈值对。

表 5.4　聚类参数说明

方法	阈值对 1	阈值对 2	阈值对 3	阈值对 4
3	DG_{th} = 15	DG_{th} = 20	DG_{th} = 25	DG_{th} = 30
	DC_{th} = 4	DC_{th} = 5	DC_{th} = 6	DC_{th} = 7
4	DG_{th} = 15	DG_{th} = 20	DG_{th} = 25	DG_{th} = 30
	DC_{th} = 4	DC_{th} = 5	DC_{th} = 6	DC_{th} = 7

对方法 3 和方法 4 采用 4 组不同的阈值分别进行实验分析，SIID 指标的对比结果如图 5.11 所示。可知，阈值对 2 在方法 3 和方法 4 上均获得最佳 SIID 指标。因此，后续实验采用了阈值对 2 中的参数。

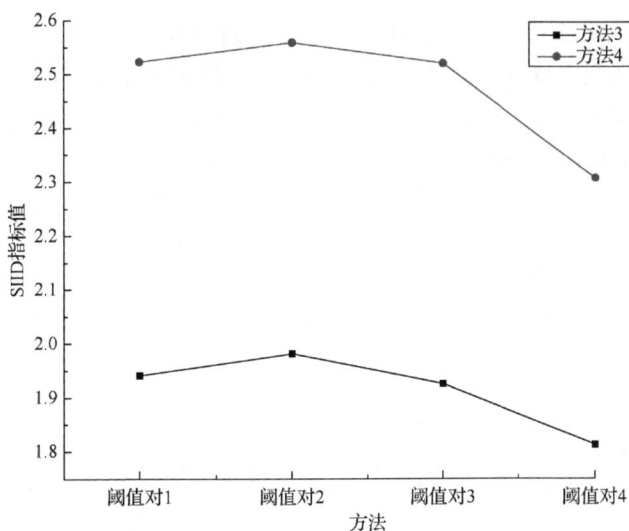

图 5.11　不同阈值对参数下的 SIID 指标

5.4.4　结果分析

1. 聚类结构 SIID 指标

在确定好各种方法所需的最佳参数和阈值后，本书以 2015 年 9 月 5 个不同时间段下的出租车数据和补全签到数据的融合数据集为例，对比不同方法的聚类结果 SIID 指标，如图 5.12 所示。可知，方法 4 在各个时间段数据集下均获得最高的 SIID 指标。为了避免不同时间段下数据集对实验结果的影响，本书将每种方法下的 5 个时间段聚类结果的 SIID 指标取平均值进行对比，如图 5.12（b）所示。方法 1、方法 2、方法 3 在不同数据集下的平均 SIID 指标基本持平，无明显变化；方法 4 的平均 SIID 指标都明显高于其他 3 种方法。对比结果表明：在不平衡数据集聚类时，对少数类数据进行数据补全处理后再与改进算法相结合的方法，优于单纯进行数据层面的处理或单纯进行算法改进的处理方法。

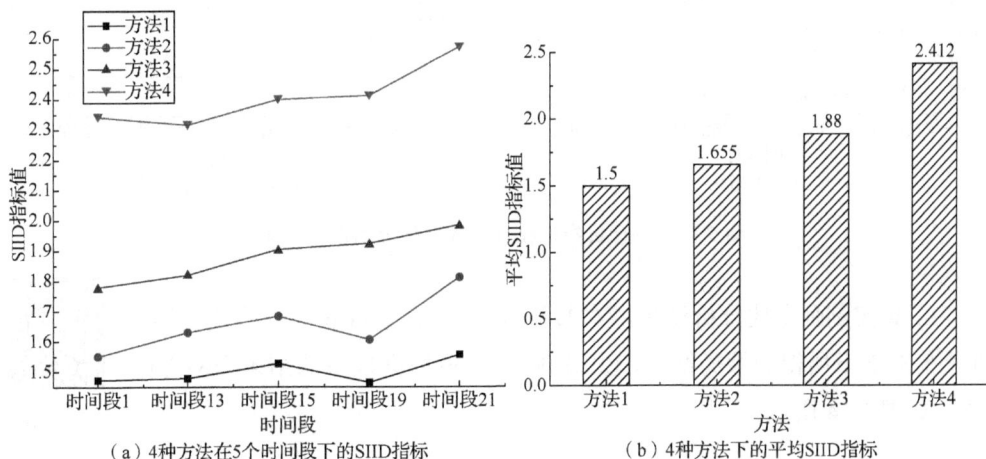

（a）4种方法在5个时间段下的SIID指标

（b）4种方法下的平均SIID指标

图 5.12　4 种方法的聚类性能指标对比

为进一步证明 SIID 指标不仅适用于人工模拟数据集，也适用于真实的多源融合数据集，本书在真实数据集上继续对比 SC 指标、DBI 指标和 SIID 指标的结果，如图 5.13（a）～（c）所示。对于 SC 指标，方法 3 达到了最高值，而方法 4 在 4 个阈值对中也达到了较高值。对于 DBI 指标，除阈值对 1 外，方法 3 获得了最低的 DBI 值，而方法 4 在阈值对 1 时获得最低值，但是它们之间的差异较小。对于 SIID 指标，方法 4 在不同的阈值对下都获得了最佳值，其他方法的 SIID 指标曲线也具有相似的趋势。此外，指标值稳定在某个低值范围内。对比图 5.13（c）和（d），可以看出 SIID 指标的曲线趋势与匹配度曲线一致。在方法 4 中，除阈值对 4 外，少数类类簇的匹配度达到 90%，表明该算法可以挖掘出所有单一来源的少数类类簇。

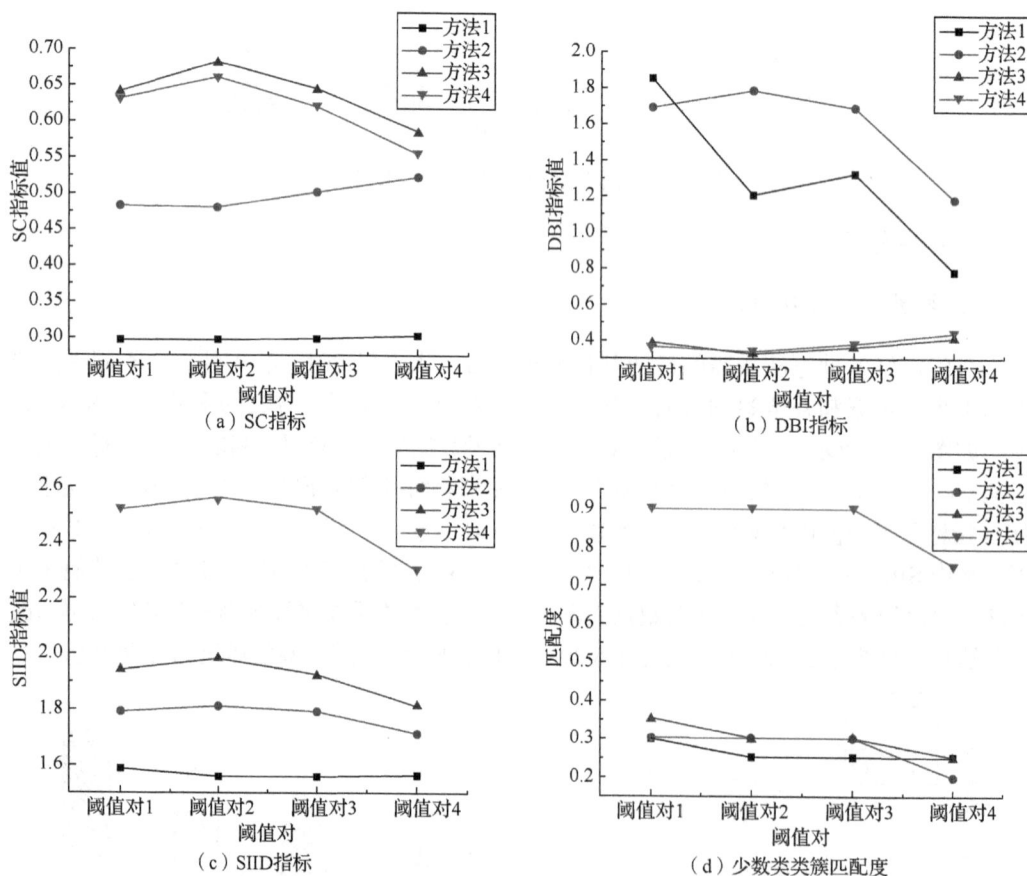

图 5.13　各评价指标在真实数据集上的评估结果

为了真实刻画上述分析结果，本书利用 ArcGIS 平台展示方法 3、方法 4 在阈值对 2 下所得的聚类结果，以 21:00～21:59 时间段下的结果为例进行说明，如图 5.14 所示。

彩图 5.14

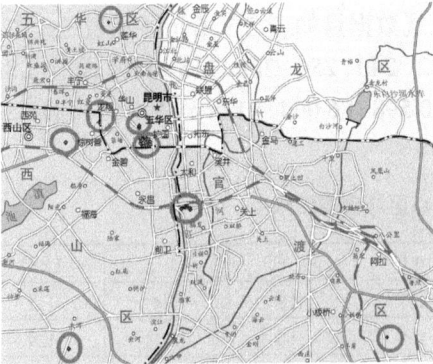

（a）单源签到数据形成的热点区域图

（b）单源 GPS 数据形成的热点区域图

（c）方法 3 的聚类结果分布图

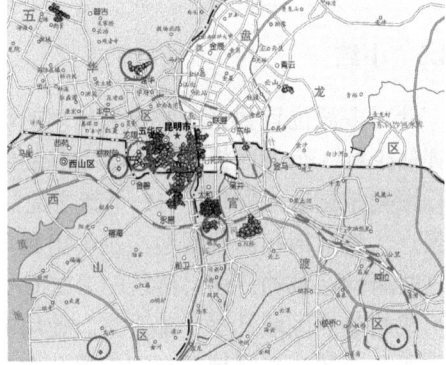

（d）方法 4 的聚类结果分布图

图 5.14　21:00～21:59 时间段下的聚类结果对比图（无长水机场）

为了得到更好的展示效果，图 5.14（a）～（d）中没有显示出距主城区较远的长水机场。图 5.14（a）为单源签到数据聚类得到的热点区域图，签到数据产生的热点区域有 9 个（其中长水机场未显示在图中）。图 5.14（b）为单源出租车 GPS 数据聚类得到的热点区域图，出租车 GPS 数据产生的热点区域有 8 个。图 5.14（c）为方法 3 所得的聚类结果图，可知多源融合数据集在方法 3 下挖掘到的热点区域有 8 个，其中只挖掘到 1 个单源签到热点区域，且融合后热点区域个数少于 2 个单源热点区域个数之和，这说明方法 3 得到的聚类结果效果差。图 5.14（d）为方法 4 得到的聚类结果，由图可知融合数据产生了 23 个热点区域，其中，单源签到数据所形成的热点区域全部被发现，且多源数据融合后挖掘到的热点区域个数明显多于单源数据挖掘到的热点区域个数，这表明方法 4 行之有效，能弥补使用单源数据源带来的聚类结果不全面的问题。同时，SIID 指标的评估能力要优于 SC 指标和 DBI 指标。此外，实验结果也表明，对数据进行预处理并结合算法层面的改进是处理不平衡数据聚类问题的一种高效可行的方法，这种方法优于单纯的数据预处理和单纯的聚类算法改进。

2. 聚类结果分析

本书采用 IM-AGPCA 算法对 9 月 7～13 日融合后的数据集来挖掘昆明市的城市热

点区域，上下车形成的热点区域数量及包含的位置数据量如表 5.5 所示。从表 5.5 中可以发现：7 天所获得的聚类簇数量分别是 233、242、240、256、288、315、240，总计 1 814 个聚类簇；所包含的融合数据点分别是 80 214、80 598、86 094、91 065、102 534、118 587 和 88 799，累计 647 891 个位置数据。

表 5.5　9 月 7～13 日的热点区域聚类结果

日期	7 日	8 日	9 日	10 日	11 日	12 日	13 日
下车聚类簇	107	105	108	117	128	144	111
上车聚类簇	126	137	132	139	160	171	129
上下车位置数据量	80 214	80 598	86 094	91 065	102 534	118 587	88 799

5.4.5　小结

针对多源位置数据在融合后出现的数据量不平衡问题，本书从融合模型、聚类算法和评估指标 3 个方面提出了一套完整的解决方案。利用所提方案对两种来源的位置数据进行聚类挖掘后，发现了 11 个新增的热点区域，这些区域主要分布在昆明市的远郊旅游景点、步行街和高校周边。由于出租车的工作特性，单纯使用 GPS 数据是无法挖掘到这些新增区域的。使用传统的 DBSCAN 算法只能发现 83% 的热点区域，由少数类数据形成的热点区域几乎全部丢失。使用 IM-AGPCA 算法不仅能发现 100% 的热点区域，而且所发现的热点区域在空间位置分布和数量上与实际情况一致。此外，HMFMD 方法不仅适用于 GPS 轨迹数据和签到数据，也可以对其他融合后的位置数据进行分析和评价，如公交卡数据、地铁数据和手机定位数据等。

参 考 文 献

[1] 蔡莉，潘俊，魏宝乐，等. 签到数据的热点区域时空模式与情感变化的可视化分析[J]. 小型微型计算机系统，2018，39（9）：1889-1894.

[2] 郭迟，刘经南，方媛，等. 位置大数据的价值提取与协同挖掘方法[J]. 软件学报，2014，25（4）：713-730.

[3] 丁兆云，贾焰，周斌. 微博数据挖掘研究综述[J]. 计算机研究与发展，2014，51（4）：691-706.

[4] 向鸿鑫，杨云. 不平衡数据挖掘方法综述[J]. 计算机工程与应用，2019，55（4）：1-16.

[5] CHAWLA N V, BOWYER K W, HALL L O, et al. SMOTE: synthetic minority over-sampling technique[J]. Journal of artificial intelligence research, 2002, 16(1): 321-357.

[6] HAN H, WANG W Y, MAO B H. Borderline-SMOTE: a new over-sampling method in imbalanced data sets learning[C]// Proceedings of the 2005 International Conference on Advances in Intelligent Computing, Hefei, 2005: 878-887.

[7] HE H B, BAI Y, GARCIA E A, et al. ADASYN: adaptive synthetic sampling approach for imbalanced learning[C]//2008 IEEE International Joint Conference on Neural Networks, HongKong, 2008: 1322-1328.

[8] TORRES F R, CARRASCO-OCHOA J A, MARTÍNEZ-TRINIDAD J F. SMOTE-D a deterministic version of SMOTE[C]// Mexican Conference on Pattern Recognition, Mexico, 2016: 177-188.

[9] HU S G, LIANG Y F, MA L T, et al. MSMOTE: improving classification performance when training data is imbalanced[C]// 2009 Second International Workshop on Computer Science and Engineering, Qingdao, 2009: 13-17.

[10] MATHEW J, LUO M, PANG C K, et al. Kernel-based SMOTE for SVM classification of imbalanced datasets[C]//IECON 2015—41st Annual Conference of the IEEE Industrial Electronics Society, Yokohama, 2015: 001127-001132.

[11] LIU X Y, WU J X, ZHOU Z H. Exploratory undersampling for class-imbalance learning[J]. IEEE transactions on systems,

man and cybernetics, part B(cybernetics), 2009, 39(2): 539-550.

[12] LIN W C, TSAI C F, HU Y H, et al. Clustering-based undersampling in class-imbalanced data[J]. Information sciences, 2017, 409-410: 17-26.

[13] HA J Y, LEE J S. A new under-sampling method using genetic algorithm for imbalanced data classification[C]//Proceedings of the 10th International Conference on Ubiquitous Information Management and Communication, Danang, 2016: 1-6.

[14] 胡小生, 张润晶, 钟勇. 一种基于聚类提升的不平衡数据分类算法[J]. 集成技术, 2014, 3 (2): 35-41.

[15] JOSHI M V, KUMAR V, AGARWAL R C. Evaluating boosting algorithms to classify rare classes:comparison and improvements[C]//Proceedings 2001 IEEE International Conference on Data Mining, San Jose, 2001: 257-264.

[16] GARCIA V, MARQUES A I, SANCHEZ J S. Improving risk predictions by preprocessing imbalanced credit data[C]//19th International Conference on Neural Information Processing, Doha, 2012: 68-75.

[17] GUO H Y, VIKTOR H L. Learning from imbalanced data sets with boosting and data generation: the DataBoost-IM approach[J]. ACM SIGKDD explorations newsletter, 2004, 6(1): 30-39.

[18] ORRIOLS-PUIG A, BERNADO-MANSILLA E, GOLDBERG D E, et al. Facetwise analysis of XCS for problems with class imbalances[J]. IEEE transactions on evolutionary computation, 2009, 13(5):1093-1119.

[19] KRAWCZYK B, MCINNES B T. Local ensemble learning from imbalanced and noisy data for word sense disambiguation[J]. Pattern recognition, 2018, 78: 103-119.

[20] MALDONADO S, LOPEZ J. Dealing with high-dimensional class-imbalanced datasets: embedded feature selection for SVM classification[J]. Applied soft computing, 2018, 67: 94-105.

[21] 叶枫, 丁锋. 不平衡数据分类研究及其应用[J]. 计算机应用与软件, 2018, 35 (1): 132-136, 205.

[22] 李雄飞, 李军, 董元方, 等. 一种新的不平衡数据学习算法 PCBoost[J]. 计算机学报, 2012, 35 (2): 202-209.

[23] ESTER M, KRIEGEL H P, SANDER J, et al. A density-based algorithm for discovering clusters in large spatial databases with noise[C]//Proceedings of the 2nd International Conference on Knowledge Discovery and Data Mining, Portland, 1996: 226-231.

[24] RODRIGUEZ A, LAIO A. Clustering by fast search and find of density peaks[J]. Science, 2014, 344(6191): 1492-1496.

[25] XIE J Y, GAO H C, XIE W X, et al. Robust clustering by detecting density peaks and assigning points based on fuzzy weighted K-nearest neighbors[J]. Information sciences, 2016, 354(C): 19-40.

[26] 何熊熊, 管俊轶, 叶宣佐, 等. 一种基于密度和网格的簇心可确定聚类算法[J]. 控制与决策, 2017, 32 (5): 913-919.

[27] 肖红光, 谭雯, 邓国群, 等. 一种改进的 GP-CLIQUE 自适应高维子空间聚类算法[J]. 测控技术, 2018, 37 (4): 16-19.

[28] LI X, CHEN Z G, YANG F. Exploring of clustering algorithm on class-imbalanced data[C]//Proceedings of the 8th International Conference on Computer Science and Education, Colombo, 2013: 89-93.

[29] CAI L, WANG H Y, SHA C, et al. The mining of urban hotspots based on multi-source location data fusion[J]. IEEE transactions on knowledge and data engineering, 2023, 35(2): 2061-2077.

[30] 蔡莉, 江芳, 许卫霞, 等. 一种基于自适应网格划分和决策图的聚类算法研究[J]. 小型微型计算机系统, 2019, 40 (10): 2033-2038.

[31] OLABELURIN A, VELURU S, HEALING A, et al. Entropy clustering approach for improving forecasting in DDoS attacks[C]//Proceedings of the IEEE 12th International Conference on Networking, Sensing and Control, Taipei, 2015: 315-320.

[32] 谢宏, 程浩忠, 牛东晓. 基于信息熵的粗糙集连续属性离散化算法[J]. 计算机学报, 2005, 28 (9): 1570-1574.

[33] 刘华文. 基于信息熵的特征选择算法研究[D]. 长春: 吉林大学, 2010.

[34] 高嵩. 基于相对熵的投影聚类算法研究[D]. 重庆: 重庆邮电大学, 2007.

[35] ZALIK K R, ZALIK B. Validity index for clusters of different sizes and densities[J]. Pattern recognition letters, 2011, 32(2): 221-234.

第6章　城市热点区域量化分析

　　热点区域是居民出行的具体体现，如何量化分析它们的形成原因及比较不同区域之间的差异性，是当前研究的一个热点。由于缺少一个综合性的评价指标，现有研究大多采用定性分析来描述热点区域的特征，即使采用定量分析，其所采用的评价指标也较少。另外，在进行热点区域的量化分析时，需要对多个不同时空尺度下的热点区域执行比较和合并操作，传统人工判断方法需要花费较长的计算时间。因此，如何实现相似热点区域之间自动化的判断与合并，如何建立一个更合理的评价指标来定量分析它们之间的差异性，是当前研究中亟待解决的两个问题。

6.1　热点区域量化方法

　　当前，采用定性分析来量化热点区域是一种常见手段，一些研究者利用可视化方法来比较不同热点区域之间的差异。例如，秦静等[1]将兴趣面（area of interest，AOI）热点区域划分为郊区、中心城区和历史城区，通过热度排序和流量统计来对比这些区域，进而探讨各热点区域受关注的程度和热度特征。苏帅[2]将 POI 数据分为 8 类，之后提取POI 核密度等值线作为每类 POI 数据的热点区域边界，通过对比这些区域边界与城市高分辨率影像中的实际地物来分析和验证热点区域之间的差异性。薛佳文[3]使用可视化方法对比工作日和周末的 6 个时间段中由上下车点形成的热点区域，分析随时间变化居民的出行需求特征和区域对出行的吸引力。祁特[4]对比工作时间段和休息时间段的手机信令热点图，分析出中心城区就业中心的城市空间结构体系。王璐等[5]获取了研究区域内摩拜单车的上下车点数据并进行加载，得到 ArcGIS Pro 渲染的热点分布图；通过对比工作日和休息日 3 个时间段中的热点分布图,揭示出不同时间段内居民日常出行的活动规律。

　　在热点区域的定量分析中，通过上下车点数量来计算给定区域内的密度，并以密度作为一个量化指标来衡量不同热点区域的吸引力是一种较为普遍的方法[6]。秦昆等[7]将重叠度大于 30%的城市热点区域合并后作为节点、出租车在热点区域的行驶路径作为边、上下车次数作为边权值来构建热点区域网络，从而将节点出入强度和边权值作为量化指标来分析热点区域网络中节点的重要性。江惠娟[8]基于出租车载客点和拥堵点形成的热点区域建立等距离缓冲区，将缓冲区与小区面积的比值作为热点区域量化指标，以此反映社区居民出行的便捷程度随时间变化的情况。严益明[9]使用平均空间热度值、最大空间热度值和高峰期平均空间热度值 3 个指标量化热点区域，并对比 3 个指标的量化分布图来分析城市青年空间活力。周博等[10]基于特定时间段内热点区域上下车点的数量计算出入强度和净流量比 2 个指标，对比工作日与休息日中热点区域出入强度统计和净流量空间可视化图，分析热点区域的空间交互作用。

6.2　问 题 描 述

为了更好地阐述城市热点区域量化问题，本书给出一些形式化描述。假设采用改进的基于密度的聚类算法，如 IM-AGPCA，对融合数据集 DF 执行聚类操作并形成了 K 个聚类簇集合 $C = \{c_1, c_2, \cdots, c_K\}$。由于不同日期、不同时间段下挖掘出的热点区域不完全一致，如果要进行量化分析，则必须判断出热点区域之间的相似性和相异性，并合并相似的区域。函数 $\text{sim}(c_j, c_t)$ 用来判断任意聚类簇 c_j 和 c_t 形成的热点区域是否相似。一旦把所有的热点区域合并和分割好，就可以建立一些量化指标来评价它们。但是，国内外关于热点区域成因的研究和量化分析相对薄弱，并面临如下挑战。

1. 挑战 1：热点区域的相似性分析难度较大

聚类算法是挖掘城市热点的常用算法，随着数据量的增加，聚类簇的数量也在不断增加。如果要对热点区域进行量化分析，首先要判断这些聚类簇是属于同一个热点区域还是属于不同的热点区域。如果是相似的热点区域，那么需要合并统计。传统的判断方法是人工操作，即利用一些可视化方法将所有的聚类簇加载到地图上，以空间位置、大小和形状等特征作为相似性或者相异性的衡量标准。根据第 5 章的热点区域挖掘结果，由融合后的位置数据形成的聚类簇数量多达 1 800 余个，如果采用人工方法判断，那么计算效率会非常低下。

2. 挑战 2：热点区域探因分析的量化程度不足

为了评估热点区域之间的差异性，一些学者将热点区域的形成因素作为评价指标，在此基础上提出了出行时间、出行频率和出行量 3 个使用较为频繁的指标。吕绍仟等[11]还提出了轨迹的停留时间、转角次数、对象覆盖率这 3 个特征来量化区域热度。但是，这些指标比较简单，不能全面刻画热点区域的形成特征及差异性，而且还没有考虑热点区域与 POI 数据之间的关联。

因此，要实现热点区域的量化分析，需要解决两个关键问题：①如何快速地对不同日期、不同时间段下形成的热点区域进行相似性比较，将空间位置相似的区域归并在一起；②如何根据相似性的比较结果提取热点区域的特征，并利用这些特征建立一个综合性的评价指标。我们要求指标不仅要直观、简单，而且还能有效地评价不同热点区域之间差异性。

6.3　热点区域相似性分析方法

热点区域量化的难点在于如何判断聚类簇的相似性。针对这个问题，本书提出了一种新颖的基于凸包的判定方法，其基本原理是计算具有多个 GPS 点的聚类簇的几何形状，然后根据这些形状来分析它们的空间位置关系，最终判断这些空间形状是否相似。下面介绍本章所涉及的理论和方法。

6.3.1　聚类簇的几何形状描述

在地图上，一个热点区域是由若干个点集构成的聚类簇，从几何形状上看，热点区域就是由多个上下车点聚集后形成的多边形。任意两个多边形在空间位置上存在分离、包含、相交和相切 4 种情况[12]。图 6.1 通过一个实例来描述这 4 种位置关系。

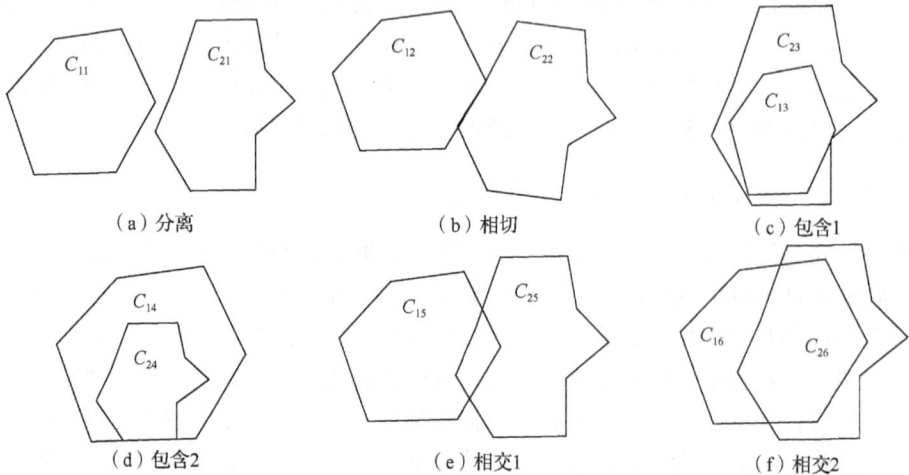

图 6.1　两个多边形之间的位置关系

在图 6.1 中，每个网格表示一对多边形在空间位置上的关系，总计 6 种情况，其中，C_{ij} 表示第 i 个时间段的第 j 个聚类结果多边形。图 6.1（a）所示网格表示 C_{11} 和 C_{21} 分离，可以形成两个热点区域。图 6.1（b）所示网格表示 C_{12} 和 C_{22} 相切，仍然把它们视为两个热点区域。图 6.1（c）所示网格表示 C_{23} 包含 C_{13}，用较大结果（即 C_{23}）表示热点区域。图 6.1（d）所示网格的情况与图 6.1（c）所示网格正好相反，但仍然用较大结果 C_{14} 表示热点区域。图 6.1（e）所示网格表示 C_{15} 和 C_{25} 两个多边形相交，但交集小于一个给定的面积阈值 θ_s，因此，把它们看成两个热点区域。图 6.1（f）所示网格表示 C_{16} 和 C_{26} 相交，而且交集大于面积阈值 θ_s，因此，把它们的并集作为一个热点区域。

在地理信息科学领域中，根据应用需求的不同可将多边形匹配方法划分为两类：第一类用于度量不同目标之间的几何相似性，其思想是提取待匹配对象的特征，如空间位置、方向、形状、大小和长度等，以从给定的数据集中找到一个在这些特征上最为接近的对象，并判断它们是否相似[13-16]；第二类主要应用于同一目标在数据处理前后变形程度的度量[17-18]。

在已有研究中，文献[16]借鉴人眼判断两个多边形是否相似的过程被广泛采纳。人眼是如何判断两个多边形是否相似的呢？首先，用户确定一些度量指标，如空间位置、大小、形状或拓扑性等；其次，人眼会根据这些指标分别考虑两个实体在位置上是否接近、在面积上有何差异、在形状上能否一致及与其他实体拓扑关系的一致性[19]；最后，通过加权方式综合各个特征的空间相似性来确定最终的匹配结果。但是，本书所涉及的多边形对的相似性与上述文献的相似性有所区别。下面以图 6.2 为例进行说明。

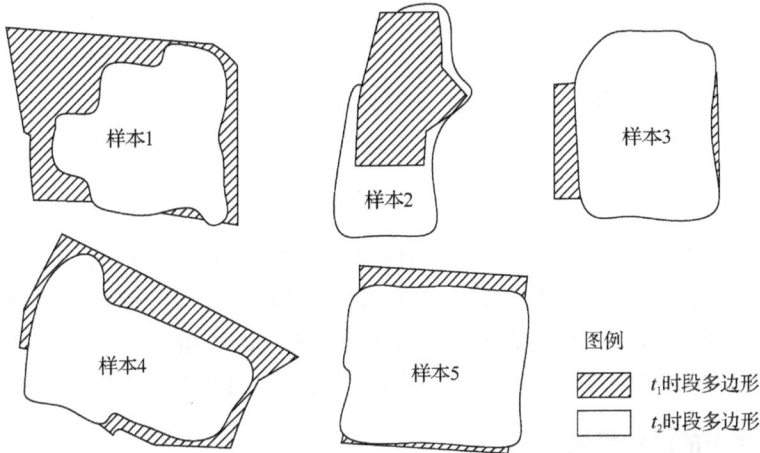

图 6.2　5 对示例样本

图 6.2 显示了 5 对示例样本，它们的形状与实际聚类簇的形状非常接近。假设阴影部分的多边形来自某一天的 t_1 时间段，实线部分表示同一天的 t_2 时间段。如果按照文献[19]提出的方法来判断它们的相似性，那匹配结果如表 6.1 所示。两组样本的相似性主要通过位置、形状和面积 3 个指标进行比较，各指标的权重比为 $1:1:1$，阈值 θ_s 为 0.85。

表 6.1　5 对示例样本相似性比较结果

样本对	位置相似性	形状相似性	面积相似性	总相似度	匹配结果
1	0.889 2	0.943 8	0.619 7	0.817 6	不匹配
2	0.812 4	0.871 5	0.359 0	0.681 0	不匹配
3	0.895 7	0.914 8	0.741 3	0.850 6	匹配
4	0.936 6	0.950 9	0.698 9	0.862 1	匹配
5	0.972 7	0.958 6	0.930 2	0.953 8	匹配

在 5 对样本中，样本对 3、4 和 5 的总相似度都超过 θ_s，说明它们相互匹配，其中样本对 5 的总相似度最高。样本对 1 和 2 总相似度没有超过 θ_s，属于不匹配情况。但在本书的应用场景下，尽管样本对 1 和 2 不匹配，但是它们反映彼此的包含关系，故判定为同一个热点区域。

本书在判断两个多边形对是否相似时，主要关注它们之间是否形成重叠关系。由于热点区域是由多个点集组成的，在判断重叠关系时不太方便，因此需要先创建点集的包围盒。包围盒将点集、物体或一组物体完全包容在相对简单的一个封闭空间，其可划分为 5 种类型[20]：包围球（bounding sphere，BS）、AABB 包围盒（axis-aligned bounding box）、OBB 包围盒（oriented bounding box）、FDH（fixed direction hull）包围盒和凸包（convex hull，CH）包围盒。图 6.3 显示了包围盒的各种类型。

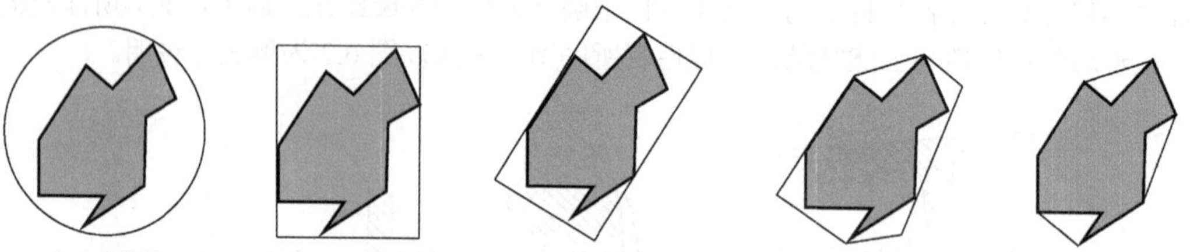

图 6.3　包围盒的类型

AABB 包围盒是指轴平行于坐标轴的包围盒，它是选取二维形状各顶点中的最大横坐标、最小横坐标、最大纵坐标、最小纵坐标所形成的矩形[21]，是最常用的一种包围盒类型。OBB 包围盒的轴为任意方向，是 AABB 包围盒的改进。FDH 包围盒是一种固定方向的包围盒。CH 包围盒能够紧密包围物体，是 5 种类型中面积最小的包围盒。

6.3.2　平面点集的凸包算法

目前，计算平面点集凸包的一些经典算法有增量法、格雷厄姆（Graham）算法、卷包裹法（gift-wrap-ping method）和分治法等[22]，其中以 Graham 算法最为经典。下面介绍 Graham 算法的基本步骤，相关示例如图 6.4 所示。

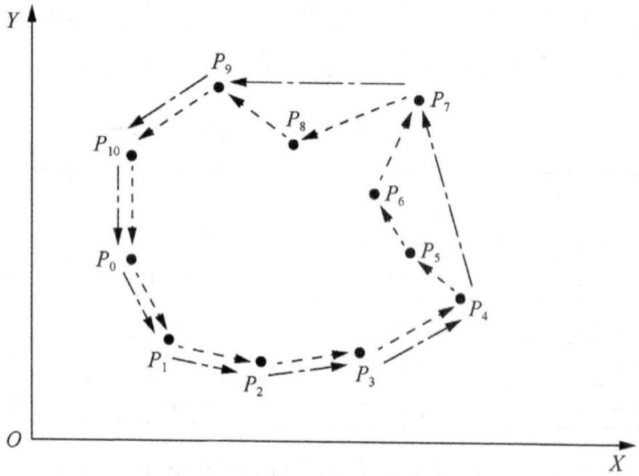

图 6.4　Graham 算法示例

步骤 1：选取 X 轴坐标最小的点，如果存在多个，则选择其中 Y 轴坐标最小的点，如图 6.4 中的 P_0 点。

步骤 2：将其余点排序，即以 P_0 点为起始点，逆时针对其余各点进行排序。所得各顶点的排列顺序为：$P_0,P_1,P_2,P_3,P_4, P_5,P_6,P_7,P_8,P_9,P_{10}$。

步骤 3：按照所得到的顶点顺序执行 Graham 扫描。当扫描到左拐点（P_0,P_1,P_2）时保留顶点 P_1，扫描到右拐点（P_5,P_6,P_7）时删除顶点 P_6，最终结果就为凸包的顶点集。在图 6.4 中，扫描顺序用虚线表示，点画线代表左拐点。如果为共线，则删除距离较小的点。算法完成后，即可得到 $P_0—P_1—P_2—P_3—P_4—P_7—P_9—P_{10}—P_0$ 的一个凸包。

6.3.3　凸包相交的判断算法

一旦计算出热点区域所形成的凸包，就需要判断它们在空间上的重叠关系，即两个凸包的交集和并集。以交集为例，任意两个凸包求交的一般算法是检查一个多边形上每条边与另一个多边形上所有边是否有交点，如果有，则求出交点，整个算法所需时间为 $O(n^2)$[22]。这里给出求解两个凸包的交集和并集的快速算法[23]。

假设两个凸多边形（convex polygon）用点集 P 和 Q 表示，$P=\{P_1,P_2,P_3,\cdots,P_m\}$ 和 $Q=\{Q_1,Q_2,Q_3,\cdots,Q_n\}$，顶点集合采用逆时针排序，边 $\overline{p_1p_2}$，$\overline{p_2p_3}$，$\cdots$，$\overline{p_mp_1}$ 以及边 $\overline{q_1q_2}$，$\overline{q_2q_3}$，$\cdots$，$\overline{q_nq_1}$ 定义了 P 和 Q 的边界。P 和 Q 的交点可以细分两个多边形的边，如图 6.5 所示。

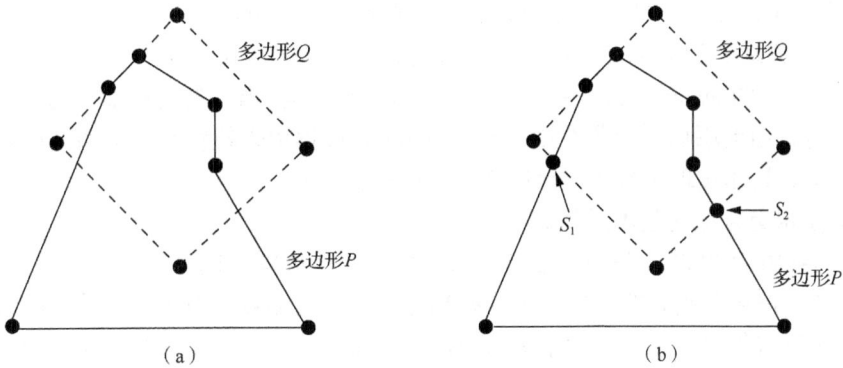

图 6.5　多边形的边在交点处细分

在图 6.5 中，实线多边形代表 P，虚线多边形代表 Q。除 P 和 Q 自身的端点外，两个多边形相交时会在已有的边界处形成一些新的交点，如图 6.5（b）中的 S_1 点和 S_2 点。因此，计算多边形相交的边界问题可以简化为发现一个多边形的边是否存在于另一个多边形的内部。一旦这些边被找到，把它们连接起来便形成结果多边形。

下面阐述判断 P 和 Q 相交的算法原理。为了细分多边形的边，首先必须找到它们的交点。判断两条边的交点可以通过平面扫描线的方法来实现[24]。另外，扫描过程中的一些信息可以用来进行边界的细分处理。判断 P 和 Q 相交算法的伪代码见算法 6.1。

算法 6.1：凸包 P 和 Q 相交算法

输入：P，Q
输出：P 和 Q 的交集

```
1. Initialize the endpoints of the edges of polygons into priority queue Q₁
2. While (! Q₁.empty()) {
3.    event = Q₁.top()
4.    Q₁.pop();
5.    if (event.left_endpoint()) {
6.       pos = S.insert(event);
7.       event.setInsideOtherPolygonFlag (S.prev (pos)) ;
8.       possibleInter (pos, S.next(pos));
```

```
9.          possibleInter (pos, S.prev(pos)) };
10.    else {
11.        pos = S.find(*event.other);
12.        next = S.next(pos);
13.        prev = S.prev(pos);
14.        if (event.insideOtherPolygon())
15.        Intersection.add(event.segment());
16.          S.erase(pos);
17.        possibleInter(prev, next)}};
```

在算法 6.1 中，S 表示扫描线的状态，包含与扫描线相交的 2 个多边形已排序的边。在下述两种情况下，S 会发生变化。

1）当一条边左边的端点到达时，这条边必须加入 S 中。

2）当一条边右边的端点到达时，这条边必须从 S 中移除。

算法 6.1 中的 event-points 集合存放多边形边的端点。当一条边被细分为 2 个新端点时，需要将新端点添加到该集合中。possibleInter 过程用来检测和处理两条边之间可能的相交情况。具体实现可参考文献[25]，这里不再赘述。

P 和 Q 相交算法的基本过程如下。

步骤 1：将 P 和 Q 各条边的端点按照 X 轴排序，放置到优先级队列 Q_1 中。

步骤 2：按从左到右的顺序处理这些端点。当左边端点被发现它所关联的边被插入 S 中时，如果这条边存在于另一个多边形内部，那么就处理这条边与邻居可能产生的交点。如果右边端点被发现，那么它所关联的边将从 S 中移除。这样，它在 S 中的 2 个邻居就变成相连，并测试是否相交。

步骤 3：当扫描线到达一条边的右边端点时，算法确定该边是否属于 P 和 Q 相交的结果集。

下面通过一个示例介绍边细分的过程，如图 6.6 所示。在图 6.6 中，扫描线从左向右扫描，当扫描到 p_1 点时，S 中已存在边$\{\overline{q_2q_3},\overline{q_1q_2}\}$，此时，边$\overline{p_1p_2}$的左边点被处理，$\overline{p_1p_2}$插入 S 中，$S=\{\overline{q_2q_3},\overline{q_1q_2},\overline{p_1p_2}\}$。由于$\overline{p_1p_2}$和它的邻居$\overline{q_1q_2}$相交于 i 点，因此，$\overline{q_1q_2}$、$\overline{p_1p_2}$必须被细分为边$\overline{p_1i}$、$\overline{ip_2}$、$\overline{q_1i}$和$\overline{iq_2}$。这时，新生成边的端点必须被添加到 Q 中，S 也将更新为$\{\overline{q_2q_3},\overline{iq_2},\overline{p_1i}\}$。之后，$\overline{p_0p_1}$左边的点被处理，$\overline{p_0p_1}$插入 S 中，$S=\{\overline{q_2q_3},\overline{iq_2},\overline{p_1i},\overline{p_0p_1}\}$。

在确定凸包和凸包相交后，就可以采用重叠关系来表示它们的相似性。这里引入面积阈值 θ_s，它可以根据实际需要自行确定。假设 P 和 Q 两个凸包的面积分别为 S_P 和 S_Q，它们的交集面积为 S_I，θ_s 可以指定为两个凸包面积中最大值的 2/3。如果 $S_I \geq \theta_s$，则 P 和 Q 相似，它们的并集形成一个新的热点区域；否则，P 和 Q 不相似，P 和 Q 形成两个热点区域。除相离和相交情况外，两个凸包还存在外切和包含关系。外切关系被视为一种特殊的分离关系，因此判定它们不相似。包含关系的判断比较简单，若一个凸包的所有顶点都在另一个凸包内部，且边没有相交，则它们在位置上属于包含关系，可以判定它们相似。

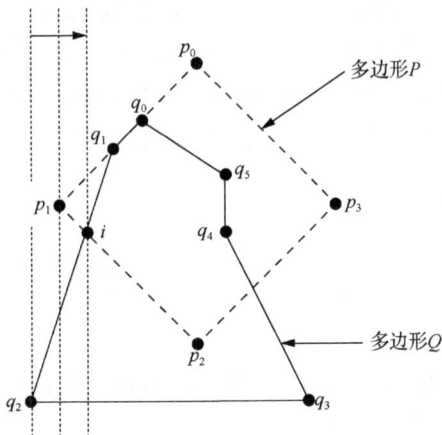

图 6.6　多边形扫描线示例

6.4　热点区域吸引力指数

本节介绍热点区域吸引力指数的相关概念和模型。

6.4.1　热点区域吸引力指数概念

一些学者通过大量的问卷调查和实证研究，发现出行强度、出行目的、出行时间分布及出行空间分布等指标能反映城市居民出行的规律、变化特征及其原因并给出了相关证明[26]，这些指标也是热点区域形成的主要因素。例如，大型写字楼和火车站同属于热点区域，大型写字楼表现为出行密度大但访问时间仅限于上、下班两个时间段，而火车站则呈现出行密度大和访问时间分布较为均匀的特点。

鉴于此，本书提出了一个新颖的概念——热点区域吸引力指数，用于定量描述热点区域与出行时间、出行频率、出行量、出行距离和 POIs 等因素的关系。下面给出热点区域吸引力指数所涉及的基本概念[27]。

定义 6.1：热点区域（hotspots，HS）。HS 是指居民出行量大和访问次数较多的区域，这里特指采用聚类算法挖掘出的聚类簇形成的空间位置。

定义 6.2：热点区域吸引力指数（hotspots attractiveness index，HSAI）。HSAI 是用于刻画热点区域对居民吸引力程度的评价指数，由出行量、时间分布、出行距离、POIs 密度 4 个指标的评分组成。

定义 6.3：居民出行量指标（residents travel volume index，RTVI）。RTVI 用于描述居民访问热点区域的出行量评估结果。某一区域的上下车点数量代表该区域的出行量。

定义 6.4：时间分布指标（time distribution index，TDI）。TDI 用于描述热点区域形成时间段分布的评估结果，可以按小时或天划分时间段。

定义 6.5：居民出行距离指标（residents travel distance index，RTDSI）。RTDSI 用于描述居民到达热点区域或从热点区域离开的出行距离评价结果。

定义 6.6：热点区域 POIs 指标（hotspots POIs index，HSPOI）。HSPOI 用来评估热点区域包含的各类 POI 密度分布，即该区域基础设施配置情况。

6.4.2 热点区域吸引力指数模型

HSAI 由 4 个指标相加构成，每个指标经过归一化后的取值均为 {0,1}。本书认为这 4 个指标的重要性一样，所以未划分权重，即 4 个指标的权重值都为 0.25，其计算公式为

$$\text{HSAI} = \text{RTVI} + \text{TDI} + \text{RTDSI} + \text{HSPOI} \tag{6.1}$$

RTVI 指标由以下计算公式确定：

$$\text{HSTD}_{t1} = N_{\text{up}}^{t1} + N_{\text{down}}^{t1} \tag{6.2}$$

$$\text{RTVI} = \frac{2}{1 + e^{-\alpha \text{HSTD}}} - 1 \tag{6.3}$$

在式（6.2）中，HSTD_{t1} 表示热点区域在 t_1 时间段内的出行量；N_{up}^{t1} 表示 t_1 时间段内该区域的上车点数量；N_{down}^{t1} 表示 t_1 时间段内该区域的下车点数量。累积不同时间段的出行量，就可以获得一天内该区域总的出行量。在式（6.3）中，α 是一个待定参数，实验部分会介绍 α 的计算过程。RTVI 的取值区间是（0,1），接近 1 时，表示该热点区域的居民出行量非常高，人流量很大；反之，则表示该区域的人流量相对较小。

TDI 指标由以下计算公式确定：

$$\text{TDI} = \frac{\left(\sum_{i=1}^{m} \sqrt{p_i}\right) - 1}{\sqrt{m} - 1} \tag{6.4}$$

$$p_i = \frac{\text{HSTD}_i}{\sum_{i=1}^{m} \text{HSTD}_i} \tag{6.5}$$

在式（6.4）中，一天可以划分为 13 个时间段并用变量 m 表示。划分为 13 个时间段的原因在于将上班高峰期 7:00～9:00 和下班高峰期 17:00～19:00 放在相同的时间段处理。$\sum_{i=1}^{m} \sqrt{p_i}$ 表示时间分布的稀疏性。TDI 的取值区间也是（0,1），接近 1 时，表示该热点区域形成时间的分布较为均匀，一天可能出现在多个时间段上；反之，则表示热点区域形成时间的分布比较稀疏，一天中只出现在很少的时间段。

RTDSI 由以下计算公式确定：

$$\text{HSDS}_{t1} = \overline{\text{DS}_{\text{arr}}^{t1}} + \overline{\text{DS}_{\text{dep}}^{t1}} \tag{6.6}$$

$$\text{RTDSI} = \frac{2}{1 + e^{-\beta \text{HSDS}}} - 1 \tag{6.7}$$

在式（6.6）中，HSDS_{t1} 表示热点区域在 t_1 时间段内的居民出行距离；$\overline{\text{DS}_{\text{arr}}^{t1}}$ 表示 t_1 时间

段内到达该区域的平均行程长度；$\overline{DS_{dep}^{t1}}$ 表示 t_1 时间段内离开该区域的平均行程长度。累积不同时间段的行程长度，就可以得到一天内该区域总的行程距离。在式（6.7）中，β 也是一个待定参数。RTDSI 的取值区间是（0,1），接近 1 时，表示该热点区域可以吸引较远距离的居民出行；反之，则表示该区域只能吸引附近的居民。

根据第 2 章的研究结果，本书将城市的 POIs 的类型划分为 15 个大类。接着，计算在某一热点区域内各种 POIs 类型所包含的 POIs 的密度，即在区域面积 r_i 中第 j 类 POI 的平均密度 d_j 由式（6.8）给出，则 HSPOI 由式（6.9）计算得出：

$$d_j = \frac{n_j}{r_i} \tag{6.8}$$

$$HSPOI = \frac{\sum_{j=1}^{15} d_j}{15} \tag{6.9}$$

其中，n_j 为第 j 类 POI 中的 POIs 数量；r_i 为区域面积。HSPOI 的取值区间是（0, 1），越接近 1，表示该热点区域所包含的 POIs 类型越丰富，基础设施建设越好，属于多城市功能区域；反之，表示该区域所包含的 POIs 类型越少，属于单一功能区域。

6.5 热点区域吸引力指数计算

本节介绍计算热点区域吸引力指数的过程。

6.5.1 热点区域相似性匹配算法

要计算热点区域的吸引力，首先要判断各时间段下的热点区域是否相似，并将相似区域合并为一个区域。本书提出了热点区域相似性自动匹配算法（hotspots similarity algorithm，HSSA），其工作原理如下：将聚类算法的结果作为输入，然后按照不同的时间段对每一个聚类簇进行分析和比较，合并相似的聚类结果为一个热点区域，或者将独立的聚类结果确定为新的热点区域。具体步骤如下。

步骤 1：根据聚类结果，计算每个聚类结果的凸包。每个聚类簇由若干个点集构成，这里采用 6.3.2 节介绍的 Graham 算法来计算每一个聚类簇的凸包。

步骤 2：计算各个凸包的最小面积。获得热点区域所形成的凸包后，可以计算每个凸包形成的面积，这是后续计算热点区域重叠关系的基础。本书采用文献提出的方法计算凸包的最小面积，将面积最小的凸包称为最小面积外接矩形（minimum area bounding rectangle，MABR）。求解 MABR 的基本过程可以参考文献[28]，这里不再赘述。

步骤 3：判断任意两个凸包在空间上的位置关系，并根据位置关系确定它们的相似性。判断任意两个凸包在空间上的位置关系可以采用一种简单的方法，即计算两个凸包重心的距离。如果该距离大于等于某个距离阈值 θ_d，则表明它们分离，相似性为 0；如果小于 θ_d，则它们可能存在相切、包含或相交关系。先判断包含关系，如果两个凸包相互包含，则相似性为 1。本书把相切看作相交的一种特例，一并判断。接下来，计算相交凸包的交集，交集面积和面积阈值 θ_s。比较交集面积和 θ_s：如果交集面积大于等于 θ_s，则两个凸包相似，返回值为 1；否则两个凸包不相似，返回值为 0。为了便于描述 HSSA 算法，先定义一些数学符号，如表 6.2 所示。

表 6.2　HSSA 算法所用符号

符号	描述
C_1, C_2	输入聚类结果，每一个聚类由若干个点构成，这里表示两个多边形
CP_1, CP_2	由 C_1 和 C_2 生成的凸包
$S_{CP1}^{MABR}, S_{CP2}^{MABR}$	C_1 和 C_2 生成凸包的最小面积
$d(CP_1, CP_2)$	C_1 和 C_2 重心的距离
I, S_I	C_1 和 C_2 的交集以及交集的面积
θ_d, θ_s	距离阈值，面积阈值
flag	多边形位置比较的结果标志，0 表示分离，1 表示包含，2 表示相交而且相似，3 表示相交而且不相似

HSSA 算法的伪代码如算法 6.2 所示。

算法 6.2：HSSA 算法

输入：C_1，C_2

输出：C_1 和 C_2 的相似性判断结果

```
1.  计算 CP1,CP2, S_CP1^MABR , S_CP2^MABR ,d(CP1, CP2);
2.  if d(CP1, CP2) ≥ θd
3.    flag=0;
4.  return flag              //C1 和 C2 分离
5.  else
6.    if CP1⊆CP2 or CP2⊆CP1  //C1 和 C2 包含
7.      flag=1;
8.    return flag
9.    else
10.     计算 I,SI;
11.     θs = 2/3*max( S_CP1^MABR , S_CP2^MABR )
12.     if  SI ≥ θs   //C1 和 C2 相交也相似
13.       flag=2;
14.     return flag;
15.     else          //C1 和 C2 相交但不相似
16.       flag=3;
17.     return flag;
```

HSSA 算法中涉及一系列的几何计算过程，其中核心内容包括 3 个计算过程：①计算多边形的凸包；②计算凸包的最小面积；③判断两个多边形是否相交。下面分别介绍这 3 个计算过程的算法复杂度。

计算多边形的凸包采用的是 Graham 算法。根据相关证明[29]，对于有 n 个点的多边形，Graham 算法的时间复杂度为 $O(n\log n)$。计算凸包最小面积的算法需要在上一步所获得凸包的基础上进行，假设多边形的边数为 n，其所求的凸包边数为 m（其中 $m \leqslant n$），整个算法的时间复杂度为 $O(m^2)$[23]。判断两个凸包是否相交的算法是一种基于平面扫描线及交点细分的新算法[22]。假设所有待比较凸包的边的总数为 m，所有凸包相交边的总数为 k，则算法完成整个遍历的时间复杂度为 $O((m + k) \log(m+ k))$。由于 $k \leqslant m^2$，可以判断多个凸包是否相交总花费的时间复杂度为 $O(m + k)\log m$。

因此，HSSA 算法的时间复杂度为 $O(n\log n) + O(m^2) + O(m + k)\log m$，其中 n、m 和

k 分别代表待计算的多边形顶点数，由多边形形成的凸包边数，所有凸包相交边的总数，它们之间的关系是 $n \gg m$，$m^2 \geqslant k$。该算法最耗费时间的计算在于凸包的计算，其他两个计算的时间相比凸包计算的时间要少。最终，HSSA 算法的时间复杂度为 $O(n\log n)$。

6.5.2　热点区域吸引力指数算法

在完成所有热点区域的相似性比较后，就能得到热点区域的总数量以及每一个热点区域所包含的一周内的聚类结果。在此基础上，就可以根据 6.4 节描述的相关公式计算构成 HSAI 的 4 个指标 RTVI、TDI、RTDSI 和 HSPOI。为了便于描述热点区域吸引力指数算法（hotspots attractiveness index algorithm，HSAIA），先定义一些数学符号，如表 6.3 所示。

表 6.3　HSAIA 算法所用符号

符号	含义
D_{ij}	聚类结果集，i 表示天数，j 表示时间段
HS	热点区域集合
Index	HR 的吸引力指数集合
HSAI	热点区域特征集合
FD	热点区域的出行密度
TD	热点区域的出行时间段
DIS	热点区域的居民出行距离
flag1	热点区域相交判断的结果标志
flag2	热点区域相似判断的结果标志

HSAIA 算法的伪代码见算法 6.3。

算法 6.3：HSAIA 算法

输入：$D = \{D_{11}, D_{12}, \cdots, D_{ij}\}$
输出：HS, Index

```
1.  Initial m=1, HS={}, HSAI={}, Index
    ={}, FD=0, TD=0, DIS=0
2.  for i=1 to 7 do //days
3.   for j=1 to 13 do //time slot
4.    for k=1 to count(D_ij) do
5.     if HS=Ø then
6.       FD=compute_HSTD(D_ijk);DIS =
    compute_HSTDIS(D_ijk);
7.       HSAI = HSAI + { (FD,TD,DIS) }
8.      add(D_ijk) to HS;
9.     else
10.      A = D_ijk,TD_A = 1,TD=1;
11.      FD_A = compute_HSTD(HZ_A^j)
12.     for n=1 to count(HS)
13.       B = HS_n,flag1 =Inter (A, B);
14.       if flag1 =1
15.         flag2=Sim (A, B);
16.         if flag2=1
17.           HSAI_n.FD=HSAI_n.FD+FD_A,
    HSAI_n.TD=HSAI_n.TD+TD_A;
18.           HSAI_n.DIS=HSAI_n.DIS+DIS_A;
19.        add(A) to HS, TD_A=1;
20.        add(FD_A, TD_A, DIS_A ) to HSAI;
21.        DIS_A = compute_HSDIS(HZ_A^j);
22.     for i = 1 to count(HSAI) do
23.       RTVI_i = compute_RTVI(HS_i),
    TDI_i = compute_TDI(HS_i);
24.       RTDSI_i = compute_RTDSI(HS_i),
    HSPOI_i = compute_HSPOI(HS_i);
25.       Index_i = RTVI_i + TDI_i + RTDSI_i
    + HSPOI_i, Index = Index + { Index_i };
26.     return HS, Index;
```

6.6　实验和结果分析

本节通过实验来说明模型和方法的有效性，并分析实验结果。

6.6.1　相似性判断实验

HSSA 算法在一台 PC 上完成，其基本配置为：16GB 内存，Inter(R) Core(TM) i7-4770K 3.50GHz 处理器，64 位 Windows 7 及以上操作系统，开发环境为 MATLAB R2012a。下面通过实例说明热点区域相似性的计算过程。

1. 数据来源

本书采用第 5 章热点区域的聚类结果作为热点区域相似性计算的来源，一周内乘客上下车点所形成的聚类簇数量累积为 1 814 个，包含 647 891 万个融合位置点。一周的聚类结果如图 6.7 所示。虽然一周内所形成的聚类数量达到 1 800 余个，可实际上一个城市的热点区域数量显然没有这么多，因为有许多区域是相似的，可以合并到同一个区域。

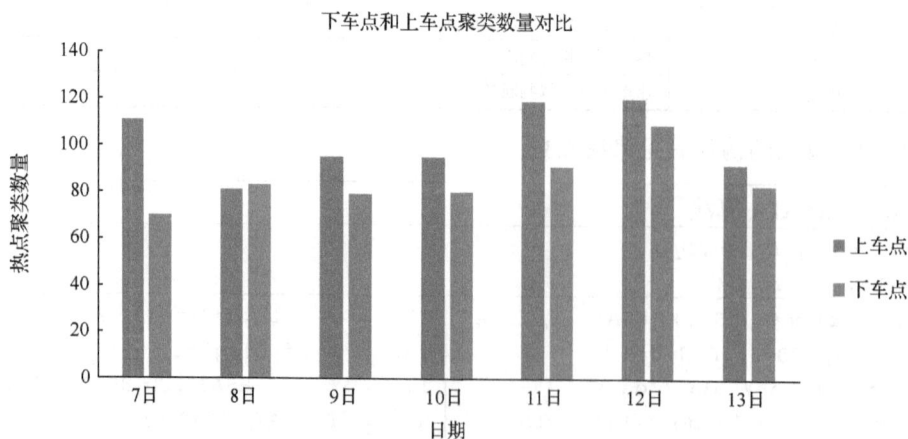

图 6.7　一周的热点区域聚类结果

2. 热点区域凸包计算示例

本书以 9 月 7 日两个不同时间段的两个热点区域（图中标识为 A 和 B）为例进行说明。首先，将 A 和 B 加载到地图中进行显示，如图 6.8 所示。

在图 6.8 中，形成热点区域的上下车点用灰色表示。A 和 B 的基本信息和计算后得到的凸包信息如表 6.4 所示，凸包如图 6.9 所示，其所对应的凸包点用黑色表示。

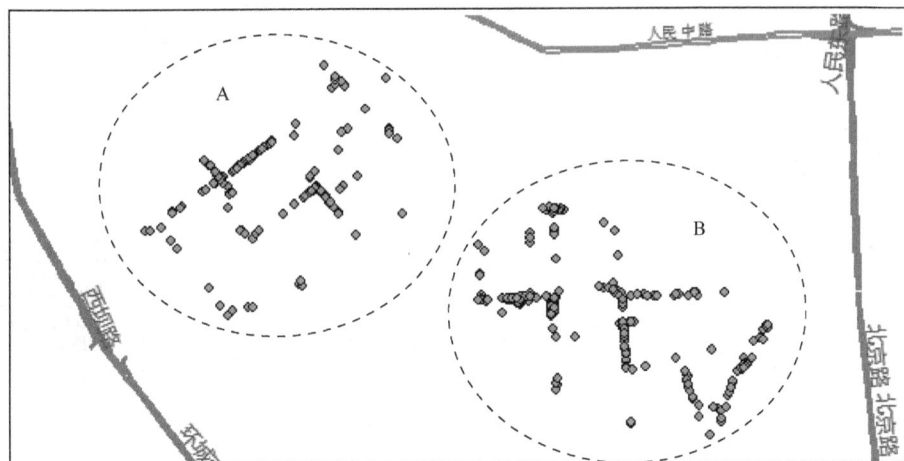

图 6.8　点区域 A 和 B 示例

表 6.4　原始点集数量和凸包点集数量比较

热点区域标识	来源时间	来源时间段	原始点集数量	凸包点集数量
A	9 月 7 日	0:00～2:00	247	9
B	9 月 7 日	7:00～9:00	378	14

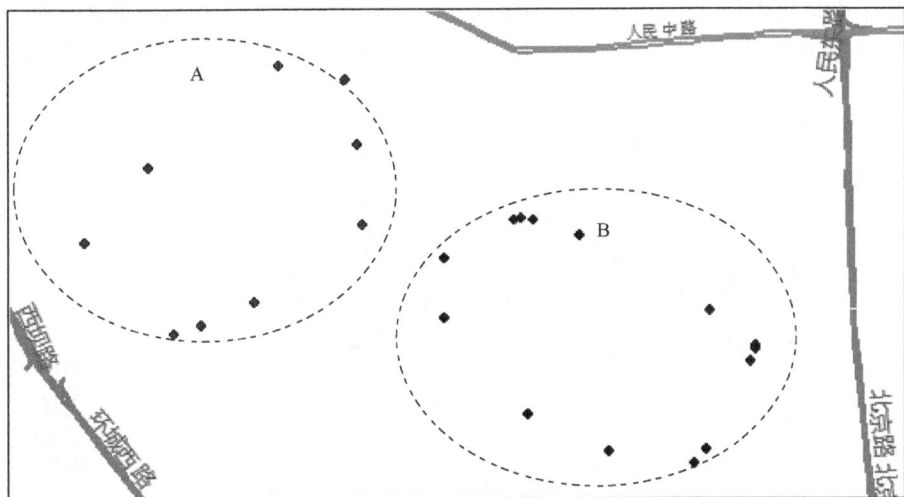

图 6.9　点区域 A 和 B 的凸包示例

从图 6.10 中可以看出，利用 Graham 算法计算得到的两个凸包能紧密地包围原始点集，很好地描述点集的形状。热点区域聚类结果转换为凸包的计算时间为 233.968 0s，一共处理了 1 814 个聚类结果文件。

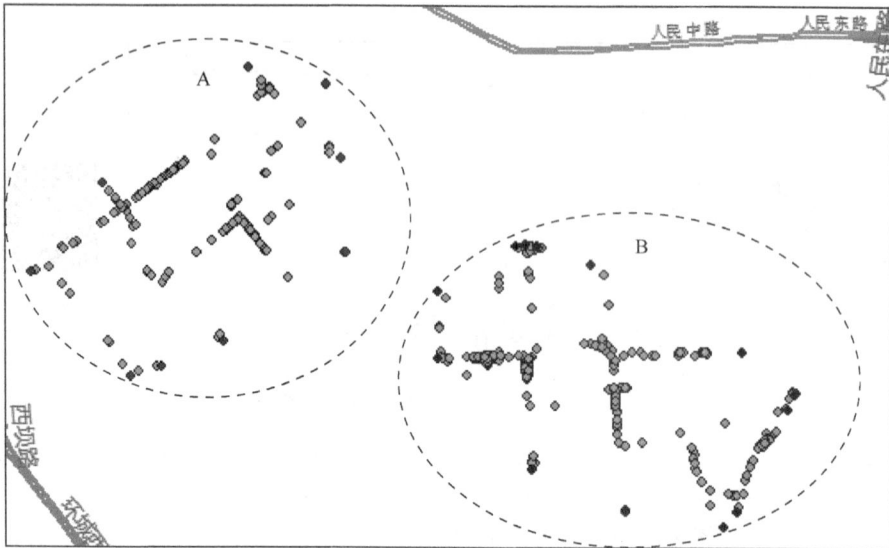

彩图 6.10

图 6.10　点区域原始点集和凸包点集共同加载的示例

3. 热点区域相似性计算

为了更好地展示热点区域相似性计算结果，本书将 9 月 12 日上车点 3 个不同时间段的聚类结果都加载到地图上进行可视化分析，然后用不同的颜色加以区分，如图 6.11 所示。从图 6.11 中可以看出，这 3 个聚类结果所形成的热点区域在空间位置上非常类似，应该属于同一个热点区域。因此，算法的计算结果与人眼的可视化分析一致，结果准确、可信。

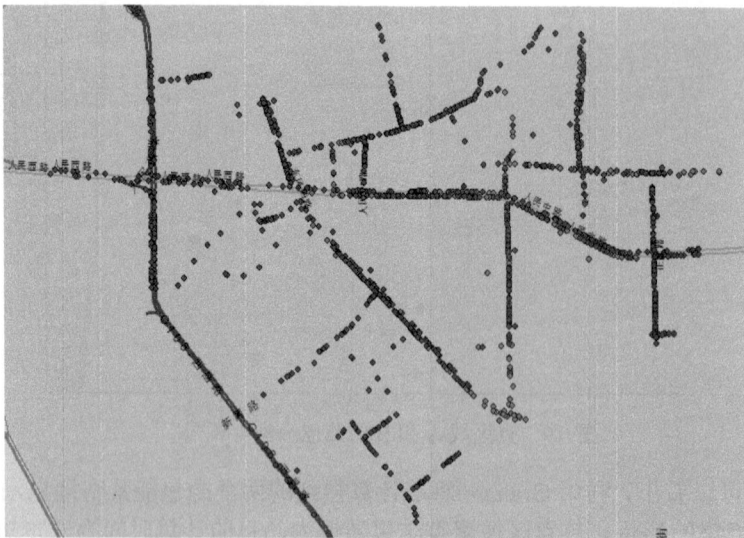

彩图 6.11

	2015 年 9 月 12 日		2015 年 9 月 12 日		2015 年 9 月 12 日
	11:00～13:00		13:00～15:00		19:00～21:00

图 6.11　点区域 12 对应的聚类结果

最终，根据 HSSA 算法，本书对全部聚类结果进行相似性计算，即把一周内上下车点所形成的聚类结果进行运算，最终得到 51 个城市热点区域。这些热点区域在时间分布和出行密度上差别很大，有些区域在一周内的多个时间段都能形成热点，而有些区域只能偶尔成为热点。因此，需要用更好的指标描述它们的特征。

6.6.2　吸引力指数实验

本小节采用 HSAIA 算法计算每个热点区域的 4 个指标。对于 RTVI 指标来说，其公式中有一个重要的参数 α，使用 α 的目的是让 RTVI 的均值分布为 $(0,1)$，即热点区域的出行密度越大，α 的取值越接近 1；反之，热点区域的出行密度越小，α 的取值越接近 0。下面给出参数 α 的计算过程。根据式（6.3）可以推导出 α 的计算公式为

$$\alpha = -\frac{\log\left(\dfrac{2}{\text{RTVI}+1}-1\right)}{\text{HSTD}} \tag{6.10}$$

从式（6.10）中可以看出，α 的取值由 HSTD 和 RTVI 共同决定。首先，本书分别计算出各个热点区域的 HSTD。其次，将 HSTD 按从大到小排序，找到出行密度的中位数 median_density 及均值 mean_density。此时，对应的 RTVI 值应为 0.5。再次，分别根据均值 mean_density 计算得到参数 α_1，以及根据中位数 median_density 计算得到参数 α_2。最后，将 α_1 和 α_2 代入式（6.3），依次计算每个热点区域对应的 RTVI。由实验结果可知，通过出行密度均值计算得到的 α_1 比 α_2 的效果更好，可以让出行密度指标均匀地分布为 $(0\sim1)$。故 α 的实际取值为 $1.356\,5\times10^{-4}$。对于 RTDSI 指标来说，其参数 β 也可以采用类似的方法进行计算，最终得到 β 的取值为 $1.322\,4\times10^{-4}$。

确定 α 和 β 的取值后，所有热点区域的 RTVI、RTDSI 就能计算出来；接着，再计算它们各自的 TDI 和 HSPOI。最终可得到 51 个热点区域的吸引力指数。表 6.5 列举了12 个热点区域的吸引力指数。可以发现：不同热点区域的差距非常大，出行密度大的区域，访问频率较高，出行距离值也很大，形成热点区域的时间段呈现较强的规律性；出行密度小的区域，访问频率和出行距离较低，形成热点区域的时间段没有明显的规律性，但这些区域的 HSPOI 指数都不是很高。

表 6.5　分热点区域的吸引力指数

ID	RTVI	TDI	RTDSI	HSPOI	指标
1	0.888 92	0.712 5	0.478 182	0.720 716	2.8
2	0.991 931	0.968 75	0.952 576	0.28 483	3.2
3	0.955 87	0.552 083	0.715 888	0.879 318	3.1
4	0.827 106	0.479 167	0.637 651	0.965 961	2.91
5	0.365 959	0.343 75	0.834 903	0.074 674	1.62
6	0.027 551	0.020 833	0.114 822	0.029 396	0.19
7	0.438 566	0.468 75	0.999 639	0	1.91

续表

ID	RTVI	TDI	RTDSI	HSPOI	指标
8	0.899 01	0.697 917	0.777 183	0.949 533	3.32
9	0.997 686	0.791 667	0.848 64	0.710 103	3.35
10	0.624 89	0.479 167	0.678 556	0.371 831	2.15
11	0.213 598	0.104 167	0.168 919	0.704 006	1.19
12	0.976 862	1	0.933 424	0.512 863	3.42

在完成对热点区域的量化分析后，为了进一步描述它们之间的区别，本书采用散点图来绘制这些热点区域，如图 6.12 所示。在图 6.12 中，X 轴为热点区域编号，Y 轴为吸引力指数。本书分别在 Y 轴的 0.1、1 和 2 刻度处绘制 3 条虚线，将热点区域划分为 4 种类型。第 1 种类型包含 13 个热点区域，本书将其命名为高访问热点区域；它们的吸引力指数为 2～4，具有出行密度和出行频率很高，总的行程距离很长，以及 POI 类型丰富等特点。第 2 种类型包含 14 个热点区域，本书将其命名为持续性热点区域；它们的吸引力指数为 1～2，具有出行密度和出行频率较高，总的行程距离较长，POI 类型较为丰富的特点。第 3 种类型包含 21 个热点区域，本书将其命名为常规性热点区域；它们的吸引力指数为 0.1～1，出行密度和出行频率很低，总的行程距离也较短，POI 类型较为单一，大部分热点区域属于这一类型。第 4 种类型只包含 3 个热点区域，本书将其命名为突发性热点区域，它们的吸引力指数在 0.1 以下。这些区域属于临时产生，一周时间内只出现 1～2 次，本身没有呈现出明显的时空规律。

彩图 6.12

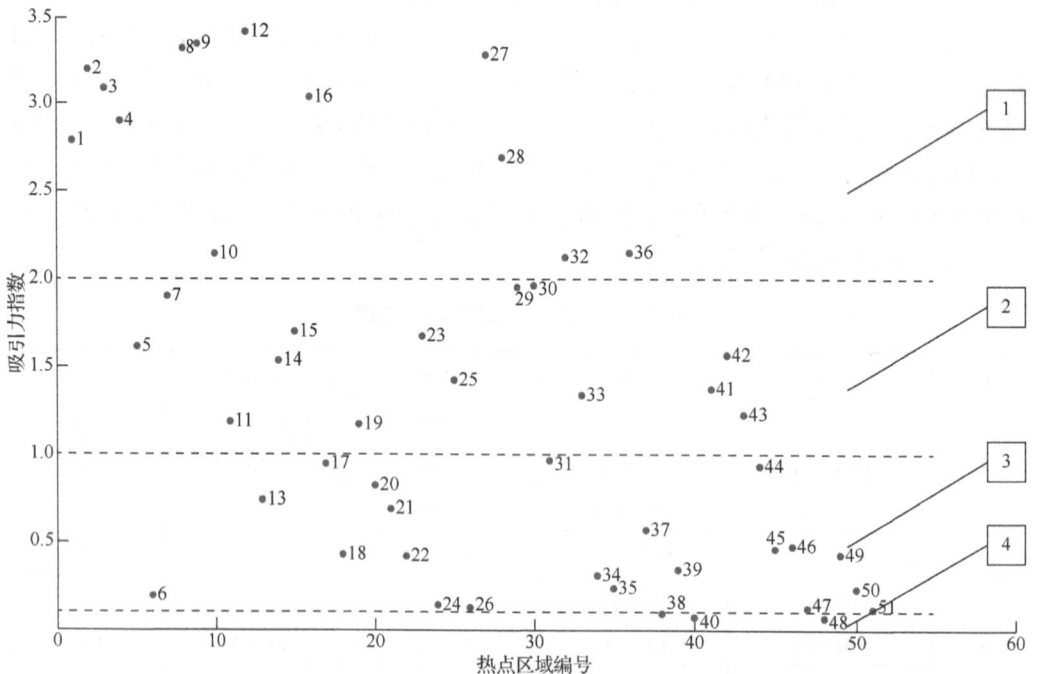

图 6.12　点区域吸引力指数散点图

6.6.3　吸引力指数评估

为了验证吸引力指数的有效性，本书挑选了 11 个位于二环以内的热点区域进行评估，包括一环内的 5 个商圈，以及二环内的 4 家医院和 2 个大型住宅区。同时，将本书的评估指标与文献[30]中所采用的 2 个或 3 个评估指标进行比较。笔者对这 11 个区域进行了实地调查，通过视频拍摄和文献对比法分析它们的真实出行情况[31-32]，接着按照实际的出行情况和本书提出的方法对这些区域进行排名，利用归一化折损累计增益（normalized discounted cumulative gain，NDCG）方法测量两种排名的接近程度，误差结果如表 6.6 所示。有效性测量指标包括均方根误差（RMSE）和平均绝对误差（MAE）。可以看出，只采用 RTVI 和 TDI 两个指标的吸引力指数误差最大，采用 3 个指标的误差其次，采用 4 个指标的误差最小。因此，本书提出的量化方法要优于其他 3 种方法。

表 6.6　不同评估指标组合的误差结果

指标组合方法	RMSE	MAE
RTVI+TDI	2.860	1.808
RTVI+TDI+ RTDSI	2.296	1.455
RTVI+TDI+HSPOI	1.414	0.909
RTVI+TDI+ RTDSI+ HSPOI	1.348	0.727

接下来，本书以 5 个热门商圈为例，说明它们在吸引力指数上的差异。5 个热门商圈位于昆明市一环内，其中 4 个位于五华区，1 个在盘龙区，它们都属于昆明市传统的热门商圈。图 6.13 和图 6.14 显示了这 5 个商圈在工作日和休息日的热力图。可以发现，无论是在工作日还是在休息日，这 5 个热门商圈都属于人群较为聚集的区域，出行量很大，但彼此之间还是存在一定差异：HS9 和 HS27 的热度明显要超过其他 3 个区域，而HS32 是 5 个商圈中热度最低的区域。为了更好地对比它们的差异性，本书给出它们的各个评估因素和指标的对比结果，如表 6.7、图 6.15～图 6.18 所示。

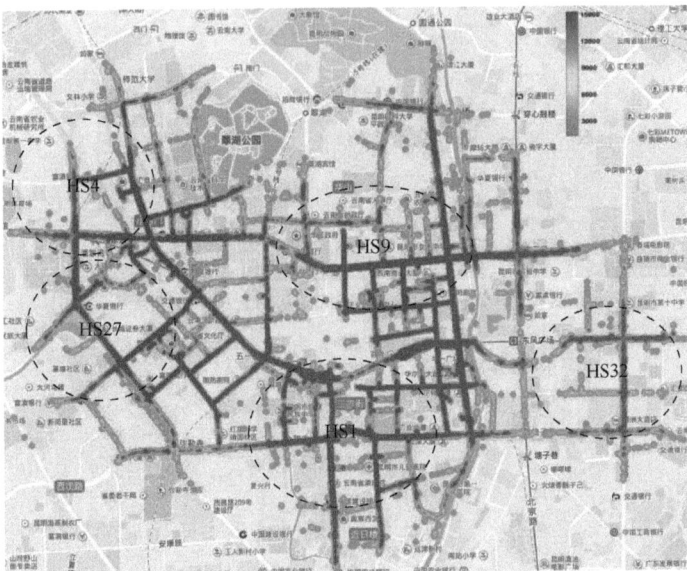

彩图 6.13

图 6.13　昆明市 5 个商圈在工作日的热力图

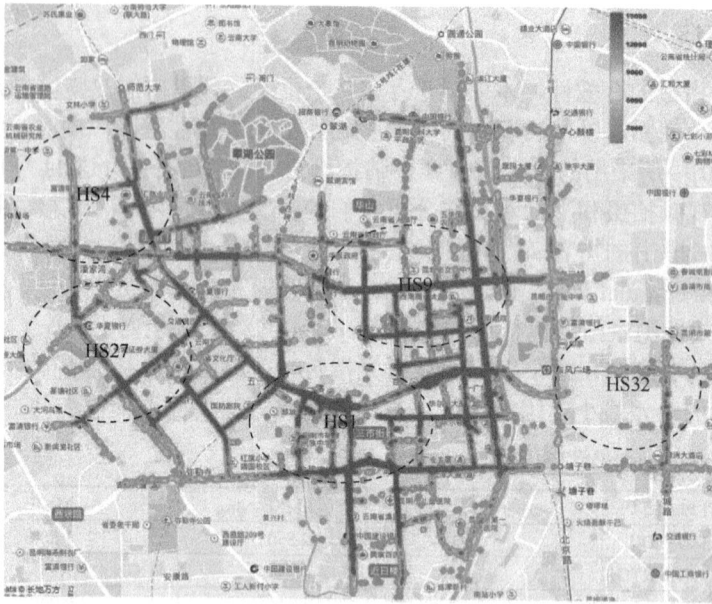

彩图 6.14

图 6.14　昆明市 5 个商圈在休息日的热力图

表 6.7　5 个热门商圈的吸引力指数

ID	RTVI	TDI	RTDSI	HSPOI	INDEX	Label	District
HS1	0.888 9	0.712 5	0.478 2	0.720 7	2.8	Zhengyi Rd	五华区
HS4	0.827 1	0.479 2	0.637 7	0.966 0	2.91	Xiaoximen	五华区
HS9	0.997 7	0.791 7	0.848 6	0.710 1	3.35	Xinan	五华区
HS27	0.931 2	0.593 8	0.767 9	1	3.29	Kundu	五华区
HS32	0.563 2	0.406 3	0.561 7	0.595 0	2.13	Jingge	盘龙区

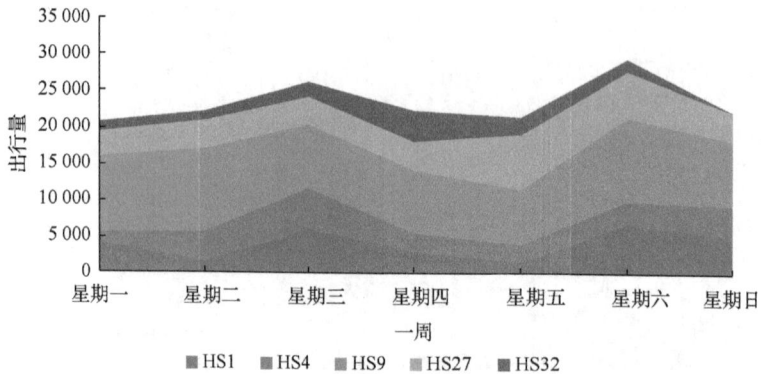

图 6.15　5 个热门商圈的居民出行量比较

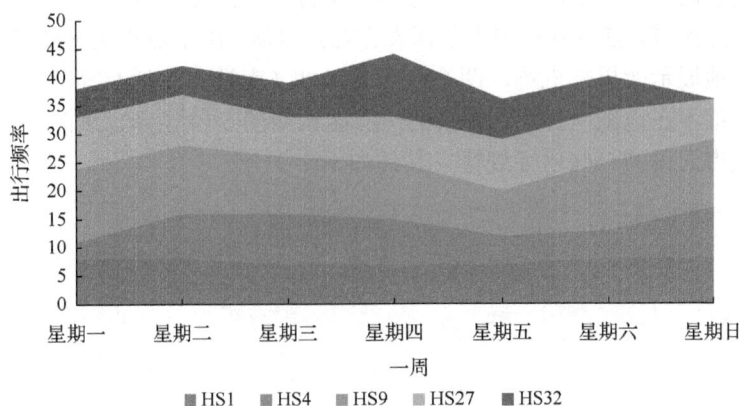

图 6.16　5 个热门商圈的居民出行频率比较

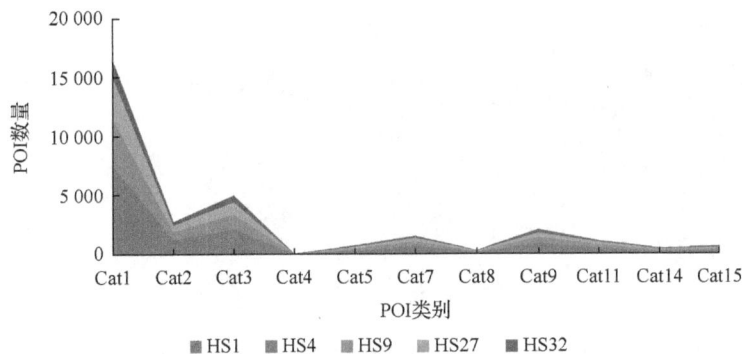

彩图 6.17

图 6.17　5 个热门商圈的 POI 数量比较

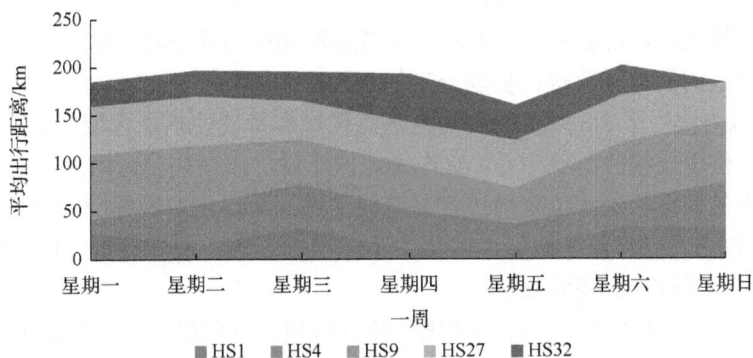

图 6.18　5 个热门商圈的平均出行距离比较

6.6.4　热点区域吸引力可视化

本节对热点区域进行可视化展示。将昆明市地图按照行政区域（五华区、盘龙区、西山区和官渡区）划分为不同颜色区域。同时，使用 4 种颜色来表示热点区域所属级别。

橘红色方框表示高访问热点区域，黄色方框表示持续性热点区域，绿色方框表示常规性热点区域，蓝色方框则表示偶发性热点区域。由于热点区域较多，为了获得更好地展示效果，机场、两个汽车客运站（南站和北站）等一些三环以外的区域都不在地图上显示，剩余的热点区域如图 6.19 所示。从图 6.19 中可以发现城市居民的一些出行规律，具体如下。

彩图 6.19

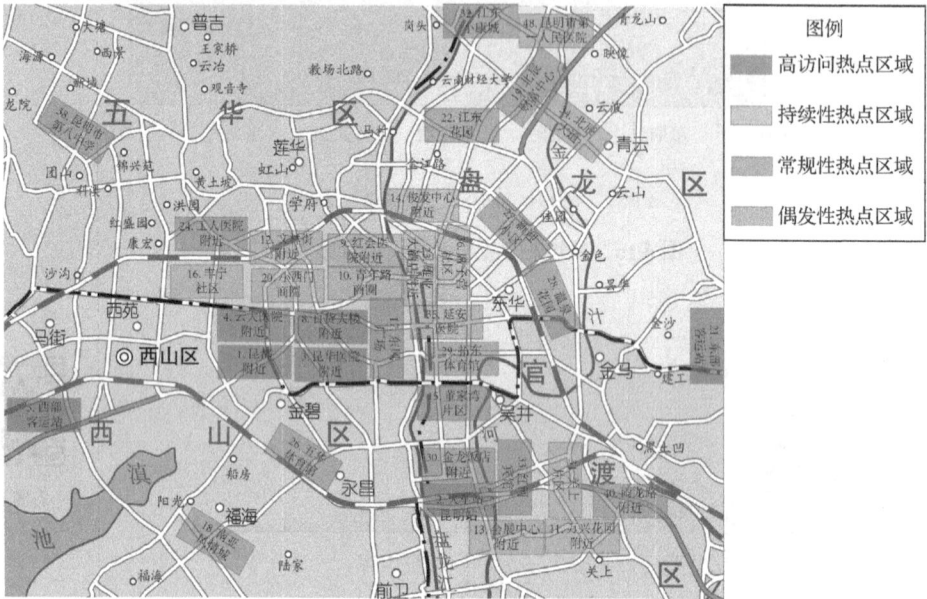

图 6.19　昆明市出行热点区域可视化

1）4 种类型的热点区域数量分别为 13、14、21 和 3，表明常规性热点区域在数量上大于其他 3 种类型。由于常规性热点区域往往位于商业中心周边，居民出行时间大多集中在下班高峰之后，这说明居民下班后在考虑购物休闲娱乐时，更愿意选择到离工作地或住宅区较近的商业区消费，呈现一定的就近性。

2）一环以内集中了 2/3 以上的高访问热点区域和持续性热点区域，这些区域主要分布在五华区，位于传统的商业中心、火车站、汽车站、大学和公园附近。它们一直是居民出行目的地的首选，这些位置周边容易造成交通拥堵，需要做好交通疏导。

3）一环以内，一环以外二环以内集中了一半以上的常规性热点区域，这些区域的类型以住宅区、学校、医院为主。

4）二环以外三环以内有少部分常规性热点区域，这些区域主要是商业中心，周边大多为密集建设的住宅区。

5）热点区域的形成与空间内基础设施规模、完善程度、功能性等有很大关系。因此，它们基本上分布在三环以内。

上述 5 点规律与基本常识一致，但是，我们也发现一些特殊情况。

1）三环以外主要以新建小区为主，基础设施相对薄弱，通常来说不会形成热点区域。但是，我们却发现了两个常规性热门商圈，即江东花园和江东小康城。它们分别位于五华区和盘龙区，这说明传统商圈单一中心的形态已经发生变化，多中心的格局已经确立。但是，西山区和官渡区的三环外区域未形成热门商圈，表明那里的基础设施还比较单一，区域功能有待进一步完善。

2）本书的评价指标不仅能发现人们在通常行为模式下所形成的热点区域，还能发现临时热点区域。例如，编号 38、40 和 48 的热点区域都属于临时出现的，它们只在一周内的一个时间段形成热点，其他时间段都没有形成用户聚集。临时热点区域主要位于其他类型的热点区域旁边，是周边区域的临时出现交通管制或一些突发事件，造成居民出行路线改变而产生的。

6.6.5　小结

利用轨迹数据挖掘城市热点区域是智能交通领域的一个研究热点，但是对于热点区域的评价却缺乏一种定量分析的方法，因此，本书提出一个新颖的评价指标——吸引力指数，来描述热点区域与时间、居民出行频率和出行量、出行距离、POI 数量等相关因素的关联程度。本书详细描述了吸引力指数的概念、数学模型、参数生成和相应算法，采用真实的出租车 GPS 轨迹数据进行实验，验证吸引力指数的有效性。最后，根据吸引力指数的分值，将城市热点区域划分为高访问热点区域、持续性热点区域、常规性热点区域和偶发性热点区域，并采用可视化的方法将它们显示在地图上。本书构建的指标模型不仅能用于出租车 GPS 数据所形成的热点区域，也可用于公交车、地铁或手机定位数据产生的热点区域，具有较为广泛的适用性。

参 考 文 献

[1] 秦静，李郎平，唐鸣镝，等. 基于地理标记照片的北京市入境旅游流空间特征[J]. 地理学报，2018，73（8）：1556-1570.

[2] 苏帅. 数据驱动下的城市热点区域探测与功能区识别研究[D]. 郑州：河南理工大学，2020.

[3] 薛佳文. 基于地理加权回归模型的出租车出行分布特征与城市建成环境相关性研究[D]. 北京：北京交通大学，2021.

[4] 祁特. 基于地理大数据的北京市中心城区功能区识别研究[D]. 北京：中国地质大学，2021.

[5] 王璐，李斌，徐永龙，等. 基于共享单车数据的居民出行热点区域与时空特征分析[J]. 河南科学，2018，36（12）：2010-2015.

[6] 谷岩岩，焦利民，董婷，等. 基于多源数据的城市功能区识别及相互作用分析[J]. 武汉大学学报·信息科学版，2018，43（7）：1113-1121.

[7] 秦昆，周勍，徐源泉，等. 城市交通热点区域的空间交互网络分析[J]. 地理科学进展，2017，36（9）：1149-1157.

[8] 江慧娟. 基于多源时空数据的城市社区宜居性动态评价方法研究[D]. 武汉：武汉大学，2017.

[9] 严益明. 城市青年空间活力特征挖掘与影响因素地理分析[D]. 杭州：浙江大学，2022.

[10] 周博，马林兵，胡继华，等. 基于轨迹数据场的热点区域提取及空间交互分析——以深圳市为例[J]. 热带地理，2019，39（1）：117-124.

[11] 吕绍仟，孟凡荣，袁冠. 基于轨迹结构的移动对象热点区域发现[J]. 计算机应用，2017，37（1）：54-59，72.

[12] 黄俊华，闫遂军，朱小龙，等. 一种凸多边形的交、并求解算法[J]. 桂林工学院学报，2007，27（4）：589-592.

[13] DUCKHAM M, WORBOY S M F. An algebraic approach to automated information fusion[J]. International journal of geographical information science, 2005, 19 (5):537-557.

[14] 张景雄，刘凤珠，梅莹莹，等. 空间数据融合的研究进展：从经典方法到扩展方法[J]. 武汉大学学报：信息科学版，2017，42（11）：1616-1628.

[15] 安晓亚，孙群，肖强，等. 一种形状多级描述方法及在多尺度空间数据几何相似性度量中的应用[J]. 测绘学报，2011，40（4）：495-501，508.

[16] GOMBOSI M, ZALIK B, KRIVOGRAD S. Comparing two sets of polygons[J]. International journal of geographical information science, 2003, 17(5):431-443.

[17] FU Z L, WU J H. Entity matching in vector spatial data[C]//Proceedings of the 21th International Archives of the Photogrammetry, Remote Sensing and Spatial Information Sciences, Beijing, 2008: 1467-1472.

[18] 陈占龙, 徐永洋, 谢忠. 矢量面状要素几何相似性度量方法探讨[J]. 测绘科学, 2016, 41（5）：105-110.

[19] 郝燕玲, 唐文静, 赵玉新, 等. 基于空间相似性的面实体匹配算法研究[J]. 测绘学报, 2008, 37（4）：501-506.

[20] 边丽华, 闫浩文, 刘纪平, 等. 多边形化简前后相似度计算的一种方法[J]. 测绘科学, 2008, 33（6）：207-208.

[21] 何援军. 几何计算[M]. 北京：高等教育出版社, 2013.

[22] 汪嘉业, 王文平, 屠长河, 等. 计算几何及应用[M]. 北京：科学出版社, 2011.

[23] MARTINEZ F, RUEDA A J, FEITO F R. A new algorithm for computing Boolean operations on polygons[J]. Computers and geosciences, 2009, 35(6): 1177-1185.

[24] PREPARATA F P, SHAMOS M L. Computational geometry an introduction[M]. New York: Springer, 1985.

[25] SCHNEIDER P J, EBERLY D H. Geometric tools for computer graphics[M]. San Francisco: Morgan Kaufmann Publishers, 2002.

[26] 焦华富, 韩会然. 中等城市居民购物行为时空决策过程及影响因素——以安徽省芜湖市为例[J]. 地理学报, 2013, 68（6）： 750-761.

[27] CAI L, JIANG F, ZHOU W, et al. Design and application of an attractiveness index for urban hotspots based on GPS trajectory Data[J]. IEEE access, 2018, 6(1): 55976-55985.

[28] 程鹏飞, 闫浩文, 韩振辉. 一个求解多边形最小面积外接矩形的算法[J]. 工程图学学报, 2008,（1）：122-126.

[29] 周培德. 计算几何：算法设计与分析[M]. 北京：清华大学出版社, 2008.

[30] 陈红丽. 基于出租车 GPS 数据的居民出行时空规律和出行热点区域研究[D]. 昆明：云南大学, 2016.

[31] DUI T. The rise of the business circle of Renmin road in Kunming, rebirth of urban pattern[N]. China Real Estate News, 2013-12-10(2).

[32] CHA Z. Where will the city business circle go in Kunming[N]. Yunnan Daily, 2016-08-25(A1).

第7章 居民出行热点路径挖掘

热点路径在很大程度上反映了车辆的移动模式、居民的出行规律及城市交通状况。从轨迹数据中获取的热点路径可以应用于出租车调度、出行路线推荐、城市交通动态监测和管理、商业选址等相关领域。原始的移动轨迹数据只有经纬度坐标但缺乏上下文语义信息，会给后续的挖掘带来一定的困难，需要将其转化为带有地理语义的轨迹数据。之后，如何从这些数据中提取出更全面的轨迹特征，以便为后续的聚类算法构建一个有效的相似度度量标准，进而发现潜在的知识与模式是该领域的一项研究重点。

7.1 热点路径发现

本节主要介绍居民出行热点路径的定义、研究现状及问题描述。

7.1.1 居民出行热点路径

居民热点路径是指在一定时间段内车辆频繁经过的路线。它既可以是一条完整的道路，也可以是一些不完全相连的路段集合[1]。热点路径很大程度上反映了车辆的移动模式，居民的出行规律和偏好以及城市交通状况。利用位置数据中的轨迹数据进行分析和挖掘，是发现热点路径的一种主流方法，经常使用的轨迹数据包括出租车 GPS 轨迹数据、手机数据和公交卡数据等。

热点路径的研究不仅有利于城市管理和城市规划，也可以帮助商家更好地为用户提供服务，或者进行商业营销。其研究意义主要有以下几个方面[2]。

1）居民出行规律分析。城市中的居民活动通常体现出一种规律性，这种规律可以用交通常识来描述，如工作日上下班所形成的交通繁忙或者拥堵的路线。但是，交通常识仅仅是热点路径的一种体现。如果要全面掌握城市中居民出行行为的偏好和迁移模式，还需要深入挖掘轨迹数据以发现其中所蕴涵的潜在规律。

2）城市规划和管理。热点路径在一定程度上反映了城市中活动较为频繁、人气较高的路段，这些路段往往具有较高的人流量，承担了较大的交通压力，也容易形成交通拥堵路段。因此，发现热点路径对于城市拥堵治理及改善道路交通运行服务水平有重要意义。

3）出租车调度。出租车并没有固定的线路和站点，其载客行为具有较高的不确定因素，因此，会出现一定程度的空载率。高空载率不仅影响出租车司机的收入，也带来不必要的燃油浪费和尾气排放。城市中的热点路径是城市中居民集中出行的体现，将挖掘出的热点乘车路线推荐给出租车司机，就能科学地调度城市中的出租车，提高出租车司机的驾驶效率，减少燃油污染。

4）驾驶路线推荐。出租车司机驾驶路线的选择往往反映其多年来丰富的驾驶经验，通过挖掘给定出发地与目的地之间的出租车行驶的热点路径，导航应用能够为私家车司机或者没有经验的出租车司机提供更为丰富的路线推荐方案。

5）基于位置的服务。人流密集的地方存在着巨大商机，对于基于位置的服务而言，发现城市中的热点路径可以帮助运营商提供更高质量的推荐、娱乐、广告等服务，实现精准营销。

7.1.2　居民出行热点路径的挖掘方法

在识别居民出行的热点路径及出行兴趣等方面，一些学者会采用轨迹聚类算法来挖掘热点路径。郑宇[3]通过挖掘北京上万辆出租车的历史行驶轨迹，发现了出租车司机对城市道路通行时间的知识和经验，进而开发了一个名为 T-Finder 的系统为驾驶者推荐个性化的最优驾驶线路。Davies 等[4]提出一种构建城市路网的新方法，他们开发了一种算法来保持数字地图的更新，即使用普通车辆而非专业探测车辆来获取数据，以便识别和构建简单城市道路的形状和方向。Roh 和 Hwang[5]提出了一种基于豪斯多夫距离（Hausdorff distance）的新度量方法，在此基础上，实现了一种新颖的聚类算法，即最近邻聚类（nearest neighbor cluster，NNCluster）。Camargo 等[6]将完整轨迹用矢量线来表示，采用历史数据建立回归模型，并利用轨迹和模型间的相似性执行聚类以获得移动模式。夏英等[7]提出一种在路网空间下基于密度的轨迹聚类算法 NETSCAN，该算法先计算出繁忙的子轨迹，然后对子轨迹进行聚类。Vlachos 等[8]提出了基于最长公共子序列（longest common subsequence，LCSS）的非度量相似性函数，通过增大序列相似部分的权重来提高轨迹间的相似性，并采用无监督学习的方式来实现轨迹聚类。Pelekis 等[9]提出一种多线位置距离（locality in-between polylines，LIP）并利用它来计算轨迹间的相似性，该距离是将两条轨迹构成的多个多边形面积乘以相应的权重求和后得到的值作为它们的距离。Shen 等[10]提出一种基于密度的 ε 距离轨迹聚类算法。根据轨迹起点和终点的相似性进行轨迹集合划分，采用基于密度方式实现轨迹聚类。袁冠等[11]利用转角将轨迹划分成若干轨迹段，接着提取它们的结构特征，最后利用结构相似度来确定两条轨迹段是否相似，从而完成轨迹聚类。Lee 等[12]提出了一种基于最小描述长度的轨迹分割算法，将轨迹划分为若干线段；接着采用一种基于密度的线段聚类算法来得到相似轨迹。

上述针对轨迹聚类的热点路径挖掘方法可以划分为两种形式：基于整条轨迹相似度聚类和基于划分轨迹段相似度聚类算法。文献[5]~[9]采用了基于整条轨迹相似度的聚类方法，这些方法是将整条轨迹作为基本单元并计算任意两条轨迹间的相似度，以此作为轨迹聚类的基础。文献[10]~[12]采用了基于划分轨迹段相似度的聚类方法，即将整条轨迹按照特征点划分成若干轨迹段，以轨迹段间的相似度为基础进行聚类，能够解决复杂轨迹之间的比较问题。

7.1.3　问题描述

轨迹聚类是发现热点路径的一种主流方法，在相关研究中需要考虑两个问题，即移动轨迹数据的建模和轨迹相似度的度量。轨迹数据建模是对车辆或者人群的运动行为进行分析与识别的基础[13]，建模的对象是指从轨迹数据中提取到的各种特性信息[14]，包括车辆或者行人的平均速度、时间间隔、轨迹点间距、轨迹的几何形状和运行模式等。轨迹相似性度量是刻画轨迹间相似程度的表示方法，是预处理过程和轨迹数据挖掘中的关键环节[1]。

由于私家车的运行数据很难获取，热点路径挖掘使用的数据源主要为出租车 GPS 轨迹数据。原始的 GPS 轨迹数据缺乏出行的语义信息，需要将其映射到城市路网上才能用于后续的挖掘工作。目前，热点路径挖掘研究主要面临如下两项挑战。

1）如何高效、准确地将轨迹数据匹配到城市道路上。

地图匹配算法可以将轨迹数据映射到城市路网上，但 GPS 轨迹数据数据量大且实时性要求高，现有单机版的地图匹配算法很难满足要求。同时，现代城市路网密集且结构复杂，会导致地图匹配的出错率较高。

2）如何建立一种高效的轨迹聚类挖掘算法。

使用聚类算法对热点路径挖掘时要考虑轨迹之间的相似度计算，这也是聚类算法运行的前提。但是，现有轨迹相似度的定义大多是将整条轨迹或轨迹段作为基本对象进行聚类计算。这些方法既容易忽略轨迹的局部结构，导致无法发现轨迹中的公共子模式；也容易忽略轨迹的整体特征，导致聚类结果的准确性较低。同时，这些方法也缺乏直观的、细粒度的可视化展示手段，会造成结果的可读性较差。

7.2　轨迹数据建模和相似度度量

本节介绍轨迹数据建模和轨迹相似度度量的技术与方法。

7.2.1　轨迹数据建模

轨迹数据代表了移动物体所产生的一段路径，它由一系列在时间和空间上相邻的点所构成。举例说明，在图 7.1 中，一段轨迹（trajectory）由 n 个点组成，轨迹数据的开始时间为 t_1，结束时间为 t_n。则轨迹数据可以建模为 $T = \{P_1, P_2, \cdots, P_n\}$，每一个点 P_i 可以由一个四元组（t_i, x_i, y_i, a_i）组成，其中，t_i 表示轨迹点产生的时间，x_i 和 y_i 代表轨迹点的经纬度坐标，a_i 表示轨迹点的其他属性，如状态、速度或者方向等信息。

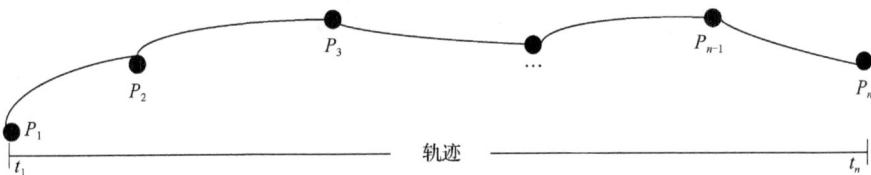

图 7.1　轨迹数据

上述轨迹数据建模方法简单、直观，主要使用轨迹数据自身的属性来构建。但是，这样构建出来的轨迹数据模型缺少上下文语义信息（如地理语义、兴趣偏好和社会关系等），会造成数据挖掘结果不够准确或者难以解释。因此，在相关研究中，需要利用一些技术手段让轨迹数据带有一定的语义信息，在此基础上，也就出现了新的轨迹数据建模方法[15-18]。

手机数据是一种常用的轨迹数据，可以划分为话务数据和定位数据两种类型。为了实现手机数据的语义化，研究者们提出了两种地理位置语义化的方法：一种方法是利用基站小区内的 POI 类型，将占比最大的标签类型赋予相应的基站小区；另一种方法是将手机话务量数据转换为带有地理位置语义化轨迹数据。图 7.2 显示了第一种地理位置语义化的建模过程。

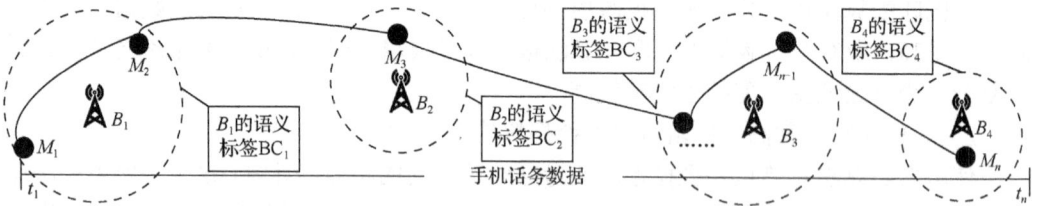

图 7.2　用户 A 的手机话务数据

在图 7.2 中，从 t_1 时刻到 t_n 时刻，用户 A 的手机话务数据由 5 个采样点（M_1, M_2, M_3, M_{n-1}, M_n）构成，这 5 个采样点是通过与 4 个基站 $\{B_1, B_2, B_3, B_4\}$ 通信所获得的。同时，根据每个基站内 POI 类型的分布情况，可以计算出它们的语义标签为 $\{BC_1, BC_2, BC_3, BC_4\}$，分别代表 $\{$居住小区，公司，餐厅，娱乐场所$\}$。最终，用户 A 的手机话务数据的语义模型既可以表示为 TM$=\{B_1, B_2, B_3, B_4\}$，也可以记为 TM$=\{BC_1, BC_2, BC_3, BC_4\}$。

7.2.2　轨迹相似度度量

轨迹相似度有多种经典的度量方法[19]，包括最近对距离（closest-pair distance，CPD）、对距离总和（sum-of-pairs distance，SPD）、DTW、LCSS 和真实序列上的编辑距离（edit distance on real sequence，EDR）等。图 7.3 显示了两条轨迹 TD_i 和 TD_j，每条轨迹由多个采样点构成。下面以 $TD_i=\{P_1, P_2, \cdots, P_5\}$ 和 $TD_j=\{Q_1, Q_2, \cdots, Q_6\}$ 为例，介绍不同的相似度度量方法。

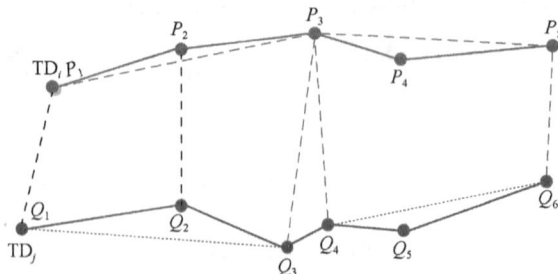

图 7.3　两条轨迹示例

CPD 是指查找两条轨迹之间距离最近的两个点，以它们的距离作为轨迹之间的距离，其计算公式如下：

$$\mathrm{CPD}(\mathrm{TD}_i,\mathrm{TD}_j) = \min_{P_i \in \mathrm{TD}_i, Q_j \in \mathrm{TD}_j} \mathrm{dist}(P_i,Q_j) \tag{7.1}$$

CPD 定义比较简单，适用于整体差距不大的轨迹之间的度量，如果出现两条轨迹在某个点相交或者整体差距较大，就不能采用这种度量方法。

SPD 需要对两条轨迹中序号一致的点进行距离计算并求和，以该求和距离作为轨迹相似性的评价标准，其计算公式如下：

$$\mathrm{SPD}(\mathrm{TD}_i,\mathrm{TD}_j) = \sum_{i=1,j=1}^{n} \mathrm{dist}(P_i,Q_j) \tag{7.2}$$

SPD 要求两条轨迹具有相同的轨迹点个数，如果轨迹点的个数不一致，就需要在算法上进行改进，以便适应不同长度的轨迹比较。

在很多情况下，需要比较相似性的两条轨迹的长度可能并不相等，DTW 通过延伸和缩短轨迹序列来计算两个时序轨迹序列之间的相似性[19]，图 7.4 显示了 DTW 的规整方法。这里，待比较的两条轨迹序列用两条实线表示，其连线（虚线）表示两个轨迹序列之间的相似点，DTW 计算所有相似点之间的距离之和（规整路径距离）来判断这两个轨迹序列之间的相似性。DTW 的计算公式如下：

$$\mathrm{DTW}(\mathrm{TD}_i,\mathrm{TD}_j) = \begin{cases} 0, & m=0 \text{且} n=0 \\ \infty, & m=0 \text{或} n=0 \\ \mathrm{dist}\big(H(\mathrm{TD}_i),H(\mathrm{TD}_j)\big) + \min \begin{Bmatrix} \mathrm{DTW}\big(\mathrm{TD}_i,R(\mathrm{TD}_j)\big) \\ \mathrm{DTW}\big(R(\mathrm{TD}_i),\mathrm{TD}_j\big) \\ \mathrm{DTW}\big(R(\mathrm{TD}_i),R(\mathrm{TD}_j)\big) \end{Bmatrix} \end{cases} \tag{7.3}$$

其中，m 和 n 分别代表轨迹 TD_i 和 TD_j 中轨迹点的个数；$H(\mathrm{TD}_i)$ 表示 P_1；$R(\mathrm{TD}_i)$ 表示 $\{P_2,\cdots,P_m\}$；$H(\mathrm{TD}_j)$ 表示 Q_1；$R(\mathrm{TD}_j)$ 表示 $\{Q_2,\cdots,Q_n\}$。

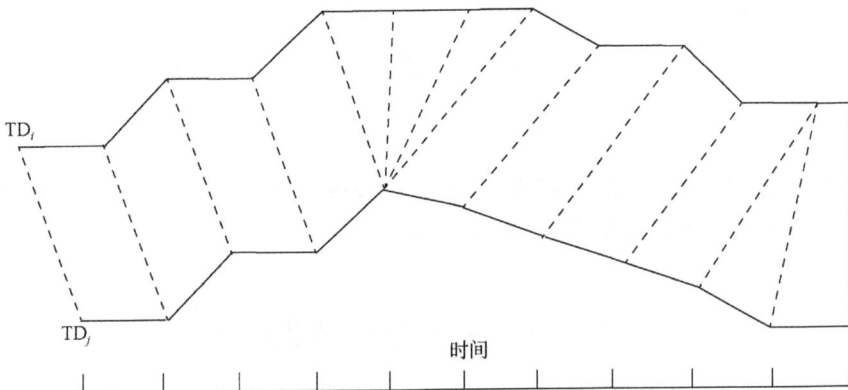

图 7.4　两条轨迹之间的规整

如果存在噪声点，那么 DTW 的计算方法就会受到较大影响，而 LCSS 方法[20]则能有效克服噪声点的影响。LCSS 的计算方法如下：

$$\text{LCSS}\big(\text{TD}_i, \text{TD}_j\big) = \begin{cases} 0, & m = 0 \text{或} n = 0 \\ 1 + \text{LCSS}\big(R(\text{TD}_i), R(\text{TD}_j)\big), & \text{dist}\big(H(\text{TD}_i), H(\text{TD}_j)\big) \\ \alpha \leqslant |m - n| < \beta \\ \max\big((\text{LCSS}(R(\text{TD}_i), \text{TD}_j), \text{LCSS}\big(\text{TD}_i, R\big(\text{TD}_j\big)\big)\big), & \text{其他} \end{cases} \tag{7.4}$$

其中，α 为整数；β 为距离阈值。

尽管 LCSS 距离解决了噪声点对轨迹度量所带来的影响，但是它无法区分具有相同公共子序列的轨迹。因此，文献[21]提出了 EDR 来解决这一问题。

上述轨迹相似度度量方法主要考虑了轨迹的全局特征，为了更好地描述轨迹之间的相似度，可以先将轨迹划分为轨迹段；接着，提取轨迹段的局部特征（方向和位置）进行相似度的度量[11]。下面以轨迹段 L_1 和 L_2 为例，说明它们的方向和转角的定义，如图 7.5 和图 7.6 所示。在图 7.5 中，P_1 和 P_m 表示轨迹段 L_1 的起点和终点，Q_1 和 Q_n 表示轨迹段 L_2 的起点和终点。将 L_2 平移至与 L_1 相交（用长虚线表示），则两条轨迹段形成的夹角 β 表示它们之间的方向夹角，用来反映两条轨迹段在运动趋势上的偏离程度。

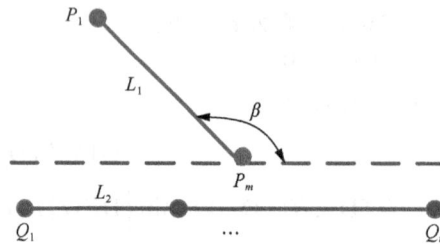

图 7.5　两条轨迹段的方向

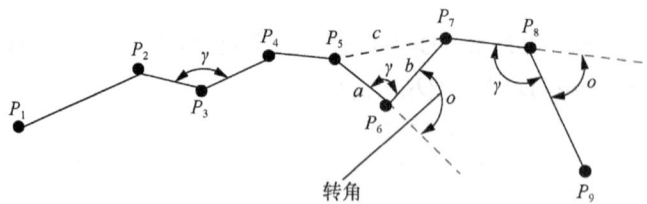

图 7.6　轨迹段的方向和转角

轨迹转角是指相邻轨迹段之间的转向角，它反映了轨迹运动的趋势。在图 7.6 中，连续轨迹段在采样点处的夹角为 γ，轨迹段的转角为 o。

7.3　基于轨迹数据的热点路径挖掘

本节主要关注如何利用轨迹数据来获得移动对象的运动特征模式，识别人们感兴趣的热点路径及出行偏好等知识。

7.3.1　地图匹配及 GPS 轨迹数据建模

利用 GPS 轨迹数据挖掘居民出行的热点路径，需要先提取 GPS 轨迹数据中载人的数据，丢弃出租车在空驶状态下的数据。通常，出租车的运营状态主要是空车和载客，反映在对应的 GPS 数据中时就用 Status 字段来表示。一些出租车公司安装的 GPS 软件中对 Status 字段有明确的定义，该字段一般由 13 个比特的二进制数来表示，每一个比特有其特定的含义。通常，Status 字段值为 0 时表示空车，为非 0 时（如 512）表示载人。在一段轨迹序列中，Status 字段由 0 变为 512 时表示有乘客上车，这表明该乘客出行活动的开始；Status 字段由 512 变为 0 时表示乘客下车，这代表乘客出行活动的结束。针对热点路径挖掘，出租车空载时的轨迹数据并没有研究价值，因此，只需要利用 Status 字段的变化就能提取有效的载人轨迹数据。

原始的轨迹数据并没有包含任何上下文的语义信息，不方便后续的挖掘研究。为此，本书使用地图匹配算法对 GPS 数据进行处理。地图匹配用来把若干个代表车辆位置信息的 GPS 点匹配到城市路网的相应道路上，并确定车辆的行驶轨迹[22]。常见的地图匹配算法可以归结为点到点的匹配、点到线的匹配和线到线的匹配 3 种算法。点到点的匹配算法是指在所有轨迹点的数据集中搜索与待匹配点距离最近的点作为匹配结果。点到线的匹配算法是指在所有可能的路段中搜索与待匹配点距离最短的路段作为匹配路段，点到该路段的投影点即为匹配结果。线到线的匹配算法是将一系列位置匹配点拟合到路网中的相应弧线上，拟合标准是位置匹配点连线到可能弧线之间的距离。点到点和点到线这两种匹配算法仅考虑当前点的匹配位置，并未用到历史点信息，而线到线的匹配算法会使用该信息，因此实现上有一些难度。

为此，本书提出了一种最近点带航向及寻路的地图匹配（map matching with visualization，MMatchingVis）算法[23]。MMatchingVis 算法是一种综合考虑了投影距离、航向及寻路可达性的地图匹配算法，为了提高其计算效率，本书还将该算法移植到了 JStorm 云计算平台下运行。JStorm 平台是一个处理实时数据的云计算平台，是对 Storm 平台的二次开发[24]。为了实现对海量 GPS 轨迹数据的实时处理，本书在 OpenStack 平台上，使用 13 台虚拟主机完成 JStorm 云平台的搭建，1 台作为 Nimbus 主节点，12 台作为 Supervisor 计算节点。

MMatchingVis 算法也称投影匹配算法，是导航系统中应用最广泛的一种算法。它的基本原理如下：把待处理的点匹配到一定范围内的所有路段上，即做垂直投影操作；然后选择投影距离最短的路段作为匹配路段，匹配路段上的投影点就是所求的匹配点[23]。MMatchingVis 算法逻辑简单，计算量少，但是容易导致错误匹配，通常只能与其他匹配方法相结合才能获得足够的匹配精度。

在双向行驶的路段上，采用 MMatchingVis 算法会导致某些匹配错误[25]。以图 7.7 为例，A 和 B 是两条双向行驶的平行道路，路段上的箭头代表它们各自的方向。P_1 是待处理的轨迹点，P_1 点的航向是指车头前进方向与正北方向的夹角（这里为 60°），那么 P_1 点的航向与 A 路段方向的夹角就为 30°。如果只考虑投影距离，P_1 点应该匹配到 B 路段上，但是这一结果是错误的，P_1 点实际上应该匹配到 A 路段。

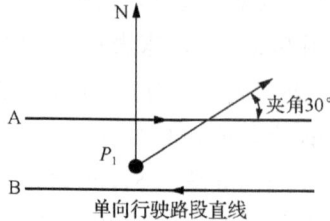

图 7.7　带方向的地图匹配示例

　　MMatchingVis 算法能有效解决平行道路的匹配异常，其在算法实现上主要通过判断轨迹点的航向与路段直线方向夹角的差值 θ 来确定轨迹点所匹配的路段方向。根据相关统计[26]，正常行驶状态下车辆的行驶方向与路段的方向一致或者相反时，$\theta \leqslant 40°$。为了方便用户对方向取值进行调整，这里提供了一个参数用于设置 θ 的度数（0°～60°），以筛掉平行道路不可能的匹配结果，提高平行道路的匹配质量。

　　为了获得更高的匹配质量，除考虑投影距离和航向外，MMatchingVis 算法还考虑了寻路的可达性，其基本思想如下：首先，将上一轨迹点的最优匹配作为起点，当前点匹配结果集作为终点，执行单源最短路径寻路。寻路不仅可算出具体行车路线，还可以算出间隔时间内是否可达。考虑到计算效率，本书主要使用 A×算法作为寻路算法[26]。寻路完成后，本书使用 3 种带权重的信息计算出当前 GPS 点匹配集合中的最优匹配点，距离权重、航向权重和可达性权重计算公式分别表示如下：

$$W_\mathrm{D} = D_\mathrm{W} f(D)；f(D) = 1 - D/D_\mathrm{TH} \tag{7.5}$$

$$W_\mathrm{H} = H_\mathrm{W} f(\Delta\theta) \tag{7.6}$$

$$W_\mathrm{R} = R_\mathrm{W} X \tag{7.7}$$

其中，D_W 表示距离权重系数；D_TH 设置为 25m；D 表示定位点到候选路段的距离；H_W 表示航向权重系数；$f(\Delta\theta) = \cos(\Delta\theta)$，$\Delta\theta$ 表示车辆航向与路段方向的夹角；R_W 表示可达性权重系数；X 表示是否可达，可达为 1，不可达为 -1。可以把 D_W、H_W 与 R_W 这 3 个权重系数设置为 1/3 或其他比例，权重总和为

$$W = W_\mathrm{D} + W_\mathrm{H} + W_\mathrm{R} \tag{7.8}$$

　　最后，根据权重总和，计算出权重最大的点作为当前 GPS 点的最优匹配。

　　使用 MMatchingVis 算法处理 GPS 轨迹记录后，便可将所用的轨迹数据建模为 trajectory＝$\{(t_1, x_1, y_1, s_1, sn_1), (t_2, x_2, y_2, s_2, sn_2), \cdots, (t_n, x_n, y_n, s_n, sn_n)\}$。其中，$t_i$ 表示每个轨迹点的采样时间，x_i 和 y_i 代表轨迹点的经纬度坐标，s_i 表示每个轨迹点所在的路段 ID，sn_i 则代表每个轨迹点所在路段的名称。此时，原始的轨迹点就转换为带有地理位置语义的轨迹数据，图 7.8 显示了地理位置语义化后的轨迹数据格式。

```
车牌号,上车时间,上车点经度,上车点纬度,上车点路段ID,上车点路名
"云AT7515",2012-08-13-07.00.02,102.73893161048717,25.049666840548287,31212,"新迎路"
"云AT3535",2012-08-13-07.00.06,102.6858029956913,25.03059159209625,25936,"西园路"
"云AT6187",2012-08-13-07.00.06,102.6923534298293,25.033363917700875,8175,"环城西路"
"云AT3065",2012-08-13-07.00.06,102.69639493992189,25.046779914628797,16597,"人民西路"
"云AT3112",2012-08-13-07.00.06,102.71855497648716,25.014428185984706,28162,"官南大道"
"云AT4863",2012-08-13-07.00.06,102.71914566099254,25.0291529589172,8589,"北京路"
"云AT1242",2012-08-13-07.00.06,102.72006363832914,25.062174954179923,9193,"北京路"
"云AT2058",2012-08-13-07.00.06,102.72123812212615,25.045680766077844,17316,"人民东路"
"云AT1319",2012-08-13-07.00.06,102.72270698795863,25.021741396367865,25307,"永平路"
"云AT1404",2012-08-13-07.00.06,102.73592373516384,25.03415364470122,28219,"黎华路"
"云AT3965",2012-08-13-07.00.06,102.7382620058429,25.041633144898775,32145,"-"
"云AT3866",2012-08-13-07.00.06,102.74448148731607,25.075364740601035,27783,"穿金路"
"云AT5357",2012-08-13-07.00.07,102.67281743318415,25.04354187336297,32038,"云山路"
"云AT5412",2012-08-13-07.00.07,102.68173152,25.034055885,30517,"西园路"
"云AT3443",2012-08-13-07.00.07,102.6959073633915,25.070326073721745,23154,"教场中路"
"云AT0635",2012-08-13-07.00.07,102.69841290512665,25.037093301277768,5360,"G108-西昌路"
"云AT7646",2012-08-13-07.00.07,102.70498639130234,25.01740625966374,25822,"永和南路"
"云AT1635",2012-08-13-07.00.07,102.70641590399208,25.020417858908086,29571,"云兴路"
```

图 7.8　GPS 轨迹数据的地理位置语义化表示

7.3.2　基于全局特征和局部特征的轨迹聚类算法

针对轨迹聚类算法中所面临的问题，本书提出了一种新颖的全局和局部轨迹聚类（global and local trajectory clustering, GLTC）算法。GLTC 算法的总体架构如图 7.9 所示。该算法包括两个阶段：第一阶段从 GPS 轨迹数据库中提取有效和完整的轨迹数据，以轨迹的全局特征，即起点距离作为轨迹聚类的相似性衡量标准并完成轨迹聚类，实现粗粒度的轨迹聚类；第二阶段将聚类后的轨迹数据划分为轨迹段，并提取轨迹段的局部特征，即方向、转角和位置，之后，计算轨迹段在局部特征上的结构相似性，并以该结构相似性作为轨迹段聚类的依据，最终得到细粒度的轨迹段聚类结果。

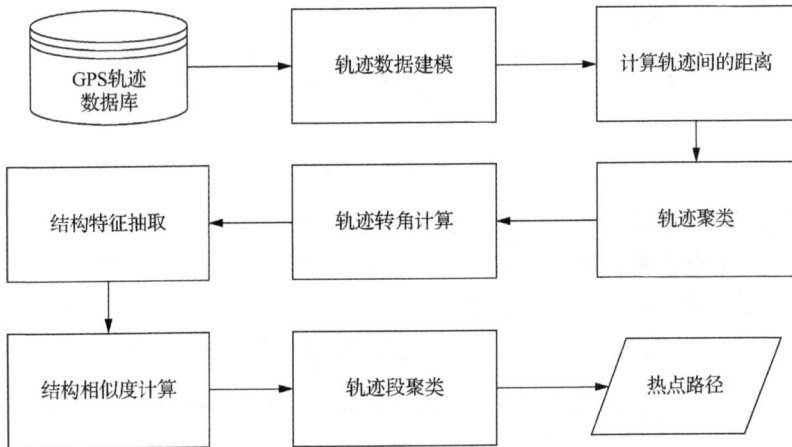

图 7.9　GLTC 算法的总体架构

下面详细介绍 GLTC 算法的定义和实现方法[27]，其使用的变量如表 7.1 所示。

表 7.1 GLTC 算法使用的变量

变量	含义
TD	轨迹集合，TD={ TD_1, TD_2,···, TD_i,···, TD_m}
TS	轨迹段集合，TS={ L_1, L_2,···, L_i,···, L_n}
$p(L_i)$	L_i 轨迹段中的采样点，表示在 T_i 时刻物体运动的位置
θ_S^k, θ_E^k	轨迹 TD_k 的起点和终点的行驶方向角
θ_{c1}^k, θ_{c2}^k	轨迹 TD_k 的中点的行驶方向角，当采样点数为奇数时，θ_{c1}^k 与 θ_{c2}^k 相同；为偶数时，θ_{c2}^k 为 θ_{c1}^k 后一个采样点的行驶方向角
D_S, D_{Mi}, D_E	两条轨迹间的起点、中点和终点距离，i=1 或 2
S_{Thred}, D_{Thred}, T_{Thred}	轨迹间的起点距离阈值、终点距离阈值和聚类中轨迹条数阈值
sim, ω, delta	相似度、转角和近邻集阈值

1. 轨迹聚类

GLTC 算法的第一阶段基于轨迹的全局特征（轨迹间距离），采用一种起点距离的时空相似轨迹聚类方法[10]来计算轨迹间的距离，以该距离作为衡量轨迹间相似性的标准，所用参数为 S_{Thred}、D_{Thred}，通过设定相关参数来完成轨迹聚类。假设有两条轨迹 TD_i 和 TD_k，它们之间的关系如图 7.10 所示。

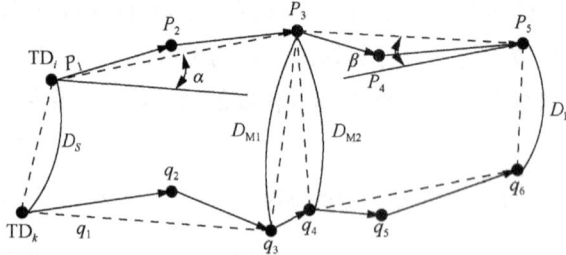

图 7.10 两条轨迹间的距离

为了计算轨迹 TD_i 和 TD_k 间的距离，本书给出如下定义。

定义 7.1：中点距离 $d(TD_{ic}, TD_{kc})$。中点距离表示两条轨迹的中间点对应的距离，计算该距离分为两种情况，计算公式如下：

$$d(TD_{ic},TD_{kc}) = \begin{cases} D_{M1}, & \text{两条轨迹的采样点均为奇数} \\ \dfrac{1}{2}D_{M1} + \dfrac{1}{2}D_{M2}, & \text{两条轨迹的采样点至少有一条是偶数} \end{cases} \quad (7.9)$$

定义 7.2：轨迹间的距离 D。轨迹间的距离由轨迹间的起点距离、中点距离和终点距离乘以对应权值(W_S、W_M 和 W_E)得到，W_S 和 W_E 的值由式（7.11）和式（7.12）得到，这里将 W_M 设置为 1/3。

$$D = W_S D_S + W_E D_E + W_M d(TD_{ic}, TD_{kc}) \quad (7.10)$$

$$W_{\mathrm{S}} = \begin{cases} \dfrac{1}{3}\left[1 - \dfrac{1}{2}\sin\alpha - \dfrac{1}{2}\sin(|\alpha - \beta|)\right], & \alpha \in \left[0, \dfrac{\pi}{2}\right) \\[3mm] \dfrac{1}{3}\left[1 + \dfrac{1}{2}\sin\alpha + \dfrac{1}{2}\sin(|\alpha - \beta|)\right], & \alpha \in \left[\dfrac{\pi}{2}, \pi\right) \end{cases} \tag{7.11}$$

$$W_{\mathrm{E}} = \begin{cases} \dfrac{1}{3}\left[2 + \dfrac{1}{2}\sin\alpha + \dfrac{1}{2}\sin(|\alpha - \beta|)\right], & \alpha \in \left[0, \dfrac{\pi}{2}\right) \\[3mm] \dfrac{1}{3}\left[2 - \dfrac{1}{2}\sin\alpha - \dfrac{1}{2}\sin(|\alpha - \beta|)\right], & \alpha \in \left[\dfrac{\pi}{2}, \pi\right) \end{cases} \tag{7.12}$$

其中，α 和 β 是两条轨迹的起点-中点和中点-终点连线构成的角，由式(7.13)和式(7.14)得到，即

$$\alpha = |(\theta_{c1}^{k} - \theta_{\mathrm{S}}^{k}) - (\theta_{c1}^{i} - \theta_{\mathrm{S}}^{i})| \tag{7.13}$$

$$\beta = |(\theta_{\mathrm{E}}^{k} - \theta_{c2}^{k}) - (\theta_{\mathrm{E}}^{i} - \theta_{c2}^{i})| \tag{7.14}$$

2. 轨迹段聚类

GLTC 算法的第二阶段是在第一阶段的基础上，基于轨迹的局部特征（方向、转角和位置），采用 DBSCAN 聚类方法计算轨迹的转角并划分轨迹段，结合轨迹的局部特征属性来计算轨迹段间的结构距离，以该距离作为轨迹段间的结构相似度，通过设定相关参数（如 delta、sim、ω）得到轨迹段的近邻集，完成轨迹段聚类。

定义 7.3：转角 o。 转角的定义可以参考 7.2.2 节，根据夹角 γ 可以计算出转角 o，由式（7.15）和式（7.16）得到。其中，a、b、c 分别是角 γ 的邻边和对边，将满足 $|o| > \omega$ 的采样点进行轨迹段划分。

$$\gamma = \arccos\frac{a^2 + b^2 - c^2}{2ab} \tag{7.15}$$

$$o = \begin{cases} \pi - \gamma, & |a \times b| \geqslant 0 \\ \gamma - \pi, & |a \times b| < 0 \end{cases} \tag{7.16}$$

定义 7.4：结构相似度 $\mathrm{Ssim}(L_i, L_j)$。 结构相似度用来衡量轨迹段之间的相似程度，可以通过轨迹段的结构距离($\mathrm{Sdist}(L_i, L_j)$)计算得到。计算结构距离需要使用 3 个局部特征属性，即方向、角度和位置，其对应计算公式如式（7.17）和式（7.18）所示。其中，W_{D}、W_{A} 和 W_{L} 分别对应不同特征属性的权值。为了方便比较，对结构距离做归一化处理。

$$\mathrm{Sdist}(L_i, L_j) = W_{\mathrm{D}}\mathrm{Dir}(L_i, L_j) + W_{\mathrm{A}}\mathrm{Angle}(L_i, L_j) + W_{\mathrm{L}}\mathrm{Loc}(L_i, L_j) \tag{7.17}$$

$$\mathrm{Ssim}(L_i, L_j) = 1 - \mathrm{Norm}(\mathrm{Sdist}(L_i, L_j)) \tag{7.18}$$

定义 7.5：方向 $\mathrm{Dir}(L_i, L_j)$。 方向表示不同轨迹的轨迹段 L_i 和 L_j 在运动方向上的偏离程度，其对应计算公式如下：

$$\mathrm{Dir}(L_i, L_j) = \begin{cases} \min(\|L_i\|, \|L_j\|) \times \sin\phi, & 0 \leqslant \phi < 90 \\ \min(\|L_i\|, \|L_j\|), & 90 \leqslant \phi \leqslant 180 \end{cases} \tag{7.19}$$

其中，ϕ 是两条轨迹的起点-终点连线构成的方向角。

定义 7.6：角度 $\mathrm{Angle}(L_i, L_j)$。 角度表示轨迹段内部的方向变化特征以及波动程度，计算公式如下：

$$\text{Angle}(L_i, L_j) = \frac{\sum_{1}^{\min(P(L_i), P(L_j))} ((|O_i - O_j|) / (|O_i| + |O_j|))}{P(L_i) + P(L_j)} \qquad (7.20)$$

定义 7.7：位置 Loc(L_i, L_j)。 位置表示轨迹段 L_i 和 L_j 的位置距离，采用 Hausdorff 距离公式计算，其对应计算公式如下：

$$\text{Loc}(L_i, L_j) = \max(h(L_i, L_j)) \qquad (7.21)$$

$$h(L_i, L_j) = \max(\min(\text{dist}(p(L_i), p(L_j)))) \qquad (7.22)$$

其中，$\text{dist}(p(L_i), p(L_j))$ 表示轨迹段 L_i 和 L_j 采样点之间的距离。

定义 7.8：近邻集 N。 对于轨迹段 L_i，如果存在轨迹段 $L_j (i \neq j)$，满足 $\text{Ssim}(L_i, L_j) \geq \text{sim}$，则 L_j 属于 L_i 的近邻集。

GLTC 算法的伪代码如算法 7.1 所示。GLTC 算法包括两个阶段。在第一个阶段，计算 D 和 D_S 并与 D_{Thred} 和 S_{Thred} 做对比，将符合条件的轨迹加入 RL 中，然后根据 T_{Thred} 完成轨迹聚类，时间复杂度为 $O(n^2)$。第二个阶段分成 3 步：首先，通过计算轨迹转角来划分轨迹段，时间复杂度为 $O(n)$；接着，计算轨迹段间的结构相似度，时间复杂度为 $O(n^2)$；最后，根据 DBSCAN 聚类方法实现轨迹段聚类，时间复杂度为 $O(n^2)$。因此，该算法总的时间复杂度为 $O(n^2)$。

算法 7.1：GLTC 算法

输入： TD, S_{Thred}, D_{Thred}, T_{Thred}
输出： G_TD = { TD$_1$,TD$_2$,…,TD$_n$ } （轨迹聚类结果集合）
//第一个阶段

```
1.  While (TD.size() != 0)
2.      RL = {};                          //计算 ps 的邻域对象集合
3.      First = TD.getfirst();            //取出 TD 集合中的第一条轨迹记录
4.      RL.add(First);
5.      for each TD_i in TD do
6.          D = distance (First,TD_i);
7.          if D < D_Thred && D_S < S_Thred;
8.              RL.add(TD_i);             //把符合聚类条件的轨迹加入到 RL 中
9.      if RL.nums ≥ T_Thred;             //如果 RL 中的轨迹数已达到阈值要求
10.         G_TD.add(RL);                 //把结果添加到 RL 集合中
11.     TD.remove(First);
```

//第二个阶段

输入： G_TD, delta, sim, ω
输出： L_TS = {$C_1, C_2, …, C_n$}   （轨迹段聚类结果集合）

```
1.  for each TD_i ∈G_TD do                //第一步：轨迹段划分
2.      Compute_Angle(TD_i);              //计算轨迹的转角
3.      TS ← 根据 ω 划分 TD_i;
4.  length = TS.length;                   //第二步：计算轨迹段间的相似度
5.  ssim = Matrix(length,length);         //初始化为 length × length 的零矩阵
6.  for each L_i, L_j∈TS∧i≠j∧L_i.parentid ≠ L_j.parentid do
7.      ssim[i][j] = Ssim(L_i,L_j);       //根据权重 W 计算轨迹段的结构相似度
```

```
8.    if ssim[i][j] ⩾ sim then
9.        L_i.N ← L_j;                        //将 L_j 放入 L_i 的近邻集 N 中
//第三步：轨迹段聚类实现
10.   L_TS = Dbscan(TS, delta);      //利用 DBSCAN 算法思想实现轨迹段聚类
```

7.4　实验和结果分析

本节通过实验来说明参数设置并验证所提算法的有效性，同时分析实验结果。

7.4.1　参数确定及评估指标

GLTC 算法采用 Java 和 Python 语言实现，开发环境为 MyEclipse 10，并使用第 5 章所用的出租车 GPS 轨迹数据集。本书从工作日选取了 3 个时间段 8:00～9:00、17:00～18:00 和 21:00～22:00；并从休息日中选取另外 3 个时间段 10:00～11:00、19:00～20:00 和 22:00～23:00 进行实验。

1. 全局参数

本书以一周的 GPS 轨迹数据为例，从中选取 3 个有代表性的不同时间段，分别计算参数在不同值（S_{Thred}=1 000m、2 000m、3 000m、4 000m、5 000m）下的聚类结果，如图 7.11 所示。S_{Thred} 值的选取需要考虑 D_{Thred} 阈值，经过多次实验，D_{Thred} = 800m 时能获得最好的聚类效果。

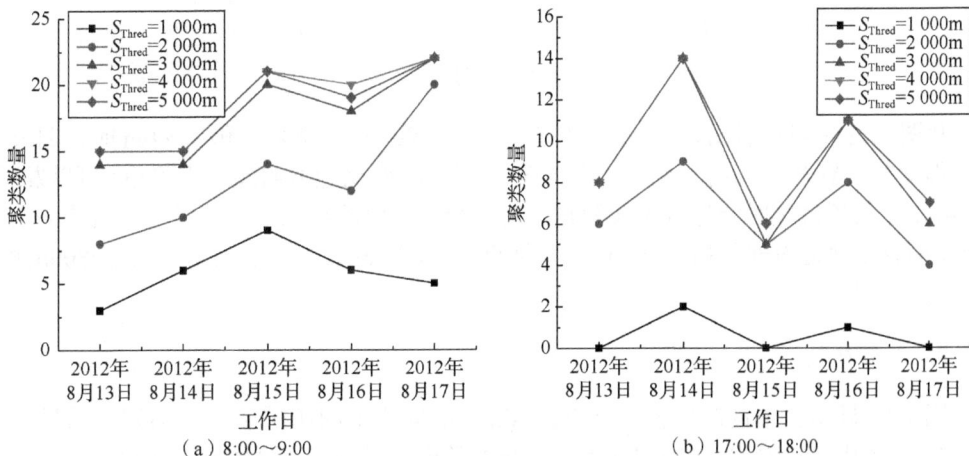

图 7.11　S_{Thred} 在不同日期和不同取值下的聚类结果对比

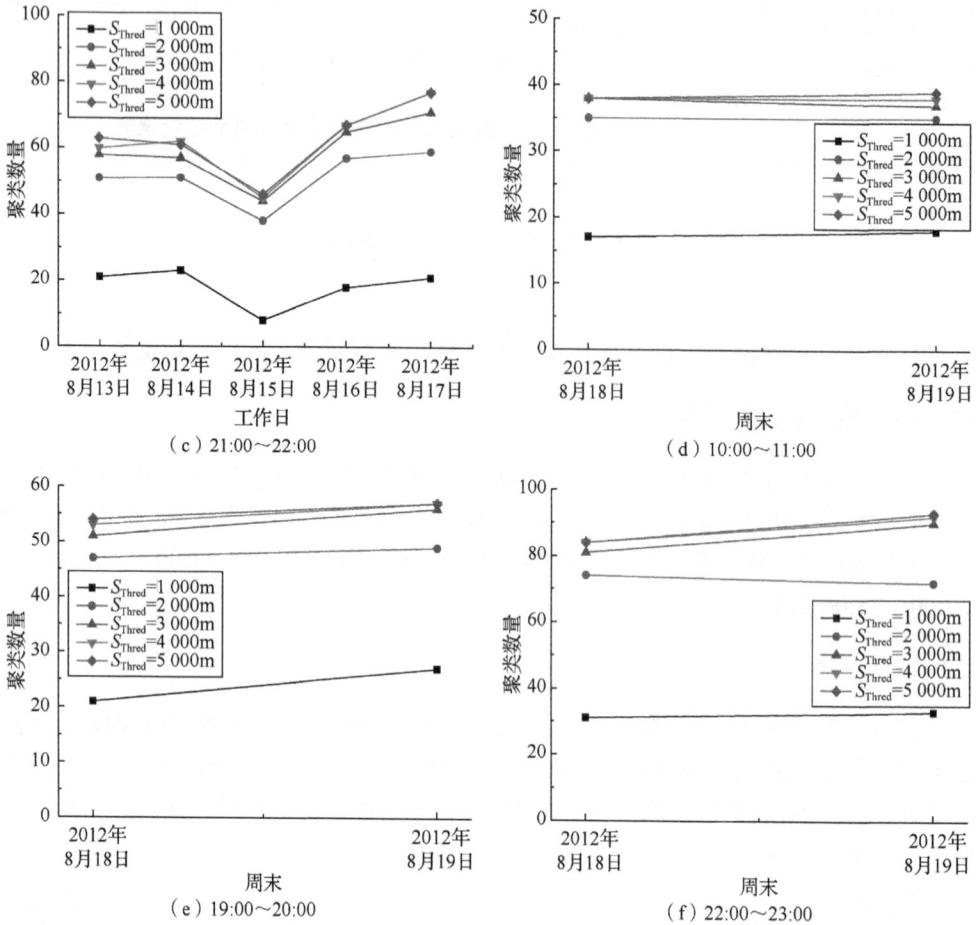

（c）21:00～22:00

（d）10:00～11:00

（e）19:00～20:00

（f）22:00～23:00

图 7.11（续）

　　从图 7.11 中可以看出，当 S_{Thred} 的值分别为 1 000m、2 000m 和 3 000m 时，曲线的变化程度非常显著，当 S_{Thred} 的值取到 4 000m 之后，变化趋势明显趋于平稳。可以发现：当 S_{Thred} 值设置过小时会导致聚类数量相对较少，产生的结果倾向于只考虑轨迹的全局特征，而忽略轨迹内部的相似性。由实验结果可知，当 S_{Thred}=3 000m 和 D_{Thred}=800m 时，轨迹聚类效果最好。

2. 局部参数

　　图 7.12 显示了不同时间段下 delta、sim、ω 取值不同所产生的局部聚类结果。从图 7.12（a）中可以看出：当 delta=6 时，聚类数量相对较多，导致本应该属于一个聚类的轨迹却被划分为不同的聚类；当 delta=15 时，聚类数量相对较少，使原本不属于一个聚类的轨迹被划分为一个聚类。可见，delta 值为 10 时，聚类效果最好。

　　除了 delta 参数，参数 sim 在不同的取值下对聚类数量也有一定的影响。当 sim 取值为 0.97 和 0.99 时，聚类数量很少，与 sim 取值为 0.95 时得到的聚类结果相差很大，而且聚类数量的差值最大时接近 50。这表明前两个参数取值下的聚类结果并不好，所以，本书的 sim 的取值为 0.95。同理，参数 ω 的这两组值对聚类结果影响也较小，$\omega=10$ 的聚类结果比 $\omega=15$ 的聚类结果要好一些，所以 ω 值设定为 10。

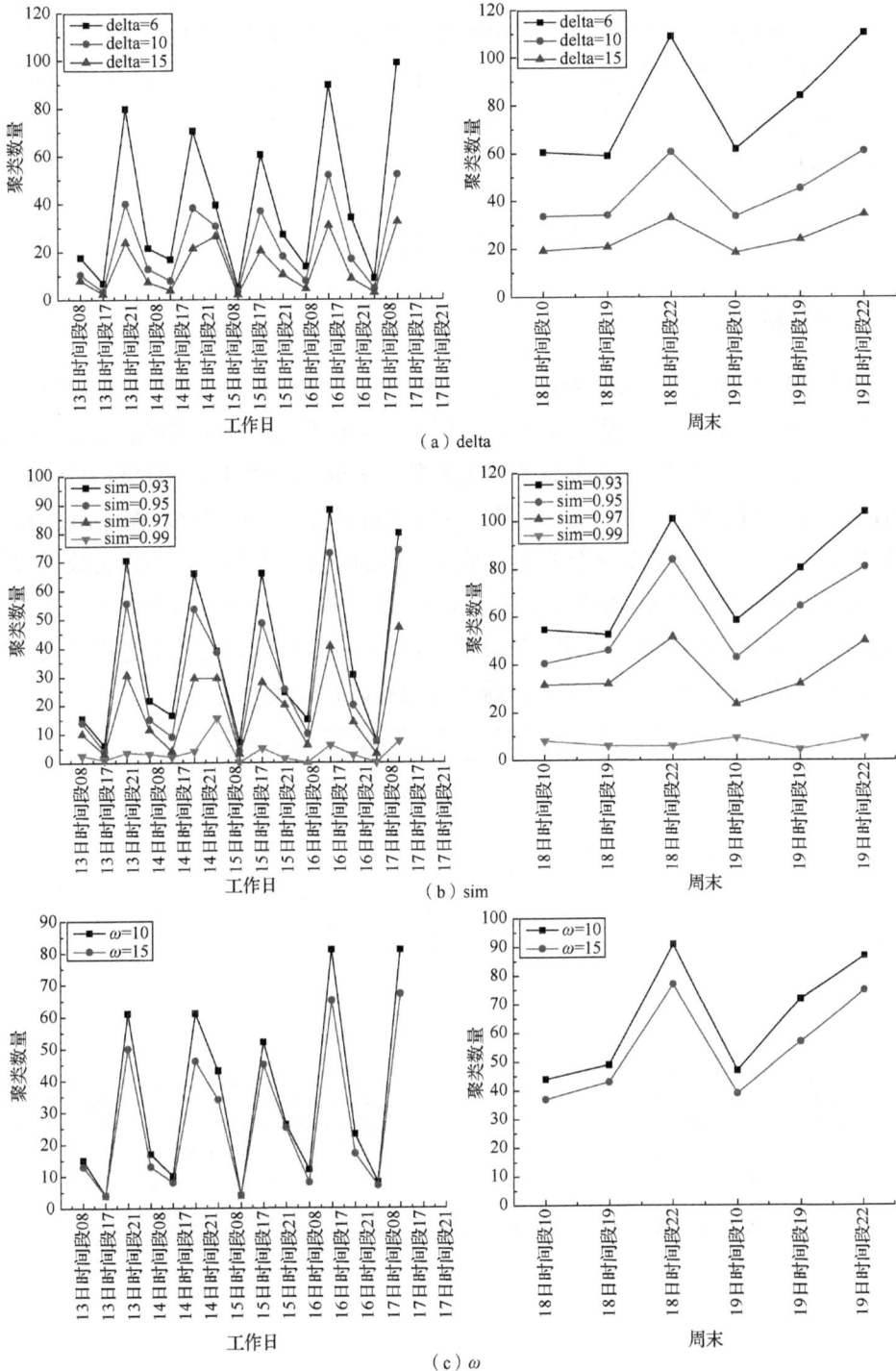

图 7.12　3 个局部参数在不同日期和不同取值下的聚类结果对比

3. 评价指标

对于无监督数据，本书采用 DBI[28]评估聚类结果的有效性。DBI 值越小意味着聚类内部轨迹距离越小，同时聚类间距离越大。其计算方法见式（7.23），其中，k 表示聚类个数，$\overline{C_i}$ 和 $\overline{C_j}$ 分别表示第 i 个和第 j 个聚类内部轨迹距离的平均值（$i{\neq}j$），w_i 和 w_j 分别表示第 i 个和第 j 个聚类的中心轨迹。

$$\text{DBI} = \frac{1}{k}\sum_{i=1}^{k}\max_{i\neq j}\left(\frac{\overline{C_i}+\overline{C_j}}{\parallel w_i - w_j \parallel_2}\right)$$ （7.23）

7.4.2　结果分析

本书将 GLTC 算法与 ε-dist 算法[10]、TC-SS 算法[11]和 LCSS 算法[8]进行比较（均选取在同环境下的最优参数），结果如图 7.13 所示。可以看出，在工作日的上、下班高峰期和晚上，TC-SS 算法和 ε-dist 算法的聚类数量都很少；在休息日，TC-SS 算法的聚类数量有所增加，但差距并不大，ε-dist 算法的聚类数量几乎没有变化。而 GLTC 算法和 LCSS 算法不管是在工作日还是休息日，聚类数量的变化趋势相似，但聚类数量却存在明显的差距。通过分析可知，LCSS 算法、TC-SS 算法和 ε-dist 算法只考虑轨迹数据的部分结构特征，无法精确得到热点路径的具体位置，GLTC 算法从整体上考虑了轨迹数据的结构特征，能够进一步发现轨迹中隐藏的运动规律和模式。

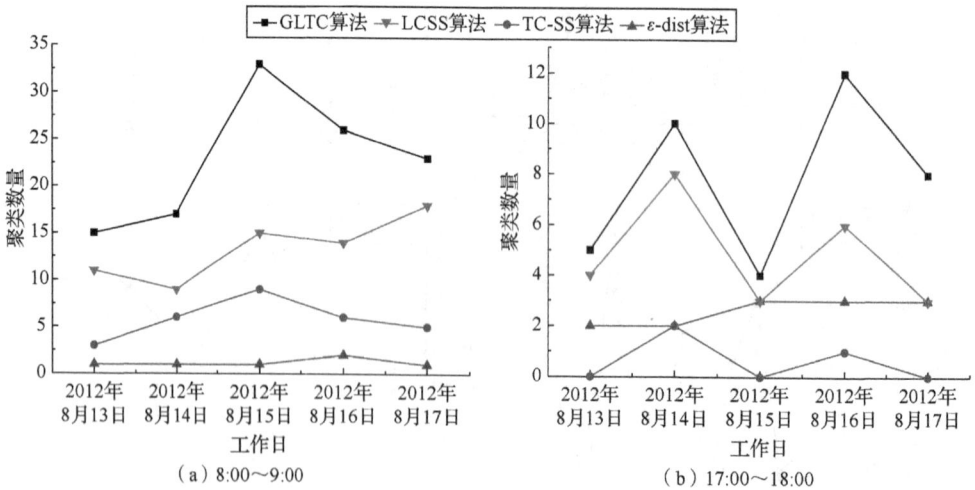

图 7.13　不同日期（工作日和休息日）4 种算法的聚类结果对比

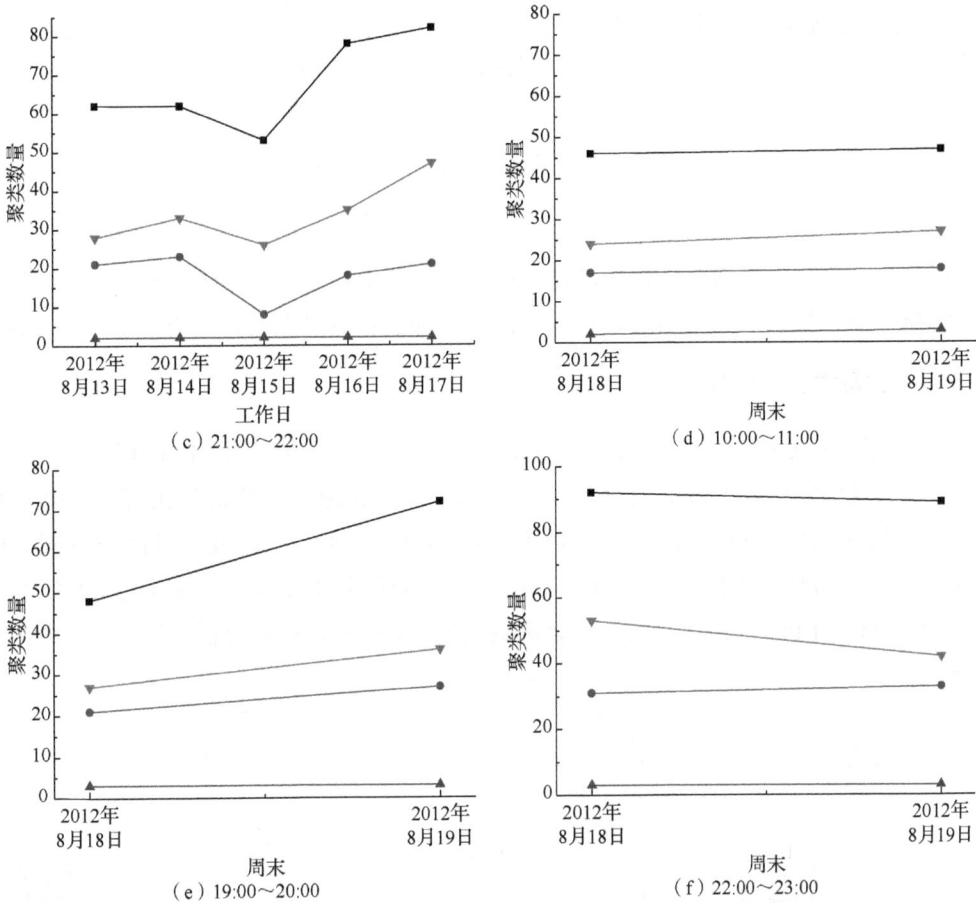

图 7.13（续）

　　从聚类数量上看，GLTC 算法与 LCSS 算法、TC-SS 算法和 ε-dist 算法有较大差距。4 种算法的 DBI 对比结果如表 7.2 所示。可以看出，尽管 TC-SS 算法获得最小的 DBI 值，但它的聚类结果较少，原因是把原来属于不同类别的聚类结果合并在一起，导致聚类结果的内部比较松散，没有较高的紧密性，因此，没有得到最好的聚类结果。而 ε-dist 算法获得最大 DBI 值的原因是其聚类间距离较小，甚至一些不同聚类间出现了重叠现象，导致聚类结果的准确性偏低。LCSS 算法比 GLTC 算法的 DBI 值略高，原因是其聚类个数拉大了聚类间距离。而 GLTC 算法在获得数量较多的聚类结果的同时，又能获得相对较小的 DBI 值，聚类结果的有效性较好。

表 7.2　4 种算法的 DBI 值对比结果

算法	DBI 值	算法	DBI 值
GLTC	0.57	TC-SS	0.25
LCSS	0.85	ε-dist	2.79

　　因此，使用 GLTC 算法获得的聚类结果比 LCSS 算法、TC-SS 算法和 ε-dist 算法要

好,聚类结果更加准确,可以获取用户关注度更高且位置更精准的热点路径。但是,GLTC算法需要执行两次聚类,算法执行的时间比其他 3 种算法稍长。

7.5　热点路径可视化分析

可视化技术可以将数据转化成图形或图像在屏幕上显示出来,它的出现为轨迹数据分析和结果验证提供了一种新的途径和方法,弥补了计算机在数据分析上的一些不足。

7.5.1　轨迹聚类结果可视化

本书采用 ArcGIS 平台和 Python 语言在地图上以不同形式展示 GLTC 算法的聚类结果。热点路径的热度以轨迹的粗细呈现,在此基础上又增添了轨迹的来源(以圆点标识)和目的地(以三角形标识),并以不同的颜色代表不同的区域,以区分不同时间段下对应热点路径的来源和目的地,方便管理者分析聚类结果。本书以 2015 年 9 月 7 日(工作日)21:00~22:00 时间段的轨迹数据为例,展示可视化分析的结果,如图 7.14 所示。

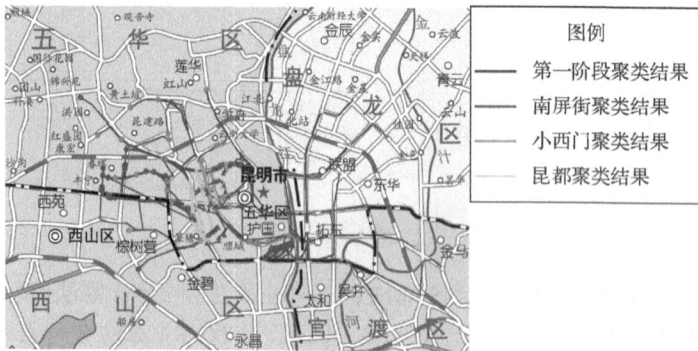

彩图 7.14

图 7.14　delta=10、sim=0.95、ω=10 的聚类结果(9 月 7 日 21:00~22:00)

从图 7.14 中可以发现,热点路径主要集中于小西门、昆都、南屏街等商圈的周边道路,与现实情况一致。同时,该时间段热点路径的主要来源是五华区,目的地集中在昆都附近。这说明,GLTC 算法可以让聚类结果既保留轨迹原有的时空特性,又全面地刻画人群的流动特点和行为模式。

7.5.2　热点路径的时空规律

在所有的参数都确定后,本书对昆明市一周内的 GPS 轨迹数据进行聚类分析,得到了 GLTC 算法的聚类结果,如表 7.3 所示。根据表 7.3,本书绘制轨迹聚类数量对比图,如图 7.15 所示。

表 7.3　GLTC 算法的聚类结果

日期	时间段	总轨迹数量	全局聚类结果	全局聚类轨迹数量	局部聚类结果
9 月 7 日	8:00～9:00	6 778	14	587	33
	17:00～18:00	6 016	8	316	14
	21:00～22:00	11 938	58	2 117	79
9 月 8 日	8:00～9:00	7 196	14	670	32
	17:00～18:00	6 862	14	462	24
	21:00～22:00	11 990	57	2 284	78
9 月 9 日	8:00～9:00	7 552	20	749	32
	17:00～18:00	6 074	5	270	18
	21:00～22:00	10 280	44	1 436	58
9 月 10 日	8:00～9:00	7 384	18	623	27
	17:00～18:00	6 830	11	417	22
	21:00～22:00	12 058	65	2 187	80
9 月 11 日	8:00～9:00	7 584	22	873	36
	17:00～18:00	6 038	6	213	10
	21:00～22:00	11 818	71	2 228	81
9 月 12 日	10:00～11:00	9 604	38	1 380	44
	19:00～20:00	11 108	51	1 872	63
	22:00～23:00	13 296	81	2 665	89
9 月 13 日	10:00～11:00	10 212	37	1 510	43
	19:00～20:00	11 278	56	1 913	67
	22:00～23:00	13 756	84	2 890	98

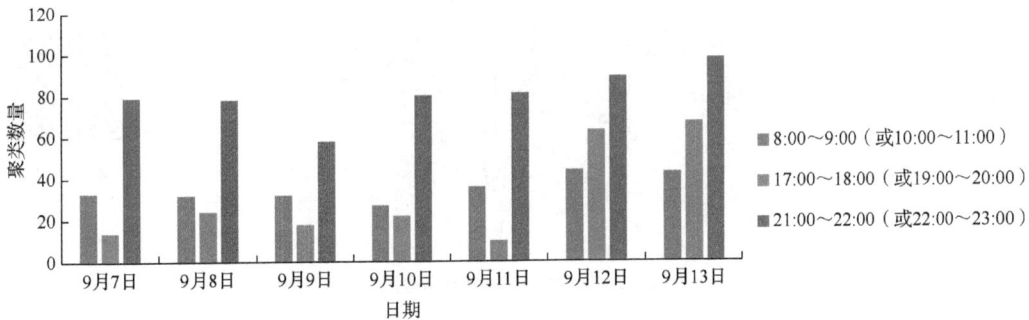

图 7.15　GLTC 算法在 3 个时间段下的局部聚类数量对比

　　针对 GLTC 算法的聚类结果，本书采用可视化的方法显示热点路径的流向，并借助昆明市的城市路网信息和行政小区划分，绘制出一周内 3 个重要时间段所形成的 Top10 热点路径。这里以 3 个工作日的 3 个时间段（8:00～9:00、17:00～18:00、21:00～22:00）和两个休息日的 3 个时间段（10:00～11:00、19:00～20:00、22:00～23:00）的可视化结果为例进行说明。

　　9 月 7 日的热点路径可视化结果如图 7.16 所示。可以看出，3 个时间段下的热点路径不完全相同，有些热点路径在 3 个时间段都能出现，如春城路和青年路，而有些热点路径只在特定时间段出现，如书林街、大观街。这反映了不同时间段下居民出行的动态变化。Top10 热点路径的道路类型如图 7.17 所示，可知，热点路径的道路等级主要为省道、城市快速路、县道和乡镇道路，它们的比例分别为 29%、4%、13% 和 54%。前 3 种类型的热点路径基本上也是城市的交通主干道，更容易形成热点路径甚至拥堵路径，这与一般的常识相吻合。但是，可视化的结果也表明一部分不属于交通主干道的道路也能成为热点路径，其流量甚至超过前 3 种类型道路的流量之和。不过，它们只在上午 8:00～9:00 时间段形成热点，其他时间段没有形成。结合 POIs 数据，本书分析了这些路径周边 1km 范围内的 POIs 名称和类型，并考虑时间因素，最终发现了它们成为热点路径的原因。这些乡镇道路的周边大多为昆明市的三甲医院，早晨看病的人群数量较多，车流量大，使得周边道路也容易形成热点路径。

（a）8:00～9:00 的可视化效果图

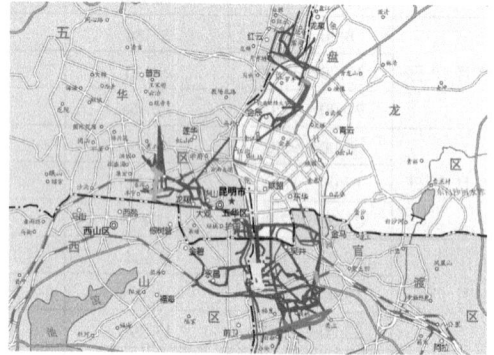

（b）17:00～18:00 的可视化效果图

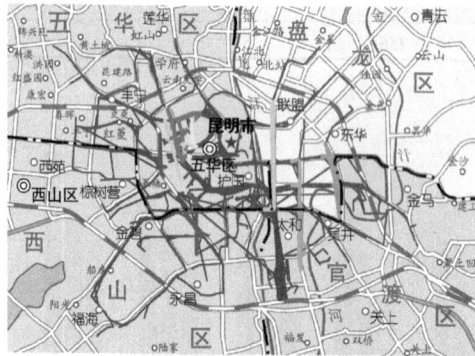

（c）21:00～22:00 的可视化效果图

图 7.16　9 月 7 日 Top 10 的热点路径

彩图 7.16

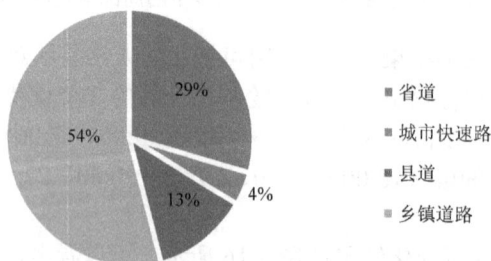

图 7.17　Top 10 热点路径的道路类型比例

　　9 月 8 日的热点路径可视化结果如图 7.18 所示。比较 9 月 8 日 3 个时间段下的热点路径与 9 月 7 日相同时间段下的热点路径可以发现，每个时间段下大概有 1/3 的热点路径保持一致，剩余 2/3 的热点路径各不相同，这也表明了热点路径存在一定的动态变化趋势。与 9 月 7 日的可视化分析结果类似，Top 10 的热点路径虽然以交通主干道为主，但是一些非交通主干道的道路也能成为热点路径。因此，在进行城市交通流量调控和预测时，不仅要考虑交通主干道的流量，还要考虑与交通主干道相连的支路流量以及具有代表性 POIs 周边的流量，这样才能准确刻画居民的出行偏好和城市交通状况。

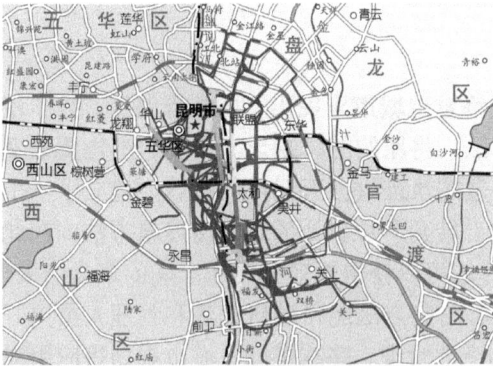

（a）8:00～9:00 的可视化效果图

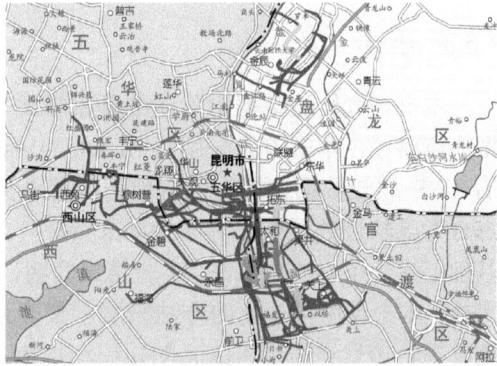

（b）17:00～18:00 的可视化效果图

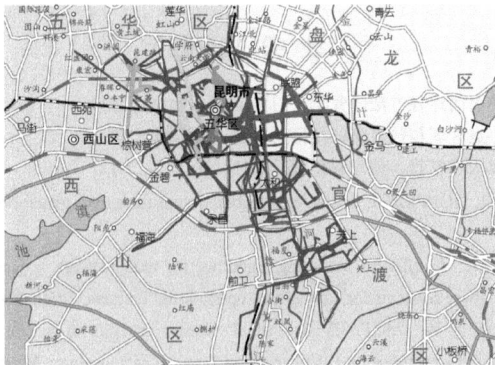

（c）21:00～22:00 的可视化效果图

图 7.18　9 月 8 日 Top 10 的热点路径

彩图 7.18

　　此外，休息日在 3 个时间段下出现的热点路径规律与工作日不完全相同。相同时间段下有 80% 的热点路径能保持一致，剩余 20% 的热点路径完全不同，这与一般的常识有所区别。按照常识理解，居民在休息日的出行不再以通勤为主，那出行目的就会分散，相似的热点路径比例应该更小，但事实并非如此。热点路径的起点和终点大部分是本书在第 5 章研究的热点区域，这说明居民在休息日选择出行目的地的趋同性非常高，热门的购物中心、公园、休闲娱乐区通常人满为患，交通拥挤。

　　与工作日相比，休息日的 Top 10 道路中出现了 5 条新的热点路径，它们是钱局街、翠湖西路、翠湖北路、国防路和近华浦路。前 3 条道路围绕在翠湖公园周边，国防路与新闻路的交会处是大型的娱乐休闲区昆都夜市，而近华浦路两侧则分布着许多住宅区。除了近华浦路是交通主干道，其他 4 条道路只属于一般的乡镇道路。这也再次印证可视化给出的结果——非交通主干道的道路也能成为热点路径。

综合可视化的分析结果可知，在工作日的上班高峰期，轨迹来源主要分布在五华区，目的地主要分布在官渡区；而下班高峰期，轨迹来源大多分布在官渡区，大部分的目的地恰好分布在五华区。这一规律与居民出行的 OD 矩阵分布结果非常吻合。这反映了工作日期间居民的出行活动多以通勤为主。休息日所产生的轨迹来源和目的地大多分布在五华区，这一行政小区集中了昆明市大多数的大型购物中心、娱乐中心、公园和动物园，自然广受欢迎。

7.5.3　小结

本书研究轨迹数据中隐藏的频繁模式，最终发现城市居民出行的热点路径。为了挖掘热点路径，本书首先采用 MMatchingVis 算法，将原始的、缺乏上下文地理位置语义的 GPS 轨迹数据建模为包含地理位置语义信息的轨迹数据五元组；接着，建立了一个综合考虑轨迹数据全局特征和局部特征（方向、转角和位置）的相似度度量方法，在此基础上提出了 GLTC 算法。实验结果表明，该算法可以获得更多且更加准确的聚类结果。另外，本书使用可视化的方法来展示聚类结果，这些方法能帮助研究者和管理人员更好地掌握轨迹聚类结果所蕴涵的知识和规律，为交通管理、路线推荐、城市规划等应用提供更多有价值的信息。

参 考 文 献

[1] 陈依娇. 基于轨迹数据挖掘的热门路径方法研究[D]. 上海：复旦大学，2014.

[2] 赵欣，基于时空约束的城市热点区域与热点路径挖掘[D]. 重庆：重庆大学，2017.

[3] 郑宇. 城市计算概述[J]. 武汉大学学报·信息科学版，2015，40（1）：1-13.

[4] DAVIES J J, BERESFORD A R, HOPPER A. Scalable, distributed, real-time map generation[J]. IEEE pervasive computing. 2006, 5(4): 47-54.

[5] ROH G P, HWANG S. NNcluster: an efficient clustering algorithm for road network trajectories[C]//Proceedings of the 15th International Conference on Database Systems for Advanced Applications, Tsukuba, 2010: 47-61.

[6] CAMARGO S J, ROBERTSON A W, GAFFNEY S J, et al. Cluster analysis of western North Pacific tropical cyclone tracks[C]// Proceedings of the 26th Conference on Hurricanes and Tropical Meteorology, Miami, 2004: 250-251.

[7] 夏英，温海平，张旭. 基于轨迹聚类的热点路径分析方法[J]. 重庆邮电大学学报·自然科学版，2011，23（5）：602-606.

[8] VLACHOS M, KOLLIOS G, GUNOPULOS D. Discovering similar multidimensional trajectories[C]//Proceedings of the 18th International Conference on Data Engineering, San Jose, 2002: 673-684.

[9] PELEKIS N, KOPANAKIS I, MARKETOS G, et al. Similarity search in trajectory databases[C]//Proceedings of the 14th International Symposium on Temporal Representation and Reasoning, Alicante, 2007: 129-140.

[10] SHEN Y, ZHAO L G, FAN J. Analysis and visualization for hot spot based route recommendation using short-dated taxi GPS traces[J]. Information, 2015, 6(2): 134-151.

[11] 袁冠，夏士雄，张磊，等. 基于结构相似度的轨迹聚类算法[J]. 通信学报，2011，32（9）：103-110.

[12] LEE J G, HAN J W, WHANG K Y. Trajectory clustering: a partition-and-group framework[C]//Proceedings of the 2007 ACM SIGMOD International Conference on Management of Data, Beijing, 2007: 593-604.

[13] 刘汇慧，阚子涵，吴华意，等. 车辆 GPS 轨迹加油行为建模与时空分布分析[J]. 测绘通报，2016（9）：29-34.

[14] 孙宗元，方守恩. 基于模糊聚类的车辆运动轨迹建模[J]. 同济大学学报·自然科学版，2017，45（5）：699-704.

[15] 李思锦. 基于手机定位数据的居民出行模式挖掘研究[D]. 昆明：云南大学，2018.

[16] 张用川. 基于手机定位数据的用户出行规律分析[D]. 昆明：昆明理工大学，2013.

[17] 陈少权. 基于改进 LCSS 的移动用户轨迹相似性查询算法研究[J]. 移动通信，2017，41（6）：77-82.

[18] ENDO Y, TODA H, NISHIDA K, et al. Classifying spatial trajectories using representation learning[J]. International journal of data science and analytics, 2016(2): 107-117.

[19] 周星星, 吉根林, 张书亮. 时空轨迹相似性度量方法综述[J]. 地理信息世界, 2018, 25 (4): 11-18.

[20] CHEN Z B, SHEN H T, ZHOU X F, et al. Searching trajectories by locations: an efficiency study[C]//Proceedings of the 2010 ACM SIGMOD International Conference on Management of Data, Indianapolis, 2010: 255-266.

[21] FROEHLICH J, KRUMM J. Route prediction from trip observations[C]//Society of Automotive Engineers 2008 World Congress, Detroit, 2008: 1-13.

[22] QUDDUS M A, NOLAND R B, OCHIENG W Y. A high accuracy fuzzy logic based map matching algorithm for road transport[J]. Journal of intelligent transportation systems, 2006, 10(3): 103-115.

[23] CAI L, ZHU B Y, LUO Y F, et al. Interactive map matching and its visualization techniques and system[J]. International journal of embedded systems, 2019, 11(3): 340-351.

[24] 阿里巴巴. JStorm 企业级流式计算引擎[EB/OL]. (2014-02-27) [2016-05-21]. http://www.oschina.net/p/alibaba-jstorm.

[25] CAI L, ZHU B Y. Research on map matching algorithm based on nine-rectangle grid[C]//Proceedings of the 2013 International Conference on Information Science and Computer Applications, Changsha, 2013: 363-369.

[26] 肖峰. 面向道路交通状态监测的 GPS 与 GIS 数据预处理关键技术研究[D]. 重庆: 重庆大学, 2008.

[27] CAI L, LI S, WANG S, et al. GPS trajectory clustering and visualization analysis[J]. Annals of data science, 2018, 5(1): 29-42.

[28] ZALIK K R, ZALIK B. Validity index for clusters of different sizes and densities[J]. Pattern recognition letters, 2011, 32(2): 221-234.

第8章 居民出行频繁模式挖掘

相关研究表明，居民的日常行为往往具有一定的重复性或者习惯性，而这些行为特征通常可通过移动对象的移动轨迹表现出来。尽管居民的移动轨迹具有多样性和复杂性的特点，但是居民的出行行为遵循简单、重复的模式，并且根据这些模式可以预测居民出行的规律。因此，挖掘居民出行频繁模式有着重要的意义。出行频繁模式的形成不仅与时间有关，还与城市中功能区域的分布密切相关。如何基于图论的思想来描述它们之间的关联，从而发现更多有价值的频繁模式是相关领域的一个研究热点。

8.1 频繁模式挖掘

频繁模式是指超过用户指定阈值频率出现在数据集中的项集、子序列或子结构。频繁模式的识别是数据挖掘中的一项重要功能，它在挖掘数据项之间的相关性和其他关系时，起着至关重要的作用。

8.1.1 居民出行频繁模式

居民出行通常指居民为了满足自身需求，从一个目的地到达另一个目的地，并选用一种或多种交通方式完成行程的活动[1]。出行特征的研究始于 20 世纪 40 年代的美国。1944 年，美国的小石城、孟菲斯等城市首先通过入户调查的形式收集家庭成员一天内的出行数量、出行方式、出行目的、起讫点等数据，这也成为现代居民出行特征研究的开端。在美国的带动下，其他发达国家纷纷开展了城市居民出行特征的调查及研究。

出行模式是出行特征的一个重要组成，是指在某一特定时刻，区域或城市内行人出行的起点或终点的空间分布规律[2]。居民出行频繁模式则是指居民出行所形成空间分布的规律集合中存在次数相对较多的模式，其反映了单个用户或群体用户出行的生活习惯或者兴趣偏好。

频繁模式的形成与城市中功能区域的分布有密切关系，居民通常根据功能区域（如科教区、购物服务区、工业区等）分布情况来选择出行目的地。此外，频繁模式与日期也有一定关联，在工作日或者休息日时居民出行目的不尽相同。通过研究居民出行频繁模式，可以发现居民活动习惯，这对交通管理、道路规划、商业布局等具有重要意义。

8.1.2　居民出行频繁模式的挖掘研究

居民出行频繁模式的研究分为挖掘频繁轨迹或频繁路径及挖掘区域之间的频繁关联。城市出租车安装的 GPS 监控设备可以按照固定的时间间隔采集数据，这些数据不仅能够反映城市的交通状况，还能记录乘客的日常出行行为[3]。Kostov 等[4]构建基于频繁模式树（frequent-pattern tree，FP-tree）的数据库，在数据库中查询频繁轨迹。Savagen 等[5]通过对每一条轨迹建立轨迹边缘和交叉点的直方图，选择最频繁的边创建路径列表，从而获得频繁路径。Comito 等[6]使用聚类算法和顺序模式挖掘算法挖掘频繁轨迹。Yu[7]采用扩展的标签传播聚类算法挖掘特定时间间隔内联网上的频繁路径和周期，并应用 Apriori 算法来查找不同时间跨度中移动路径的频繁边缘集合。牛新征等[8]提出一种具有时间属性的频繁模式挖掘算法，针对用户的轨迹数据基于 FP-tree 结构得到相应时间段的频繁轨迹。冯涛[2]基于统计学思想提出区块间联系指数（block correlation index，BCI）分析不同区域间的关联强度。Lee 等[9]提出了一种基于 POI 数据关联的挖掘框架，该框架首先使用 DBSCAN 算法找到 POI 数据，然后应用关联规则算法挖掘 POI 数据关联模式。

频繁子图挖掘算法的提出使挖掘区域之间的频繁关联成为可能，但目前大部分频繁子图挖掘算法是基于无权重图的，将频繁子图挖掘算法直接应用于出行模式的挖掘会受到限制。Zheng 等[10]为交通繁忙的小区构建天际线图，根据 Yan 和 Han[11]提出的子图同构算法挖掘小区之间的频繁关联来发现缺陷区域。肖飞等[3]构建三维标签的区域模式图，以此构成子图数据库并获取同构子图的数量，同时根据文献[12]的同构图搜索算法形成频繁子图挖掘算法，从而挖掘频繁出行模式子图，进而获得区域的聚类信息。

8.2　问　题　描　述

为了更好地描述频繁模式挖掘问题，本书给出一些基本概念和形式化描述。给定一个包含 n 个事务 $\{T_1, T_2, \cdots, T_n\}$ 的数据库 D，频繁模式一般是指频繁出现在事务数据库中的模式 P。频繁模式挖掘就是挖掘出这种模式（如项集、子序列或子结构），并使用支持度（support）和置信度（confidence）作为限定参数。领域专家设置最小支持度和最小置信度阈值，如果某个模式大于最小支持度和最小置信度，就认为是频繁模式。这里以项集为例，给出相关概念。

设 $I = \{i_1, i_2, \cdots, i_m\}$ 是一个全局项（item）的集合，每个事务 T_i（$1 \leqslant i \leqslant n$）都对应 I 上的一个子集。每一个事务有一个标识符，称为 TID。当且仅当 $X \subseteq T$，即 T 包含 X 时，X 被认为是一个项集。关联规则是形如 $X \Rightarrow Y$ 的蕴涵式，其中 $X \subseteq I$，$Y \subseteq I$，且 $X \bigcap Y \neq \varnothing$。支持度 s 表示 D 中事务包含 X 和 Y 两者的百分比，置信度 c 表示包含 X 的事务同时也包含 Y 的百分比。支持度 s 和置信度 c 可以由式（8.1）和式（8.2）表示：

$$\text{support}(A \Rightarrow B) = P(A \bigcup B) \tag{8.1}$$

$$\text{confidence}(A \Rightarrow B) = P(B \mid A) = \frac{\text{support}(A \cup B)}{\text{support}(A)} \qquad (8.2)$$

如果项集 I 的支持度满足预定义的最小支持度阈值，则 I 称为频繁项集。

定义 8.1：出行轨迹。 由出租车停留点和载客状态构成的带有时间属性的点，表示为 $T_v = \{t_{v1}, t_{v2}, \cdots, t_{vn}\}$，其中，$t_{vi} = \{\text{lon}_i, \text{lat}_i, t_i, a_i\}(1 \leq i \leq n)$ 表示该轨迹的一个采样点，lon 和 lat 表示该点的经纬度信息，t 表示采样时间，a 表示出租车停留和载客状态。

定义 8.2：轨迹语义标签 SL。 SL 表示某一轨迹点附着的语义标签信息，它可以是道路名称、方向或者附近的 POI 名称等。

定义 8.3：频繁轨迹序列。 一个包含 k 个项的序列 T_S 称为 k 项集，T_S 的长度为 k。设 T_m 是由一个或多个项构成的非空集合，若 $T_m \subseteq D$ 且 $T_m \neq \varnothing$，则称项集 T_m 出现在事务数据库 D 中。当且仅当项集 T_m 在 D 中出现频率不少于 $\theta|D|$ 时，该项集被认为是频繁的，其中 $\theta(0 < \theta \leq 1.0)$ 是由专家给定的最小支持度 $s_{\min}$，$|D|$ 表示数据集 D 中包含的事务的个数，$\theta|D|$ 为最小支持度计数，用 $\text{CN}_{\min}$ 表示。

根据上述定义，出行轨迹频繁模式挖掘实际上就是根据给定的轨迹数据库 $\{T_{v1}, T_{v2}, \cdots, T_{vn}\}$ 和最小支持度 $s_{\min}$，找出所有满足最小支持度的频繁子序列 T_m 的过程。

目前，利用 GPS 轨迹数据来发现居民出行频繁模式已成为一种主流方法。尽管 GPS 数据带有经纬度坐标信息，但它缺乏语义信息。为此，研究者利用一些方法使 GPS 轨迹数据获得语义信息。例如，Chu 等[13]将轨迹数据的经纬度映射为街道名称，通过语义相近来划分相关轨迹路段。孙贵治[14]利用地图匹配算法将轨迹数据转化为道路信息。综上所述，现有居民出行频繁模式的研究，大多采用轨迹的位置点进行频繁模式挖掘，缺少该事件发生的目的意义；而且，居民出行频繁模式的研究大多关注如何发现频繁轨迹或频繁路径，较少关注居民出行频繁关联模式。为了解决这些问题，本书基于图论的思想提出了带有语义信息的居民出行频繁模式的挖掘方法（mining method of residents frequent travel patterns，MMoRFTP），利用该方法来发现居民出行的频繁关联模式。

8.3　居民出行频繁模式的挖掘方法

本节介绍居民出行频繁模式的挖掘方法——MMoRFTP。

8.3.1　居民出行频繁模式挖掘方法的框架

MMoRFTP 的整体框架如图 8.1 所示，其基本流程为[15]：首先，基于形态学图像的方法将地图划分为多个区域，之后识别每个区域的功能区；其次，为出行轨迹添加区域和功能区的语义信息，并以区域为节点构建居民出行模式图和标签模式图；最后，在此基础上挖掘居民出行的频繁关联模式。下面介绍该方法的主要功能模块。

1）区域划分。区域划分是指按照某种划分方式将地图分割为不同的区域进行研究。借助地图分割，可以满足后续诸如功能区域识别、出行密度统计、起讫点（origin-destination，

OD）矩阵计算等研究和应用的需求。常用的地图分割方法可划分为带行政区的地图分割、基于网格的地图分割、基于路网的地图分割和基于泰森多边形的地图分割 4 种。本书采用基于路网的地图分割方法实现相关区域的分割。

2）功能区域识别。功能区域识别是指通过一定的方法识别每个区域的城市功能。例如，可利用相应方法将一些区域划分为交通物流区商务住宅区、购物服务区、风景名胜区或者医疗保健区。

3）轨迹语义添加。轨迹语义添加表示为缺少语义信息的轨迹点添加对应的语义信息。常用的 GPS 轨迹数据只包含时间信息和经纬度坐标信息，缺少诸如出行路段、所在功能区或者行政区等语义信息。因此，需要借助一定的技术获取相应的轨迹语义信息。

4）图模型构建。图模型构建是指将轨迹数据构建成理想的图数据结构并使该结构适应特定的算法模型。

5）频繁关联模式挖掘。挖掘不同区域之间的频繁关联模式以便分析它们在居民出行中所表现出来的关联模式（哪些功能区域会在工作日的上下班高峰期同时出现，这些在工作日同时出现的功能区是否也会在休息日出现，等等）。

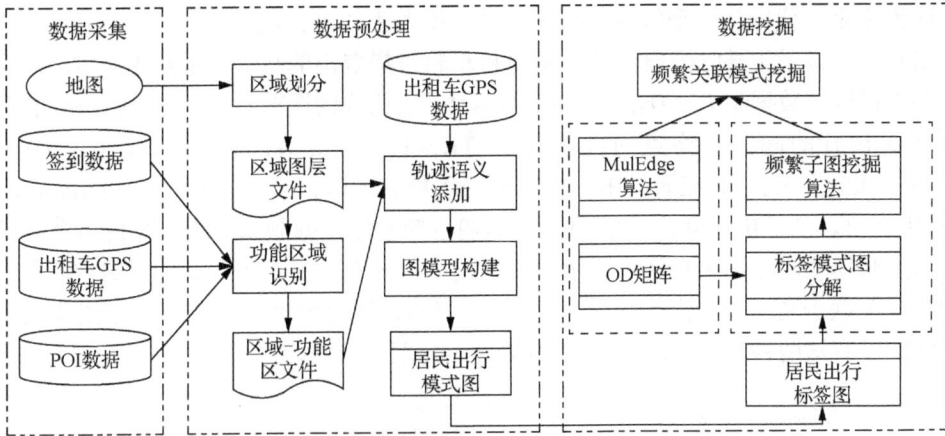

图 8.1　MMoRFTP 的整体框架

8.3.2　居民出行模式图的构建

本书提取每个时间段下反映出租车载客状态的有效轨迹，同时剔除采样时间有误或者运行状态异常的轨迹，之后将划分好的区域作为节点，有效轨迹作为边并将这些节点连接起来，最终形成居民出行模式图。假设 m 表示划分后的区域数量，d 表示功能区的数量，则区域集合 $R=\{r_1,r_2,\cdots,r_m\}$ 和功能区集合 $F=\{f_1,f_2,\cdots,f_d\}$ 存在映射关系 $g: R \to F$。下面给出构建居民出行模式图所用到的定义。

由于居民出行轨迹缺少语义信息，因此本书利用划分好的地图分割信息和城市功能区信息来解决这个问题，如图 8.2 所示。添加了语义信息的出行轨迹数据结构变为：$st_{vi}= \{lon_i, lat_i, t_i, a_i, r_i, f_i\}$。其中，$r_i$ 表示轨迹点所在区域，f_i 表示轨迹点所属的功能区。

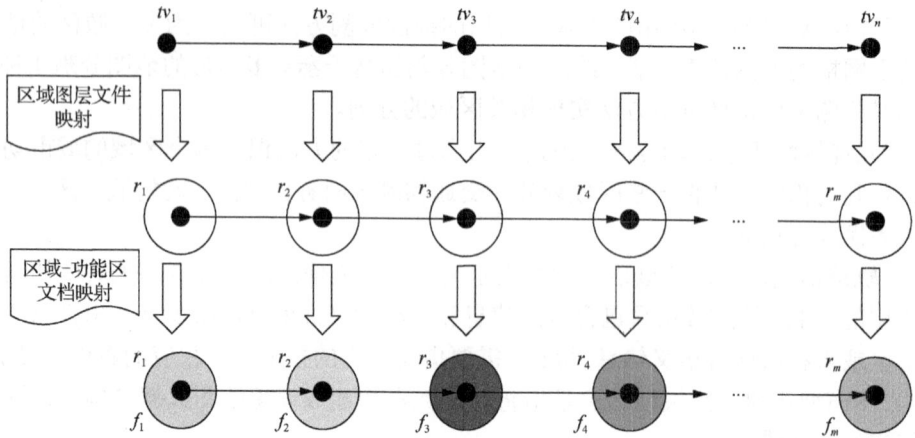

图 8.2　轨迹语义信息的添加

定义 8.4：居民出行模式图。由居民出行轨迹数据构成的一种多对多关系的数据结构，表示为 $G=(V, E, W)$。其中，V 表示区域节点，E 表示区域节点与区域节点之间的关系，W 为权重，代表从一个区域到另一个区域所发生的出行次数。

图 8.3（a）显示了某时间段内从 3 辆出租车轨迹提取出的轨迹数据集 $S = \{S_1, S_2, S_3\}$，该轨迹集在区域数据集 $R = \{r_1, r_2, r_3, r_4\}$ 内活动，所构成的图节点有 4 个。由轨迹的顺序得到居民出行的起点到终点的区域关联 TRe$=\{\{(r_1, r_2),\ (r_3, r_1),\ (r_4, r_4)\},\{(r_2, r_3),\ (r_1, r_4)\},\{(r_2, r_3),(r_3, r_1)\}\}$，对应居民出行模式图的边集 $E = \{(r_1, r_2), (r_2, r_3), (r_3, r_1), (r_1, r_4), (r_4, r_4)\}$，$W_2 = W_5 = 2$，$W_1 = W_3 = W_4 = 1$。下面通过图模型挖掘频繁项集来分析多个区域间的频繁关联模式。如图 8.3（b）所示，居民出行模式图的特点为：该图是带权重的图；图中存在关联于同一个节点的边（自回路）。但是，现有大部分频繁子图挖掘算法中所使用的图没有这两种特点，8.3.3 节阐述解决该问题的方法。

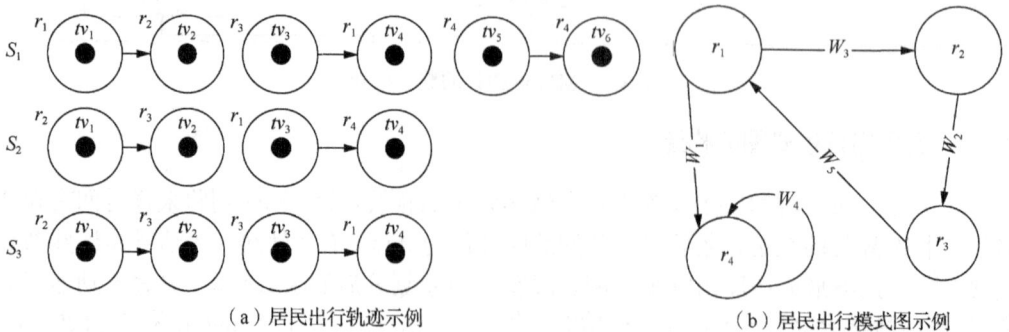

（a）居民出行轨迹示例　　　　　　　　　　（b）居民出行模式图示例

图 8.3　居民出行数据结构示例

8.3.3　数据结构的改进

为了挖掘居民出行模式图所隐藏的潜在关系和价值，可以对已有的居民出行模式图进行改进，故引入如下新的定义。

定义 8.5：居民出行模式标签图。用来将已有出行模式图中的顶点和边打上语义标签，形成新的出行模式标签图，表示为 $P(V,E,VL,EL)$。其中，VL 表示节点标签，EL 表示边的标签。

定义 8.6：居民出行模式标签分解图。 增加图节点和边，按照权重将它们分解成与原来图中标签间关系一致的图，表示为 $U = \{P_1, P_2, P_3, \cdots, P_n\}$，$U \in P$。

在利用原有的频繁子图挖掘算法识别边信息时，如果忽略权重且遇到自环图的情况，会造成自环数据信息缺失。如图 8.4（a）所示，由居民出行模式图构成的传统标签图缺失 $\{(r_2, r_3),(r_3, r_1), (r_4, r_4)\}$ 的标签信息。图 8.4（b）表示对应的分解图，rx 表示原来所有节点编号的最大值，由该最大节点编号开始增加节点产生新的关系，从而添加缺失的标签信息。其中，VL 为节点所在区域信息，频繁关联模式边的标签都是指由某个区域到另一个区域，没有其他类别。

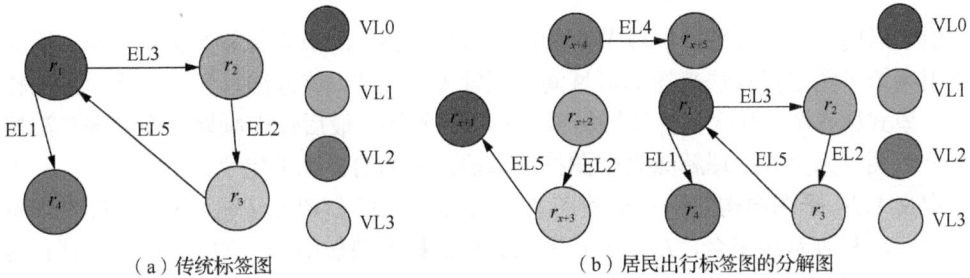

（a）传统标签图　　　　　　　　　　（b）居民出行标签图的分解图

图 8.4　居民出行标签模式图实例

分解居民出行标签图形成的图模型适用于现有基于无自环图或无权重图，或者既无自环图又无权重图的频繁子图挖掘算法，同时适用于权重图或自环图的挖掘。下面介绍分解居民出行标签模式图的 DataToUnique 算法。表 8.1 是该算法使用的变量，其伪代码见算法 8.1。

表 8.1　DataToUnique 算法中的变量

符号	含义	符号	含义
graphdata_unique	提取出的唯一边的数据集	v_1, v_2	新增顶点（起点，终点）
num_vertex	顶点的编号	u_1, u_2	新增顶点的标签
n	记此边出现的次数		

算法 8.1：DataToUnique 算法

输入：居民出行标签模式图数据集 graphdata
输出：单边的图示数据集 G

```
1.  graphdata_unique=Select_Unique_Graph_Edge(graphdata)    //标签图去重
2.  v ←max(num_vertex)+1;                      //得出此时顶点的编号
3.  while graphdata_unique;
4.    n ←0;
5.  while graphdata
6.  if graphdata_unique == graphdata         //判断是否具有相同的节点编号
7.    n ←n+1                                 //节点编号自增
8.    if n == 2
```

```
9.      v₁, v₂ ←v+1;
10.     u₁ ←Mapping(graphdata_unique[0]);    //根据原节点编号映射节点标签
11.     u₂ ←Mapping(graphdata_unique[1]);    //根据原节点编号映射节点标签
12.     G ←insert v₁, v₂, u₁, u₂
```

8.4　频繁关联模式挖掘

下面介绍两种不同的频繁关联模式挖掘方法。

8.4.1　基于频繁子图挖掘算法的频繁关联模式挖掘

由于居民出行模式图由区域节点构成，出行标签图的节点标签是区域信息，因此可以采用频繁子图挖掘算法来挖掘区域间的频繁关联模式。该方法首先将出行模式图转换为出行模式标签图，其次将标签图转换为标签分解图，最后使用频繁子图挖掘算法挖掘标签分解图。为更好地理解频繁子图挖掘算法，下面给出相关定义。

定义 8.7：子图同构。给定标签图 $P=(V,E,L)$，$P'=(V',E',L')$。其中，V,V' 表示节点集合，E,E' 表示边集合，L,L' 表示节点和边的标签映射函数，如果 P 与 P' 存在这样的映射函数 $f:V\rightarrow V'$，满足 $u\in V$，$L(u)=L'(f(u))$ 和 $(u,v)\in E$，$(f(u),f(v))\in E'$ 且 $L(u,v)=L'(f(u),f(v))$，则称 P 与 P' 为子图同构[16]。

定义 8.8：频繁区域子图。给定一个出行标签模式图的分解标签模式图 $Pa=(V,E,L)$，以及一个最小支持度 τ，若 $(u,v)\in E$，则 $L(u,v)\in$ 城市区域集合，$\mathrm{Sup}(Pa,S)$ 表示子图 S 在 P 中同构图的计数，当 $\mathrm{Sup}(Pa,S)\geqslant\tau$ 时，S 为 Pa 的一个频繁子图。

不同类型的频繁子图挖掘算法，其同构图的计数不一样。基于单图的频繁子图挖掘算法是在单图中寻找同构图，而基于图集的频繁子图挖掘算法是在多个单图中寻找同构图。在单图中，只要找到一个同构的图便不再对该图进行进一步搜索，而是处理其他单图[17]。解决图集的算法不能用于解决单图问题，而解决单图问题的算法可以很容易用来解决图集问题[18]。出行标签模式图的分解图内每个单图都有唯一的区域标签表示，可以使用基于图集或单图的频繁子图挖掘算法，如有向频繁子图挖掘（directed frequent subgraph mining，DFSM）算法[19]、高性能快速频繁子图挖掘（higher-performance fast frequent subgraph mining，HFFSM）[20]算法和图挖掘（graph mining，GRAMI）[21]算法等。GRAMI 算法提供有向图的挖掘，而 DFSM 算法和 HFFSM 算法分别是基于图的子结构模式挖掘（graph-based substructure pattern mining，gSpan）[22]算法和快速频繁子图挖掘（fast frequent subgraph mining，FFSM）[23]算法的改进，更适用于有向图的挖掘。

图 8.5（a）显示了某出行模式标签图的分解图，图 8.5（b）是（a）的一个子图。使用频繁子图挖掘算法的子图同构测试，可在图 8.5（a）中寻找到 2 个同构的子图{{r_{x+1}, r_{x+2}, r_{x+3}},{r_1, r_2, r_3}}。若给定支持度阈值为 2，则图 8.5（b）是一个频繁子图，该频繁子图即为区域间频繁关联模式。由于添加了轨迹功能区语义信息，因此根据频繁子图节点不仅能得到区域信息，还可以得到功能区信息。

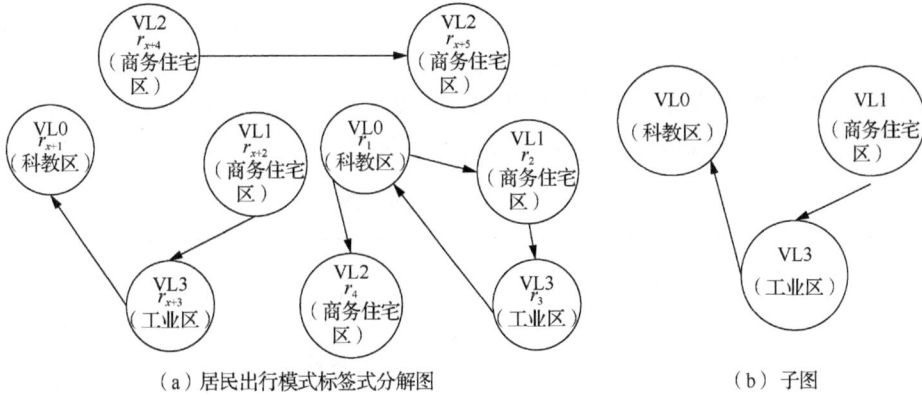

（a）居民出行模式标签式分解图　　　　　　　　　　（b）子图

图 8.5　居民出行模式标签分解图实例

8.4.2　基于 MulEdge 算法的频繁关联模式挖掘

本书针对出行标签模式图提出了 MulEdge 算法，以此算法来挖掘区域之间由居民出行所形成的频繁关联模式。该算法的项集是节点与节点之间的关系（边），采用宽度优先搜索的方式遍历整个图，其优点是方便分类存储子图的准确频繁度和边关系的个数。下面给出相关定义。

定义 8.9：邻接矩阵。 邻接矩阵是图的一种存储形式，设二维数组 edge 的起点为 i，终点为 j，图的起点到终点的权重为 $W(i,j)$，边关系为 E，则其公式如下：

$$\text{edge}[i][j] = \begin{cases} W(i,j), & i \neq j \text{且} <i,j> \in E \text{或} (i,j) \in E \\ \infty, & i \neq j \text{且} <i,j> \notin E \text{或} (i,j) \notin E \\ 0, & i == j \end{cases} \tag{8.3}$$

定义 8.10：边关系键值对。 存储每个节点的边关系的二维数组，关键字表示该节点，数值表示该节点与其他节点存在的边关系个数。

定义 8.11：候选集。 设 $I = \{i_1, i_2, \cdots, i_n\}$ 为 n 个不同项的集合，被定义为 n 项集，元素 i_k ($k = 1, 2, \cdots, n$) 为项。从最小项集开始，通过组合项集来形成更大的项集，根据支持度来删除或保留项集。

由定义 8.4 及定义 8.9 可知，居民出行模式图按照邻接矩阵的存储形式可以得到 OD 矩阵。通常情况下需要遍历整个 OD 矩阵以判断是否存在边关系，边关系键值对事先存储了边关系从而达到查询优化的效果。受频繁子图挖掘算法中采用候选集挑选频繁项集思想的启发，本书基于 OD 矩阵的数据模型提出了 MulEdge 算法，该算法包括移除非频繁项和组合拓展。假设 s 为支持度阈值，以下给出 MulEdge 算法的 3 个计算步骤。

步骤 1：产生候选项集 $\{E_1, E_2, \cdots, E_m\}$，所有候选集的支持度即 $\{\{E_1, W_1\}, \{E_2, W_2\}, \cdots, \{E_n, W_n\}\}$，若 $W_i < s$，移除了 m 个候选集，则频繁项集为 $\{\{E'_1, W'_1\}, \{E'_2, W'_2\}, \cdots, \{E'_n, W'_{n-m}\}\}$，此时频繁项集都是由两个顶点构成一条边。

步骤 2：根据频繁 1 项集里的事务进行排列组合拓展边，有 $\dfrac{(n-m)(n-m-1)}{2}$ 种情况，得出候选集 $\{\{E'_1E'_2\}, \{E'_1E'_3\}, \cdots, \{E'_2E'_3\}, \{E'_2E'_4\}, \cdots, \{E'_{n-m-1}E'_{n-m}\}\}$，依次判断是否为连续的两条

边，移除非连续边的候选集，保留连续边的候选集并计算其支持度，得出频繁 2 项集。此时频繁项集都是由 3 个顶点构成两条边。

步骤 3：继续按照步骤 2 增长得出频繁 N 项集，直至无法增长时终止循环。

为了更好地描述 MulEdge 算法，对算法中涉及的变量进行说明，如表 8.2 所示。

表 8.2　MulEdge 算法对应的变量

符号	含义	符号	含义
k	频繁项边的计数	emr	边关系键值对
weight	权重	candidate	候选集
fre	频繁模式的最小权重	expend	拓展的组合
od	OD 矩阵	n	频繁项集数量或其边数量

目前，频繁模式挖掘算法得出的结果是支持度阈值 s 以上的频繁模式，但未设定这些模式的具体频繁度。而 MulEdge 算法（算法 8.2）不仅给出该频繁模式的具体频繁度，还对输出的频繁模式图进行具体频繁度及关联的边数的分类处理。因此，MulEdge 算法的时间复杂度为 $O(n^3)$，空间复杂度为 $O(n)$。基于边关系键值对的存储，OD 矩阵越稀疏，搜索次数越少。在对比算法中[24]，gSpan 算法总时间复杂度为 $O(2^n 2^n)$，FFSM 算法总时间复杂度为 $O(n^3 2^n)$；而 MulEdge 算法的时间复杂度处于对比算法复杂度的中间，可以接受。以下是 MulEdge 算法的伪代码。

算法 8.2：MulEdge 算法

输入：支持度阈值 S，图数据集 graphdata
输出：频繁区域间频繁关联模式 freArea，支持度 fre，关联区域个数分类 k

```
1. od=OD_Change(graphdata);              //将图数据集转为 OD 矩阵
2. emr=EMR_Change(graphdata);            //将图数据集转成边关系键值对
//第一阶段：得到频繁 1 项集
3. k =1;
4. freArea = Select_Frequent_Edge(od,emr);  //选择频繁 1 项集
5. fre=S;
6. Save (freArea,fre,k);                 //存储结果
//第二阶段：得到频繁 N>1 项集
7. for i = to n do
8.   for j = to n do
9.     k=k + 1;                          //增加边的个数
10.    for h = to n do
11.      expend = Arrangement (i,j,h, freArea)
12.      candidate = IfEdge (expend,emr)  //判断该边是否存在
13.      fre = Minimum(weight)           //计算支持度
14.      Save (freArea,fre,k)            //存储结果
15. Mapping (freArea)                    //为所有频繁模式的区域映射功能区
```

8.5　实验和结果分析

本节通过实验来验证所提算法的有效性并分析实验结果。

8.5.1　数据集及运行时间

本书使用的实验数据集合包括 POI 数据集、出租车 GPS 数据集、签到数据集和分割后的地图数据集，如表 8.3 所示。相关运算在一台计算机上完成。首先根据第 3 章的实验结果，地图分割获得了 1 008 个区域，并最终发现了 9 个城市功能区。其次，运行相关算法分别完成轨迹语义添加、图模型构建和挖掘频繁关联模式，整个运算所花费的时间如图 8.4 所示。

表 8.3　实验用数据集

ID	数据集名称	时间	数据量
1	城市路网数据	2015 年	路段数：85 229
			划分后的区域数：1 008
2	POIs (Well-known POI)	2015 年	19 510 (2 158)
3	出租车 GPS 数据集	2015 年 9 月 7～13 日	1 236 839
4	签到数据集	2015 年 7 月 1 日～11 月 26 日	402 515

表 8.4　操作步骤执行的总时间

ID	相关操作	总时间/s
1	轨迹语义添加	43 200
2	图模型构建	440
3	挖掘频繁关联模式	1 620

首先，通过对居民乘车时间的统计（图 8.6），可知大部分居民乘车到达目的地的时间不超过 1h。因此，可将实验中的时间区间设定为 1h（如 8:00～9:00，9:00～10:00）。由于凌晨时居民出行轨迹的数据量较少，因此本书只选取了 8:00～24:00 时间段的数据进行分析。接着，按照时间段将个体居民的出行轨迹汇聚为大规模群体出行的数据（用数据结构模型表示），图的边作为项集，通过扩展边来扩展频繁 $N>1$ 项集从而研究区域间的频繁关联模式。最后，一共获得了 32 个包含休息日和工作日的出行模式图，并使用两种方法挖掘它们的频繁关联模式。

（a）工作日情况　　　　　　　　（b）休息日情况

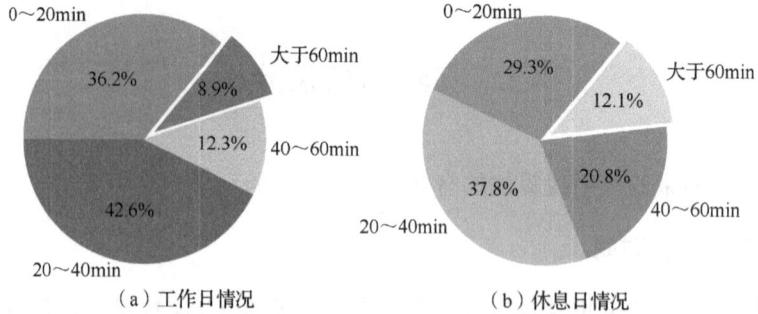

图 8.6　乘车到达目的地所需时间分布情况

8.5.2　实验结果

本书提出的 MulEdge 算法和主流的频繁子图挖掘算法 DFSM、HFFSM、GRAMI 进行对比实验。在挖掘阶段，为每个模式图设定多次（至少 10 次）频繁度阈值以确定频繁模式结果，图 8.7（a）显示了不同算法的运行时间对比。虚线表示 3 种主流频繁子图挖掘算法的运行时间对比结果，可知 DFSM 算法的效率较高。实线是基于 MulEdge 算法进行不同搜索操作的运行时间对比，其中，MulEdge_note 1 算法是指在搜索过程中未进行非频繁项集的移除和未使用边关系键值对，MulEdge_note 2 算法是指在搜索过程中未使用边关系键值对，可知 MulEdge 算法的运行时间最短，它优化了搜索过程。同时，随着出行模式图有向边的不断增加，运行消耗的时间也会逐渐增加；但是，MulEdge 算法的运行时间在六种算法中是最短的。图 8.7（b）显示了工作日 8:00～9:00 时间段下 10 个支持度阈值的结果。可知随着支持度阈值的不断增大，各算法的运行时间会不断缩短，但是，MulEdge 算法依然是六种算法中消耗时间最少的算法。

彩图 8.7

（a）边的大小与运行时间的关系　　　　　（b）支持度与运行时间的关系

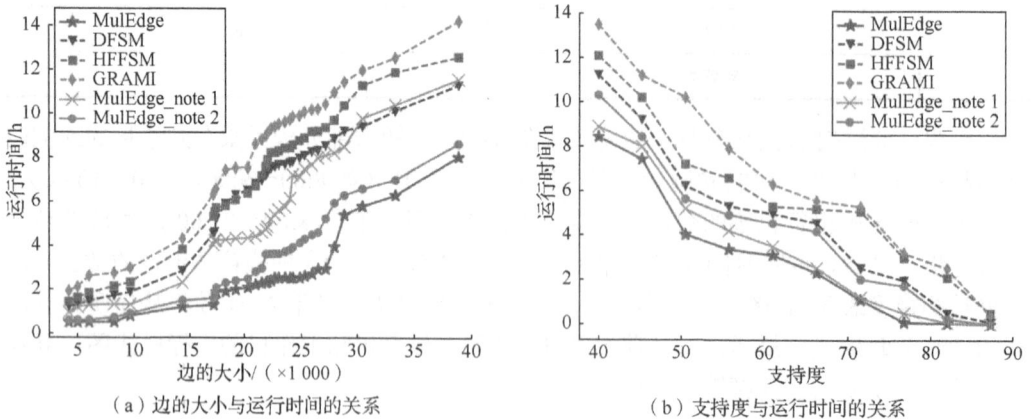

图 8.7　不同算法的运行时间对比

本书设定的初始支持度阈值 s=40，步长为 5。经过多次实验后发现：工作日与休息日的支持度有所区别，工作日的支持度为 75，休息日的支持度为 40，一共发现了 84 个频繁模式图（工作日有 47 个，休息日有 37 个）。在工作日和休息日的不同时间段内，同一个行政区下的频繁模式图和跨行政的频繁模式图数量如图 8.8 所示。

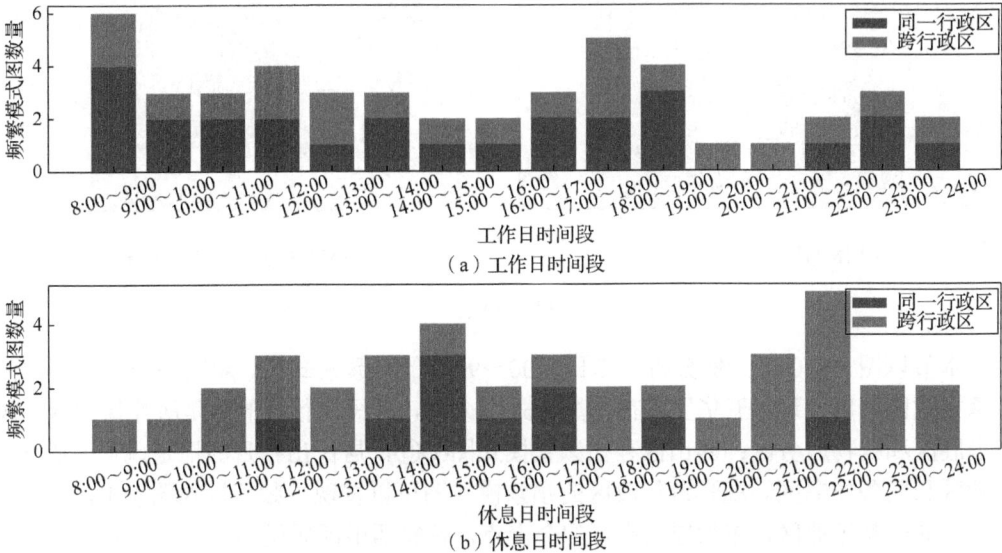

（a）工作日时间段

（b）休息日时间段

图 8.8　不同时间段下同一行政区与跨行政区的频繁模式图数量

可以发现：在工作日，居民在同一行政区内活动较为频繁；在休息日，居民习惯于跨行政区活动来满足自身的需求；同时，在工作日 8:00～9:00、17:00～18:00 和休息日 14:00～15:00、21:00～22:00 时间段内，居民出行所形成的频繁模式图较多。本文利用可视化方法显示了这 4 个时间段的区域频繁关联模式，并对每个频繁模式图进行编号，如图 8.9 所示。

彩图 8.9

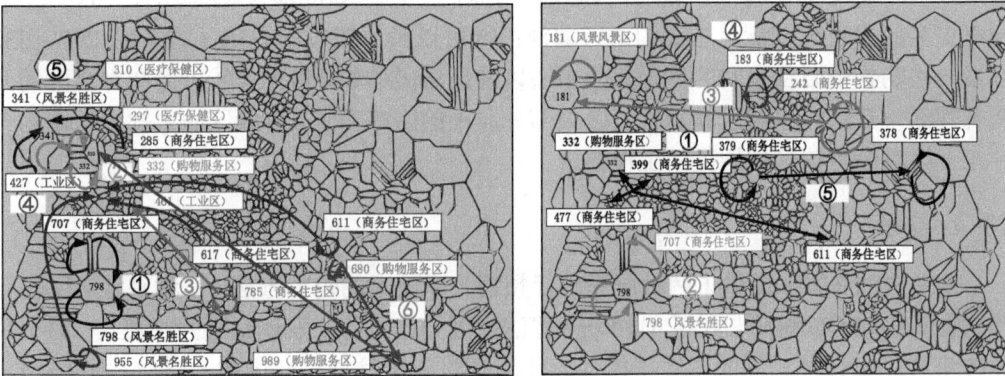

（a）工作日 8:00～9:00 情况

（b）工作日 17:00～18:00 情况

图 8.9　频繁模式图较多时间段的区域间频繁关联模式

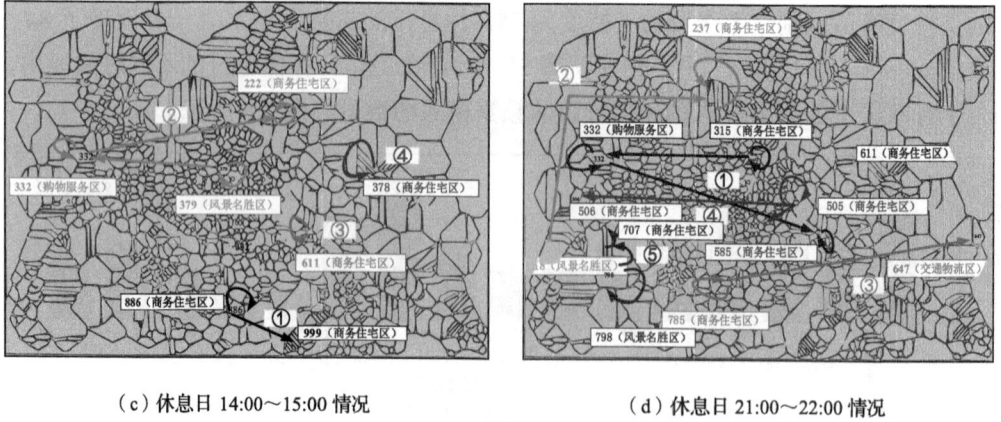

（c）休息日 14:00～15:00 情况　　　　　　　　（d）休息日 21:00～22:00 情况

图 8.9（续）

本节以图 8.9（a）为例分析工作日 8:00～9:00 的频繁模式图。观察同一行政区内的频繁模式图可以发现：五华区存在频繁模式图②⑤，居民出行目的地是医疗保健区、风景名胜区和购物服务区；西山区存在频繁模式图①③，居民出行目的地是风景名胜区、工业区和商务住宅区。观察跨行政区的频繁模式图可以发现：频繁模式图④中，427 是西山区的一片工业区，作为居民出行的会聚点，备受西山区居民的欢迎，也吸引了位于官渡区的区域 611 居民的关注；频繁模式图⑥中，官渡区的居民需要跨行政区出行距离较远的医疗保健区。

根据各个时间段的出行频繁模式图的分析结果，本书统计了居民出行的终点位置的流量，发现位于五华区的区域 332、379 和位于西山区的区域 798、427 流量较多，而居民出行起点位置流量较大的区域则出现在五华区的区域 285，西山区的区域 707 和盘龙区的区域 222。五华区的居民无论在工作日还是在休息日都喜欢在夜间购物，而官渡区的居民会选择跨行政区工作和就诊。根据整体分析结果，本节提出以下建议：①可以在区域 332、379、798 和 427 加强环境及交通监控工作；②可以为区域 285、707 和 222调度更多的出租车以满足居民的出行需求；③可以考虑在位于五华区的区域 297、332开发一些购物中心及夜间的休闲娱乐中心以满足居民的娱乐需求；④可以在官渡区的西南部规划一片医疗保健区满足官渡区大部分居民的医疗需求，官渡区的中部可以规划一片工业区以满足该区域居民的工作需求。

8.5.3　小结

MMoRFTP 方法提供了两种居民出行频繁关联模式的挖掘方法：一种是将居民出行模式图转化成 OD 矩阵，利用 MulEdge 算法挖掘 OD 矩阵来发现频繁关联模式；另一种是改进居民出行模式图的图数据模型，使用频繁子图挖掘算法中的 DFSM、HFFSM、GRAMI 算法从语义标签图中挖掘频繁关联模式。MulEdge 算法通过宽度优先搜索策略遍历整个图，在支持度的计算上采用权重最小策略；在搜索过程中使用边关系键值对提前存储各个节点的边关系，并运用剪枝技术移除非频繁的子图。本书采用城市路网数据、POI 数据、出租车 GPS 数据和签到数据作为实验对象，实验结果表明，MMoRFTP 方法具有良好性能，其发现的出行频繁模式能为城市道路规划、交通管理、商业布局等应用提供决策依据。

参 考 文 献

[1] 毛海虓. 中国城市居民出行特征研究[D]. 北京：北京工业大学，2005.

[2] 冯涛. 基于出租车 OD 流数据的居民出行模式可视分析[D]. 武汉：武汉大学，2017.

[3] 肖飞，王悦，梅逸男，等. 基于出行模式子图的城市功能区域发现方法[J]. 计算机科学，2018，45（12）：268-278.

[4] KOSTOV V, OZAWA J, YOSHIOKA M, et al. Travel destination prediction using frequent crossing pattern from driving history[C]//Proceedings of 2005 IEEE Intelligent Transportation Systems, Vienna, 2005: 343-350.

[5] SAVAGE N S, NISHIMURA S, CHAVEA N E, et al. Frequent trajectory mining on GPS data[C]//Proceedings of the 3rd International Workshop on Location and the Web, Tokyo, 2010: 1-4.

[6] COMITO C, FALCONE D, TALIA D, et al. Mining human mobility patterns from social geo-tagged data[J]. Pervasive and mobile computing, 2016, 33:91-107.

[7] YU W H. Discovering frequent movement paths from taxi trajectory data using spatially embedded networks and association rules[J]. IEEE transactions on intelligent transportation systems, 2019, 20(3): 855-866.

[8] 牛新征，牛嘉郡，苏大壮，等. 基于 FP-Tree 模型的频繁轨迹模式挖掘方法[J]. 电子科技大学学报，2016，45（1）：86-90, 134.

[9] LEE I, CAI G K, LEE K. Mining points-of-interest association rules from geo-tagged photos[C]//Proceedings of the 2013 46th Hawaii International Conference on System Sciences, Wailea, 2013: 1580-1588.

[10] ZHENG Y, LIU Y C, YUAN J, et al. Urban computing with taxicabs[C]//Proceedings of the 13th International Conference on Ubiquitous Computing, Beijing, 2011: 89-98.

[11] YAN X F, HAN J W. Discovery of frequent substructures[M]. Mining Graph Data. America: John Wiley&Sons, Inc., 2006: 97-115.

[12] HAN W S, LEE J, LEE J H. TurboISO: towards ultrafast and robust subgraph isomorphism search in large graph databases[C]//Proceedings of the 2013 ACM SIGMOD International Conference on Management of Data. New York, 2013: 337-348.

[13] CHU D, SHEETS D A, ZHAO Y, et al. Visualizing hidden themes of taxi movement with semantic transformation[C]// Proceedings of the 2014 IEEE Pacific Visualization Symposium, Yokohama, 2014: 137-144.

[14] 孙贵治. 基于出租车 GPS 轨迹数据的热点区域出行需求预测[D]. 北京：北京交通大学，2019.

[15] 吴成凤，蔡莉，李劲，等. 基于多源位置数据的居民出行频繁模式挖掘[J]. 计算机科学，2021，48（7）：155-163.

[16] ULLMANN J R. An algorithm for subgraph isomorphism[J]. Journal of the ACM, 1976, 23(1): 31-42.

[17] Lin W Q. Efficient techniques for subgraph mining and query processing[D]. Singapore: Nanyang Technological University, 2015.

[18] KURAMOCHI M, KARYPIS G. Finding frequent pattern sina large sparse graph[J]. Data mining and knowledge discovery, 2005, 11(3):243-271.

[19] 周溜溜，业宁. 基于对 gSpan 改进的有向频繁子图挖掘算法[J]. 南京：南京大学学报·自然科学版，2011，47（5）：532-543.

[20] 雷珂，何威. 基于数据挖掘技术的软件缺陷检测方法研究[J]. 电子世界，2012（15）：112-114.

[21] ELSEIDY M, ABDELHAMID E, SKIADOPOULOS S, et al. GraMI: frequent subgraph and pattern mining in a single large graph[C]//Proceedings of the VLDB Endowment, Hangzhou, 2014,7(7): 517-528.

[22] YAN X F, HAN J W. Gspan: graph-based substructure pattern mining[C]//2002 IEEE International Conference on Data Mining, Maebashi, 2002: 721-724.

[23] HUAN J, WANG W, PRINS J. Efficient mining of frequent subgraphs in the presence of isomorphism[C]//3rd IEEE International Conference on Data Mining, Melbourne, 2003: 549-552.

[24] YANG H G, SHEN D R, KOU Y, et al. Strongly connected components based efficient PPR algorithms[J]. Journal of computer science, 2017, 40(3): 584-600.